KB236248

365일 특별한 날을 만드는

홈베이킹

2014.　1.　6.　장정개정판　1쇄　발행
2014.　5. 30.　장정개정판　2쇄　발행

지은이 | 최문규, 오명석
펴낸이 | 이종춘
펴낸곳 | BM 성안당
주소 | 121-838 서울시 마포구 양화로 127 첨단빌딩 5층(출판기획 R&D 센터)
       413-120 경기도 파주시 문발로 112(제작 및 물류)
전화 | 02) 3142-0036
       031) 955-0511
팩스 | 031) 955-0510
등록 | 1973.2.1 제13-12호
출판사 홈페이지 | www.cyber.co.kr
도서 내용 문의 | munkyu_2002@hanmail.net
ISBN | 978-89-315-7717-4 (13590)
정가 | 14,800원

이 책을 만든 사람들

기획 | 웰기획
책임 · 진행 | 최동진
표지 디자인 | 김승대
본문 디자인 | 디자인크레파스, 웰기획
촬영 · 코디 | studio 섬
홍보 | 전지혜
마케팅 | 구본철, 차정욱, 채재석, 강호묵
제작 | 김유석

일년 내내 우리는 행복을 굽는다!

365일 특별한 날을 만드는 홈베이킹

최문규·오명석 지음

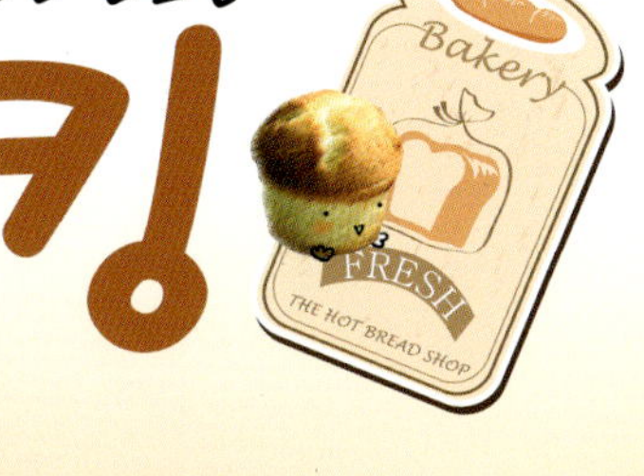

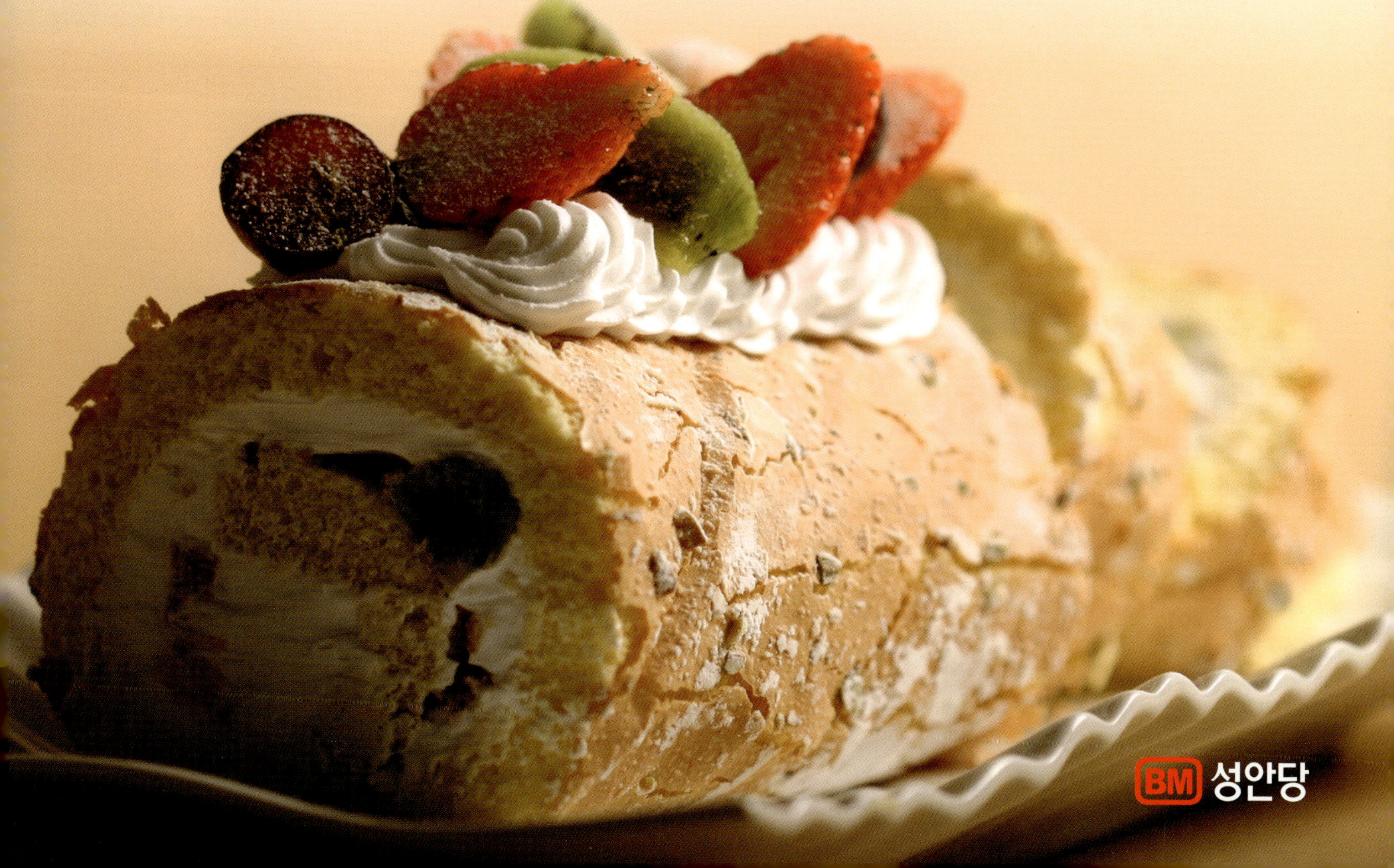

BM 성안당

PROLOGUE
홈베이킹을 시작하기 전에...
HOMEBAKING

"집에서 빵을 만들 수 있어요?", "번거롭기만 하죠."

집에서 얼마든지 제과·제빵에 도전할 수 있음에도, 시작해보지도 않거나 한두 번 해보고 바로 포기하는 경우를 주변에서 종종 보게 됩니다. 재료를 구하기 어렵다고 생각하거나 제과·제빵 과정이 번잡하다고 생각하기 때문입니다. 이러한 주변의 반응이 결국 이 책을 기획·집필하게 된 동기가 되었습니다. 이 책을 통해 새로운 도전과 홈베이킹에 조금 더 가까이 갈 수 있는 발판이 되었으면 합니다.

집에서 만드는 것이라 가볍게 생각하여 주먹구구식으로 재료를 계량하거나 과정을 적당히 생략해도 괜찮다는 생각은 버려야 최상의 제품을 만들 수 있습니다. 제과·제빵에 관심을 갖고 여러 번 반복되는 과정 속에서 자신만의 노하우가 생길 것이고, 보다 난이도 높은 제품에 도전할 수 있게 될 것입니다.

아마도 그 단계에 이르게 된다면 여러분 자신도 프로의 기술을 꿈꾸는 제과인이 될 것입니다. 용어가 어렵고 낯선 것은 당연합니다. 어려운 용어는 여러 번 책을 보면서 자연히 익숙하게 될 것이며 처음에 익숙하지 않았던 작업들도 몸에 배어 힘들지 않게 느껴질 것입니다.

'맛을 결정하는 배합! 다년간의 필자 노하우가 맛을 책임진다.'

학원에 근무하면서 학생들에게 제일 많이 받았던 질문 중 하나는 집에서 손쉽게 만들 수 있는 제품이나 제과점에서 판매되는 제품보다 맛있고 선물하기 좋은 배합의 제품이 없냐는 것이었습니다. 이 책의 배합은 오랫동안 시행착오를 거쳐 만든 것으로 실패율이 적고 맛 또한 우리 입맛에 맞게 조절했습니다.

재료는 손쉽게 구할 수 있는 기본적인 것만 사용하려고 했고, 기계를 사용하지 않고 손으로 만들 수 있는 제품에 중점을 두었습니다. 또한 변화하는 시대에 발맞춰 신세대들이 좋아할 만한 제품에 특히 신경을 썼습니다. 또 특별하게 어려운 용어와 도구, 기술적인 테크닉이 요구되는 제품에 치중하기보다는 쉽게 구할 수 있는 도구로 누구나 따라할 수 있도록 했습니다.

출간에 앞서 많은 사람들이 생각납니다. 책을 만들 수 있게 동기를 주신 김석일 팀장님, 제게 기회를 주신 김기만 실장님 그리고, 뒤에서 밤낮으로 도와주신 유정식 실장님, 웰기획 모든 직원분들, 또 보조강사 때부터 책임자로 키워주신 일산제과제빵학원 문재원 원장님, 사진 촬영과 장소제공, 물심양면으로 지원을 아끼지 않고 도와주신 동향제과직업전문학교 여영미 실장님, 강의원 원장님, 현대제과직업전문학교 강언숙 원장님, 동아제과기술학원과 강서제과기술학원 이홍열 원장님 진심으로 감사드립니다.

마지막으로 이 책이 출간되도록 관심을 가져주신 도서출판 성안당 관계자분들과 이 책을 보게 될 모든 분들께 감사드립니다.

2013년 12월

최문규 / 오명석

Contents

제과 · 제빵을 위한 기본 재료 & 도구 ····10

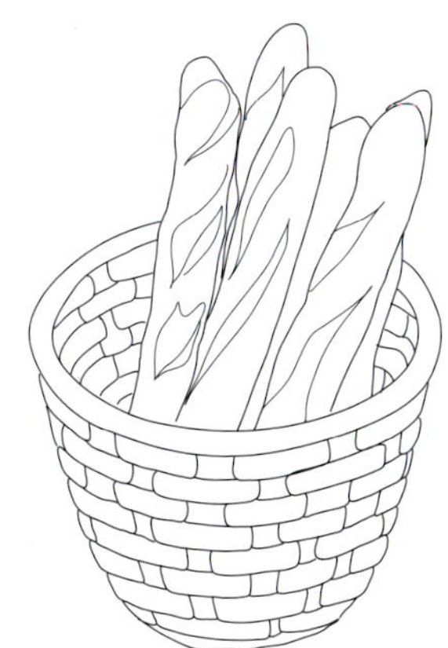

Contents

부록 (제과·제빵의 기초)

Homebaking
Information

기본 재료 & 도구

Homebaking Information

제과 · 제빵을 위한
기본 재료

1 밀가루와 가루재료

밀가루는 70% 이상이 탄수화물로 구성된 전분이다. 그 외에 단백질이 6.5~13% 정도 함유되는데, 단백질 함량에 따라 밀가루의 종류가 달라진다. 또 무기질과 2% 미만의 지방도 함유하고 있어 하루 섭취해야 할 영양분을 고루 포함하고 있다.

●강력분
단백질 함량이 11~13% 정도 되는 밀가루를 강력분이라고 한다. 일반적으로 빵을 제조할 때나 제과 · 제빵 덧가루로 사용한다.

●중력분
라면, 자장면, 칼국수와 같은 면류를 제조할 때 사용한다. 여러 가지 제품 제조에 다양하게 쓰이고 단백질 함량은 9~11% 정도로 일반적으로 다목적용이라고 한다.

●박력분
단백질 함량이 7~9% 정도인 박력분은 단백질이 다른 밀가루에 비해 적게 들어 있어 부드러운 식감을 주는 제과류 제조에 사용한다.

●호밀가루
밀가루와 달리 호밀은 단백질 결합을 방해하는 펜토산이라는 탄수화물이 들어 있는데 물을 많이 흡수하여 빵 제조에 사용하기보다는 '샤워종'이라는 발효 반죽을 만들어 발효향을 증진시키는 데 사용한다.

●옥수수가루
옥수수 분말이라고도 하며 호화(젤라틴화)시킨 옥수수를 가루로 만든 것이다. 호화된 상태이기 때문에 물을 많이 흡수하여 반죽이 질게 되며, 특유의 향과 맛이 일품이다. 색은 노란색이다.

●옥수수 전분
일반적으로 전분이라고 하며, 옥수수가루(분말)와 달리 물을 흡수하는 정도가 절반밖에 되지 않으며, 색은 흰색이다. 옥수수 전분이 없을 경우는 감자 전분이나 밀가루로 대체하여 사용하지만 저렴한 가격과 부드러운 맛 때문에 일반적으로 옥수수 전분을 많이 사용한다.

●쑥 분말
피부미용은 물론이며 지혈과 복통, 설사 등에 효능이 있으며, 섬유질이 많아 변비에도 도움을 준다.

●녹차 분말
녹차는 항산화 효과, 다이어트 효과가 있고, 녹차에 들어 있는 카테킨 성분이 혈중 콜레스테롤 수치를 낮춰 간장의 지질 축적을 예방하는 효과가 있다.

감미제

제과 · 제빵에 사용하는 당류는 설탕이 대표적이며, 물엿이나 슈거파우더 등도 많이 사용한다. 또한 소금은 필수적인 재료로 거의 모든 빵, 과자에 사용한다.

●설탕

설탕의 원료가 되는 것은 사탕수수, 사탕무우, 단풍나무 등이 있다. 입자의 크기에 따라 분당(슈거파우더), 정백당, 우박설탕 등이 있고 정제 정도에 따라 황설탕, 흑설탕 등으로 나뉜다. 사탕수수 정제 과정에서 나오는 당밀은 발효 · 증류하여 럼이라는 술을 만든다.

●물엿

물엿은 수분 함량이 18% 이하인 제품으로 전분을 이성화시켜 만든 이성화 물엿이 대표적이며, 덱스트린, 맥아당, 포도당 등으로 구성되어 있다. 물엿은 빵이나 과자를 장시간 보관할 수 있게 한다.

●소금

빵에 있어서 반드시 들어가야 하는 재료 중 하나이다. 빵에서 삼투압으로 이스트를 사멸시켜 발효 속도를 조절하고 잡균 번식을 억제하는 역할과 빵에 맛과 향을 낸다. 제과에서는 제외하기도 하지만 일반적으로 맛과 향을 주고, 또 감미 조절 능력이 있어 너무 단맛은 덜 달게, 덜 단맛은 달게 하는 재료이다.

3 유제품과 기타 재료

유제품은 과자나 빵을 부드럽게 하는 역할을 하며 재료의 특성에 따라 맛과 향이 다르기 때문에 제품에 맞는 재료를 사용해야 더 좋은 제품을 만들 수 있다.

●분유

우유는 3.4% 정도의 유지방을 함유하고 있다. 이 유지방을 원심 분리하여 농축시켜 유지방 함량이 18~20%인 연한 크림(light cream)이나 36~40%인 진한 크림(whipping cream)을 만든다. 연한 크림은 커피나 양식에서 주로 사용하며, 진한 크림은 일반적으로 생크림이라 하며 휘핑하여 생크림케이크를 제조할 때 많이 사용한다. 참고로 버터는 우유의 유지방 함량을 80~82%로 농축하여 만든 것이다. 여기서 지방과 수분을 제거한 탈지분유를 만드는데 보관이 용이하여 전지분유보다 탈지분유를 많이 사용한다.

●연유

우유를 농축하고 당을 첨가하여 만든다. 일반적으로 밤모양 과자나 팥빙수에 이용한다.

●슬라이스치즈

치즈는 우유의 카제인이라는 단백질에 레닌이라는 효소를 넣어 고체로 만든 단백질 식품이며, 단백질량이 많아 성장기 어린이에게 좋다.

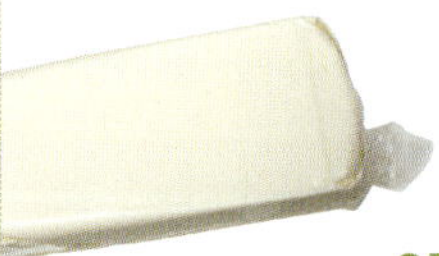

●크림치즈

불어로 프로마쥬라고 하며 슬라이스치즈보다 새콤하고 우유향이 강하다.

●피자치즈

모짜렐라치즈를 말하며 숙성치즈보다 향이 온화하여 치즈향을 싫어하는 사람들에게도 친숙한 맛이다.

●유화제

일반적으로 대두인지질에서 추출한 성분으로 sp라고도 하며 물과 기름을 혼합하는 제품에 많이 사용한다. 제과·제빵에서 반죽 유화작용과 제품보관을 연장할 목적으로도 사용한다.

●달걀

완전 단백질 식품으로 영양적 가치가 높으며 제과·제빵에 거의 필수적이다. 달걀은 노른자, 흰자의 비율이 1 : 2로 흰자양이 노른자에 비해 2배 많으며, 흰자는 88%가 수분이고 노른자는 50%가 수분, 나머지는 고형분이다. 노른자에는 천연 유화제인 레시틴이 들어 있어 버터나 기름을 잘 섞이게 하는 역할을 한다.

●녹차시럽

녹차 분말과 설탕시럽의 혼합물을 말하며, 케이크 제조에 많이 사용한다.

●개량제

제빵용 개량제는 제빵 반죽강화와 숙성을 촉진하고, 부피증가, 저장성을 길게 한다.

●판젤라틴

동물의 연골이나 결체 조직에서 콜라겐을 가수분해하여 만든 것으로 젤리 제조나 무스 제조에 필수적인 재료이다. 60도에서 완전히 용해되며 냉장온도에서 굳는다. 동물성 유도 단백질이기 때문에 키위나 파인애플과 같은 단백질 분해효소가 들어 있는 과일은 젤리나 무스를 만들기 어려우므로 과일을 가열 처리하여 만들기도 한다.

●향신료

오레가노, 넛맥, 계피, 후추 등이 사용된다.

오레가노 : 피자에 필수적으로 사용하는 향신료를 말한다.

넛맥 : 도넛에 사용하는 향신료이다.

계피 : 시나몬이라 하여 빵, 과자 제품에 널리 사용한다.

후추 : 고기류와 야채에 혼합하여 많이 사용한다.

4 유지류

유지는 크게 동물성과 식물성으로 나뉘며, 맛과 향을 고려하여 사용한다. 상온보관하되, 직사광선이나 지나치게 높은 온도는 피해야 한다. 서늘하고 통풍이 잘 되는 곳이 좋으며 여름철에는 냉장보관이 좋다.

●버터
동물성 유지방으로 지방 함량은 80~82% 정도이며, 수분 함량은 14~16%, 소금 함량은 0~3%이다. 소금이 안 들어가면 무염버터이고 소금이 들어가면 가염버터이다. 일반적으로 무염버터를 많이 사용하는데 소금 함량에 따라 제품에 영향을 미칠 수 있기 때문이다.

●마가린
식물성 유지인 팜유나 야자유로 만들어지며 우유를 첨가하여 만든다. 지방 함량은 80~82%, 우유 함량은 14~16% 소금 함량은 0~3%이다. 성분상 버터와 큰 차이가 없으며 소규모 제과점이나 양산 업체에서 버터에 비해 가격이 저렴하고 저장기간이 길기 때문에 많이 사용한다.

●쇼트닝
식물성이나 동물성 지방으로 만들어 고체화시킨 제품으로 무색, 무취, 무미가 특징이며 튀김기름으로도 많이 사용한다. 또 식빵 제조에 사용하여 껍질을 부드럽게 하고 슬라이싱을 돕기 때문에 빵 제조에 많이 사용한다.

●땅콩버터
버터에 땅콩을 갈아서 혼합한 것으로 빵, 과자에 사용한다.

●파이용 마가린
일반 마가린보다 녹는점이 높아 밀어 펴는 데니쉬페이스트리나 퍼프페이스트리, 파이 제품 제조에 많이 사용한다.

●식용유
일반적으로 콩기름이나 옥배유를 많이 사용하며, 튀김기름은 발연점이 높은 면실유를 많이 사용한다.

5 초콜릿류

장식용 초콜릿을 만드는 재료로 사용되며 초콜릿 무스나 빵에 넣어 초콜릿 고유의 맛을 살리는 제품에 이용된다. 남녀노소 모두에게 폭넓게 사랑받는 재료 중 하나이다.

●초콜릿

초콜릿에는 다크초콜릿과 화이트초콜릿, 밀크초콜릿이 있으며, 다크초콜릿에는 코코아 성분과 카카오버터, 설탕 등이 들어 있다. 화이트초콜릿은 코코아 성분이 없는 것이 특징이며 밀크초콜릿은 우유를 첨가하여 맛이 부드럽다. 일반적으로 초콜릿은 몸에 좋지 않을 것이라 생각하지만 항산화 효과가 녹차에 비해 월등히 높기 때문에 노화방지에 도움이 된다.

●초코칩

작은 칩모양으로 만든 초콜릿이다.

●코코아

카카오 열매인 카카오빈이 세척, 마쇄, 건조, 분말 과정을 거쳐 코코아와 카카오버터로 만들어진다. 코코아 성분을 알칼리화시켜 만든 더취코코아를 일반적으로 많이 사용한다.

6 견과류

특유의 고소함 때문에 쿠키나 머핀, 타르트에 필수적으로 사용하며 견과류 모양 그 자체로 빵, 과자, 케이크 등의 장식물로 이용한다.

●호두

호두의 주성분은 지방으로 필수 지방산인 리놀레산이 있으며 단백질·비타민 B2·비타민 B1 등이 풍부하여 식용과 약용으로 많이 쓰인다. 기름에 함유된 혼합 지방산이 체중의 증가를 촉진시켜 혈청 알부민의 함유량을 높이지만 혈액의 콜레스테롤을 떨어뜨리는 효과가 있다.

●아몬드

아몬드는 단백질, 식이섬유, 비타민, 미네랄을 풍부하게 함유하고 있는데, 특히 비타민 E는 항산화 역할로 노화를 방지하는 효과가 있다. 호두와 같이 불포화 지방산이 많아 혈청 콜레스테롤을 떨어뜨리는 효과가 있다.

●피스타치오

피스타치오는 호두와 같이 불포화 지방산이 많아 혈액의 콜레스테롤을 떨어뜨리는 효과가 있다. 베타카로틴이 풍부하여 눈을 보호하고 피부 건강에 좋다.

●땅콩

50%의 지방과 30%의 단백질이 포함되어 있어 영양가가 높은 식품이다. 땅콩버터 제조에 사용되며, 과자용으로 널리 쓰인다.

●코코넛

지방, 단백질, 인, 철이 들어 있고, 코코넛의 지방은 식물성이지만 90% 정도가 포화 지방산이므로 많이 섭취하는 것은 좋지 않다.

7 팽창제

빵, 과자에 필수적으로 사용하는 재료이며, 부피증가는 물론 식감을 부드럽게 해준다. 이스트는 빵 고유의 향에 풍미를 강화시키는 역할을 한다.

●소다

중조라고 하며 탄산수소암늄으로 오븐 안에서 탄산가스와 암모니아가스로 잔여물이 남지 않고 베이킹파우더보다 3배의 가스를 생성하기 때문에 소다량을 베이킹파우더만으로 쓸 때는 3배 늘려 사용한다. 예를 들어 소다 1g은 베이킹파우더 3g의 효과와 같다.

●베이킹파우더

B.P(Baking powder)라고 하며, 탄산수소나트륨과 산작용제(주석산), 흡수제(전분)가 각각 동량으로 들어 있다. 반죽과 오븐 안에서 이산화탄소를 발생하여 부풀게 한다. 팽창제를 소다로만 쓸 경우 소다는 베이킹파우더 양의 1/3만 사용한다. 예를 들어 베이킹파우더 3g은 소다 1g의 효과와 같다.

●이스트

효모라고 하며 생이스트와 건조이스트, 냉동이스트로 나눈다. 생이스트는 보존 기간이 2주 정도로 짧아 보관이 불편하지만 발효향이 좋고, 반드시 냉장보관 해야 하며 일반적으로 소규모 제과점에서 많이 사용한다. 건조이스트는 활성과 비활성으로 나누어지며 일반적으로 생이스트량의 1/30이나 절반만 사용하며 미지근한 물에 풀어 사용한다. 냉동이스트는 양산 업체에서 냉동생지용으로 많이 사용하고 있다.

8 기타 재료들

일반적인 재료들은 아니지만 맛과 향을 증진시키고 시각적 효과를 주기 때문에 많이 사용하며 제품의 질을 높이는 역할을 한다.

●오렌지필

오렌지 껍질을 당절임한 것이다.

●광택제와 토핑물

살구잼(에프리코혼당), 데코스노우, 레인보우, 꼭지체리, 체리베리 필링, 블루베리 필링, 후르츠칵테일, 황도, 서양배, 딸기, 호박씨, 해바라기씨, 단호박, 고구마, 흑임자, 적앙금, 백앙금, 레몬, 오렌지, 바나나, 사과, 망고주스, 양파, 양송이, 오이, 마늘, 파슬리, 피망, 피클, 베이컨, 마요네즈, 케첩, 머스터드, 맛살, 요플레

●향 첨가물

레드와인, 럼주(술), 커피

기본도구

빵, 과자 제조에 필수적인 도구이기 때문에 반드시 있어야 하며, 특히 저울은 전자저울을 권한다. 추저울과 접시저울은 소량 계량에 큰 차이를 줄 수 있기 때문이다.

● 휘퍼(거품기)
버터를 휘핑하여 풀어주거나 달걀 거품을 올릴 경우 사용한다.

● 손잡이 체
가루재료를 체질하여 공기를 넣어 혼합이 잘되게 하며 이물질을 제거한다.

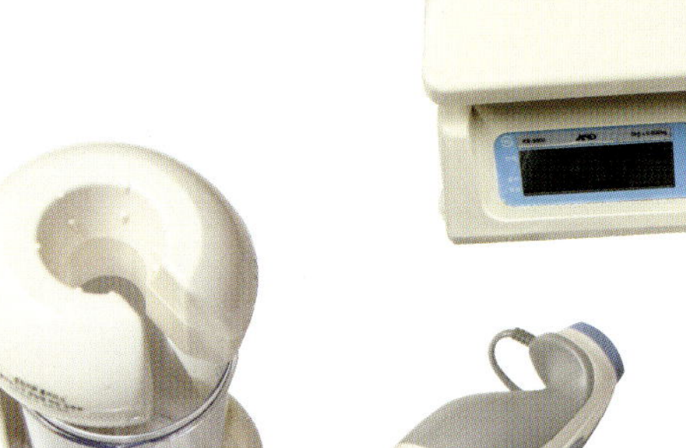

● 저울
정확한 재료 무게나 반죽 무게를 계량할 때 사용한다.

● 볼
재료 계량이나 크림화 작업, 혼합 작업에 사용한다.

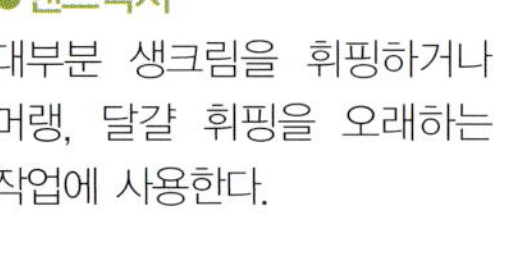

● 핸드믹서
대부분 생크림을 휘핑하거나 머랭, 달걀 휘핑을 오래하는 작업에 사용한다.

● 스크래퍼
반죽을 분할하거나 파이 반죽 제조에 사용한다.

● 나무주걱
반죽에 가루재료를 혼합할 때와, 불 위에서 작업을 하는 제품 제조에 사용한다.

2 모양도구

빵이나 과자 등의 제품을
성형할 때와 크림을 짜 넣
거나 바르는 경우 사용하
는 도구이다.

●밀대
밀대로 밀어 펴기 하는 제품
이나 반죽의 가스빼기 작업
에 사용한다.

●파이 칼
파이 반죽이나 페이스트리
제품을 자를 때 사용한다.

●짤주머니
내용물이나 크림을 짜
넣을 경우 사용한다.

●스패출러
생크림 아이싱이나 잼을
바를 때 많이 사용한다.

●붓
물을 칠하거나 시럽을 바를 때
사용한다.

3 제빵/제과 틀

여러 가지 모양과 사이즈
별로 그 종류와 쓰임새가
다양하다. 제품의 특성에
맞는 틀을 사용해야 하며
빵, 과자 제품을 팬닝할 때
주로 사용한다.

●기본 원형 틀
사이즈는 1~7호, 특대형도 있다.
일반적으로 2~4호를 많이 사용한다.

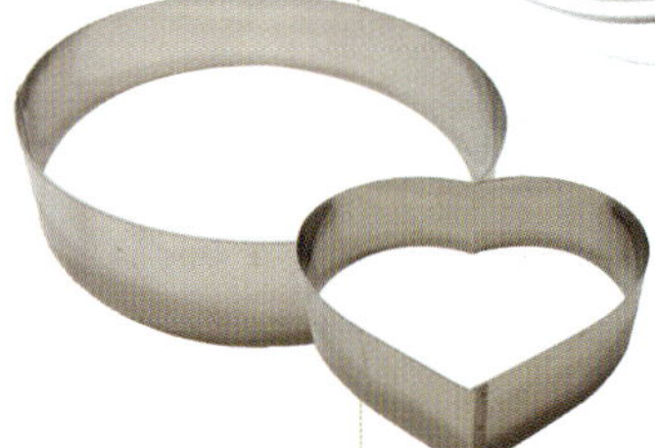

●시폰케이크 틀
사이즈와 모양이 다양하
다. 일반적으로 2~4호를
많이 사용한다.

●써클 틀
무스 틀이라고 하며 크
기와 모양이 다양하다.
일반적으로 2~4호를
많이 사용한다.

●마드렌느 틀
마드렌느 틀은 밑면 지름이 6~
6.5cm 정도 되는 것을 많이 사용
한다.

●사각/원형 타르트 틀
직사각형과 정사각형, 원형을 주로 사용한다.

●머핀 컵
머핀 틀에 맞는 제품을
사용해야 하며 색상과 모
양이 다양하다.

●쿠키 틀
일반적으로 동물 모양
이나 캐릭터 모양을 많
이 사용한다.

4 오븐과 냉각도구 및 기타도구

빵, 과자 제품을 구울 때 사용하는 필수적인 오븐은 가격이 비싸다는 인식 때문에 구입을 꺼리기 쉽다. 하지만 홈베이킹용으로 구입한다면 큰 부담은 되지 않을 것이다.

●오븐
제과 제빵 제품을 구울 때 사용한다.

●유산지
종이 짤주머니 제조나 팬에 팬닝하는 종이로 사용한다.

●실리콘페이퍼
실리콘으로 되어 있다. 반영구적으로 사용이 가능하여 평철판에 올려 사용한다.

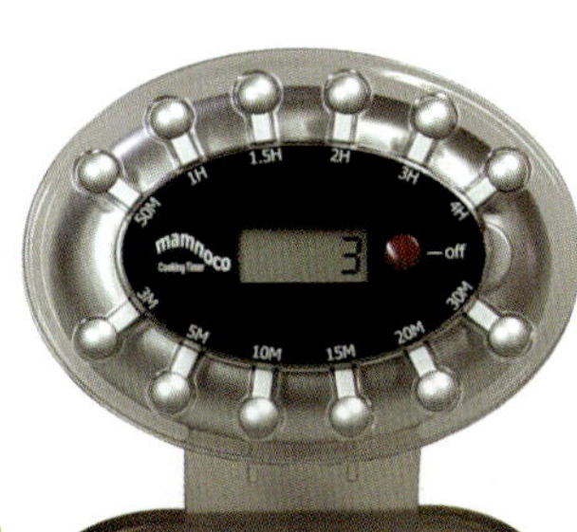
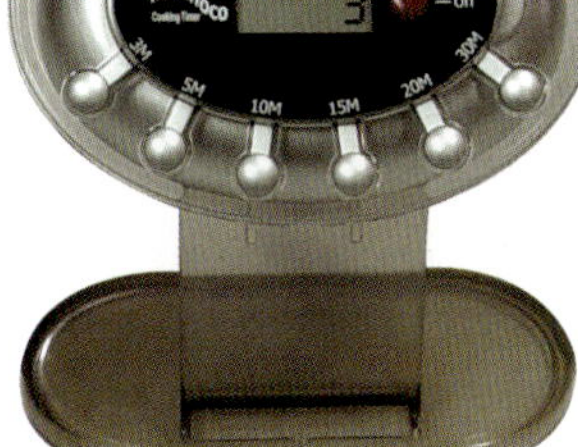

●타이머
제품 굽는 시간이나 특정 시간을 알릴 때 사용한다.

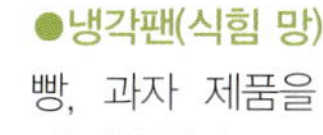

●온도계
반죽 온도나 튀김 온도를 정확하게 알기 위해 사용한다.

●냉각팬(식힘 망)
빵, 과자 제품을 냉각할 때 사용한다.

Chapter 1

JANUARY

알찬 한해를 준비하는 달

1월

1월에는 사랑하는 사람들에게 알찬 한해를 보내라는 의미로
빵이나 과자를 만들어 같이 먹거나 선물해보자.
이번 장에서는 오랜 시간을 소중히 간직하라는 의미에서
기억력 증진에 도움이 되는 견과류를 이용하여
맛있는 케이크와 쿠키를 만들어 보는 것은 어떨까?

1월

SUN	MON	TUE	WED	THU	FRI	SAT

001 호두타르트

002 땅콩쿠키

003 호두 파운드케이크

004 크림치즈 머핀

005 샤를로뜨

006 아몬드쿠키

007 요구르트 무스케이크

008 해물끽슈

호두타르트

피부미용에 좋고, 머리를 맑게 해준다는 호두에는 불포화 지방산이 풍부해 동맥경화를 예방하며 콜레스테롤을 낮추는 작용을 한다. 이러한 호두를 이용하여 타르트를 만들어보자.

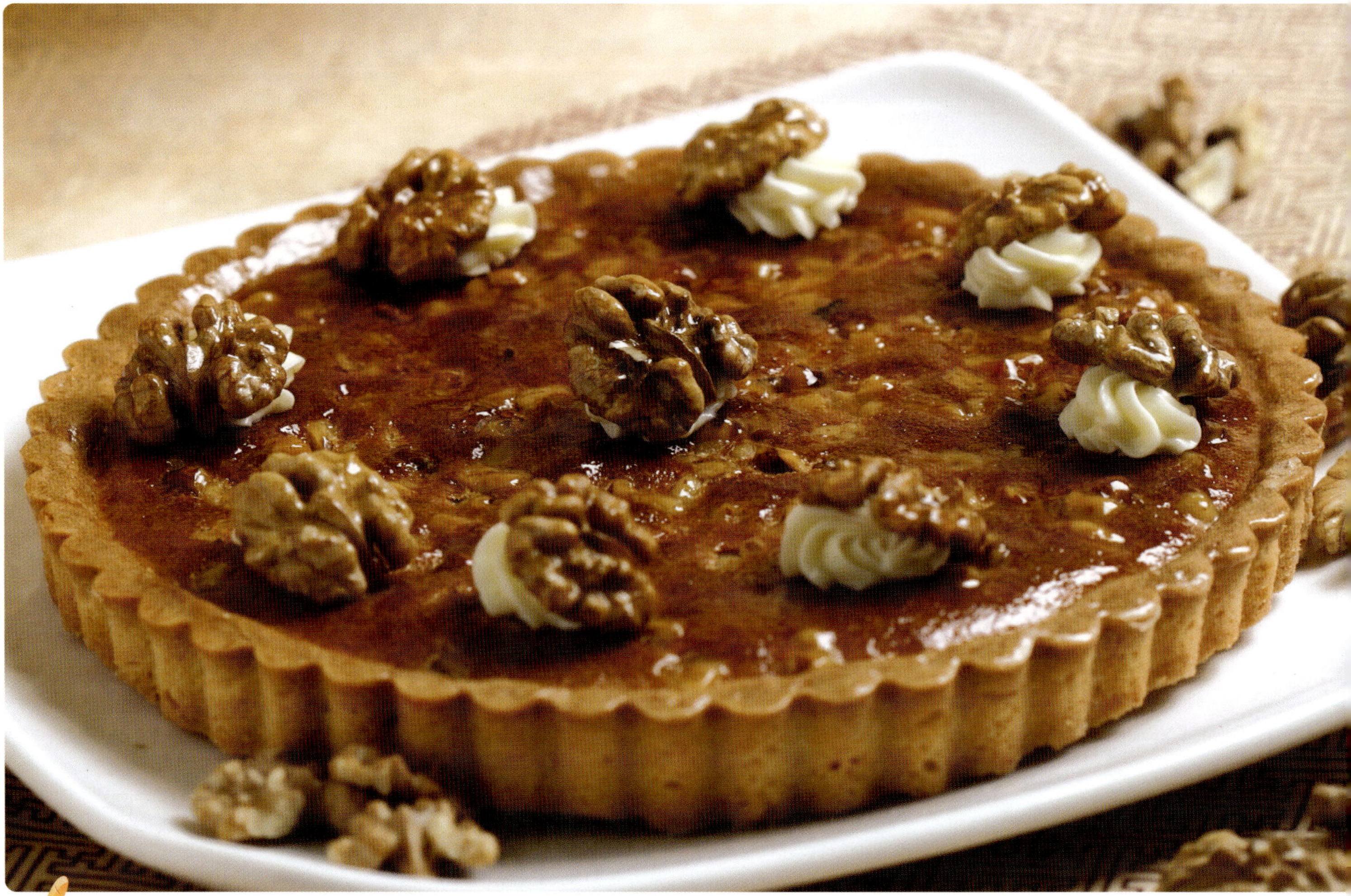

제작포인트

□ 호두 특유의 비린내를 제거하기 위해 장식용 호두반태는 오븐에 살짝 구워 전처리한다.

▲모양잡기

▲틀에 버터 바른 후 밀가루 입히기

- 만들 개수 : 3호 타르트 1개 ■ 굽는 시간 : 35~40분
- 필요 재료 : 빠드쉬크레 300g, 아몬드크림 250g, 호두 120g
- 필요 도구 : 밀대, 3호 타르트 틀, 짤주머니, 원형 깍지, 고무주걱
- 장식 재료 : 전처리한 호두반태, 버터크림

작업 준비

- 빠뜨쉬크레 만들기(권말 부록 참고)
- 아몬드크림 만들기(권말 부록 참고)
- 호두 전처리하기
- 버터크림 만들기
- 타르트 틀을 전처리하고 오븐을 160도로 예열하기

이렇게 만들어요

1 밀어 펴기 냉장 휴지된 반죽에 덧가루를 뿌려 2~3mm 두께로 밀어 편다.

2 틀에 올리기 밀대를 이용하여 반죽을 말아 틀에 올린다.

3 반죽 자르기 밀대로 밀어 남은 반죽을 자르고 반죽을 틀에 밀착시킨다.

4 아몬드크림 짜기 짤주머니를 이용하여 아몬드크림을 짜준다.

5 호두 토핑하기 호두분태를 고루 뿌려준다.

6 굽기 & 장식 160도 오븐에서 35~40분 구운 후 냉각시켜 광택제를 바르고, 버터크림을 짠 다음 호두반태로 장식한다.

Tip&Tip 아몬드향을 강하게 하려면
호두타르트를 만들 때 아몬드크림에 아몬드분태를 섞어 사용하면 더욱 향이 강해진다.

Home baking

002

땅콩쿠키

땅콩은 단백질, 지방, 탄수화물, 비타민 B1, B2, 무기질 등으로 구성되어 있으며 리놀산, 아라키돈산과 같은 필수 지방산이 풍부하다. 이러한 땅콩을 활용하여 영양 많고 구수한 땅콩쿠키를 만들어보자.

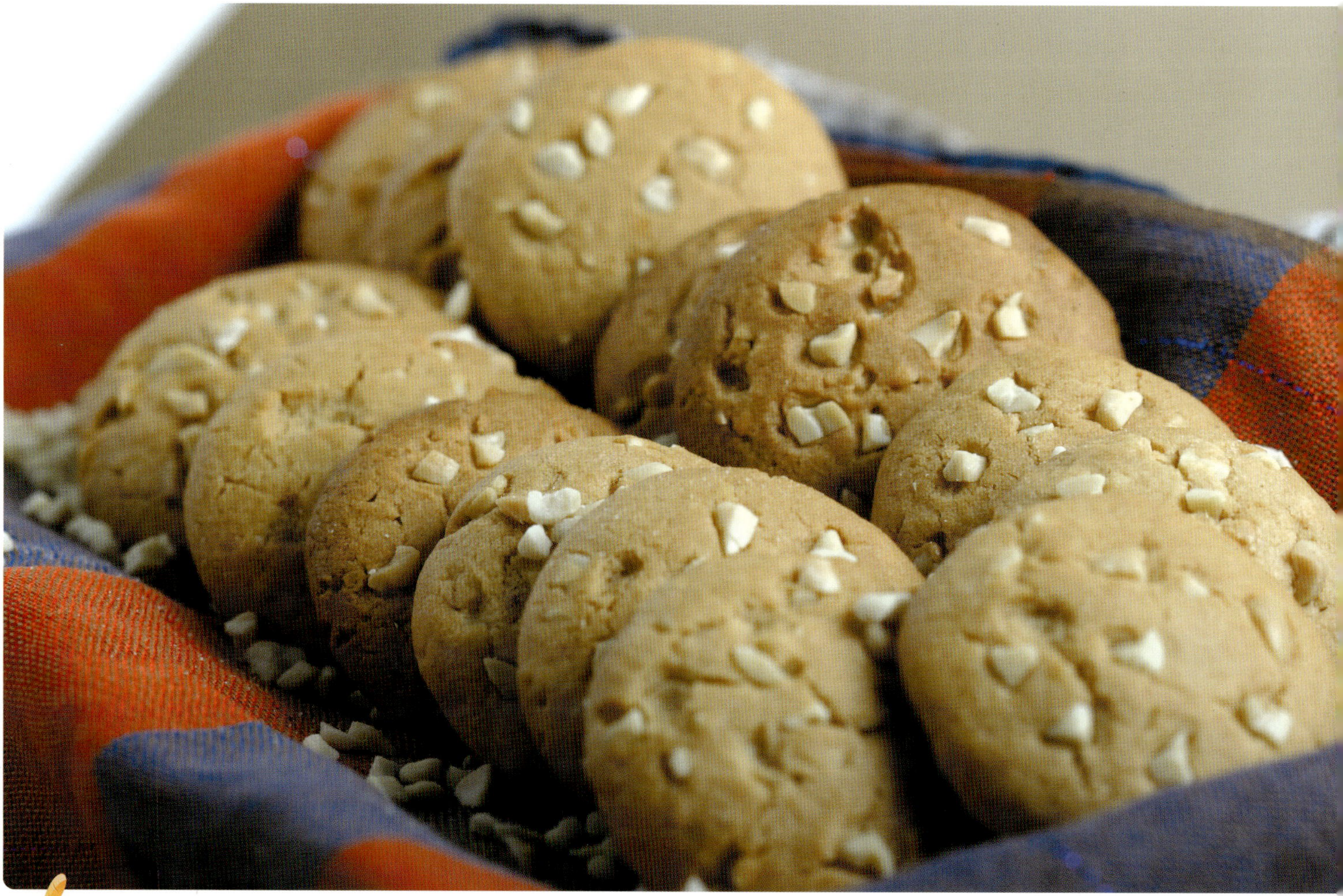

제작포인트

□ 실내 온도가 높거나 손으로 반죽을 많이 만지면, 반죽의 유지가 묻어나와 쿠키를 만들 때 덧가루를 많이 쓰게 된다. 덧가루를 많이 쓰면 쿠키가 딱딱해질 수 있으므로 주의해야 한다.

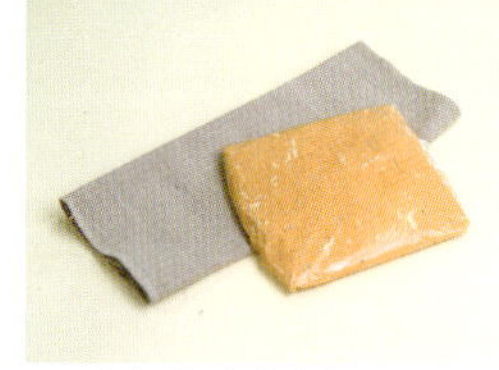

▲냉장 휴지시키기

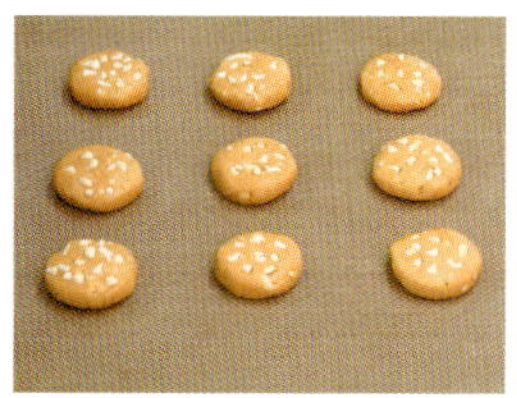

▲크기와 모양을 일정하게 만들기

- 만들 개수 : 20개　　■ 굽는 시간 : 15분
- 필요 재료 : 박력분 200g, 버터 100g, 황설탕 120g, 달걀 1개, 소금 1g, 베이킹파우더 2g, 땅콩버터 80g, 소다 2g, 다진 땅콩 60g
- 필요 도구 : 휘퍼, 고무주걱
- 장식 재료 : 토핑용 땅콩분태 80g

작업 준비

- 평철판에 실리콘패드나 실리콘페이퍼 깔기
- 오븐을 170도로 예열하기

이렇게 만들어요

1 **버터 크림화하기** 볼에 버터, 땅콩버터를 휘퍼로 부드럽게 풀어준 후 소금, 황설탕을 넣고 부드러운 크림 상태로 만든다.

2 **달걀 혼합하기** 크림화한 반죽에 달걀을 넣고 달걀이 완전히 섞일 때까지 휘퍼로 잘 젓는다.

3 **가루 혼합하기** 박력분, 베이킹파우더, 소다를 체에 거른 후 크림화한 달걀 반죽에 넣고 가루재료가 보이지 않을 때까지 혼합한다.

4 **다진 땅콩 혼합 및 휴지하기** 가루 재료가 혼합된 반죽에 다진 땅콩을 넣고 손으로 잘 섞는다. 섞인 반죽을 비닐에 싸서 30분 정도 냉장 휴지시킨다.

5 **성형 및 분할하기** 휴지된 반죽을 20g씩 분할하여 손바닥으로 둥글려 둥근 모양으로 만든다.

6 **쿠키 모양내기 & 굽기** 둥글게 분할된 반죽을 손으로 살짝 눌러 평철판 위에 놓는다. 성형된 반죽 윗면에 다진 땅콩을 토핑하여 미리 예열한 오븐에 굽는다.

Tip&Tip 아몬드쿠키/호두쿠키

땅콩 대신 다진 아몬드나 다진 호두를 사용하여 다양한 쿠키를 만들 수 있다. 견과류의 좋지 않은 냄새를 제거하려면 예열된 오븐에 5분 정도 구워 전처리한 후 사용한다.

Home baking

003

호두 파운드케이크

호두는 비타민 A, B, C, E, 칼슘, 마그네슘, 단백질을 많이 포함하고 있어 성장기 어린이에게 좋은 영양 간식이다.

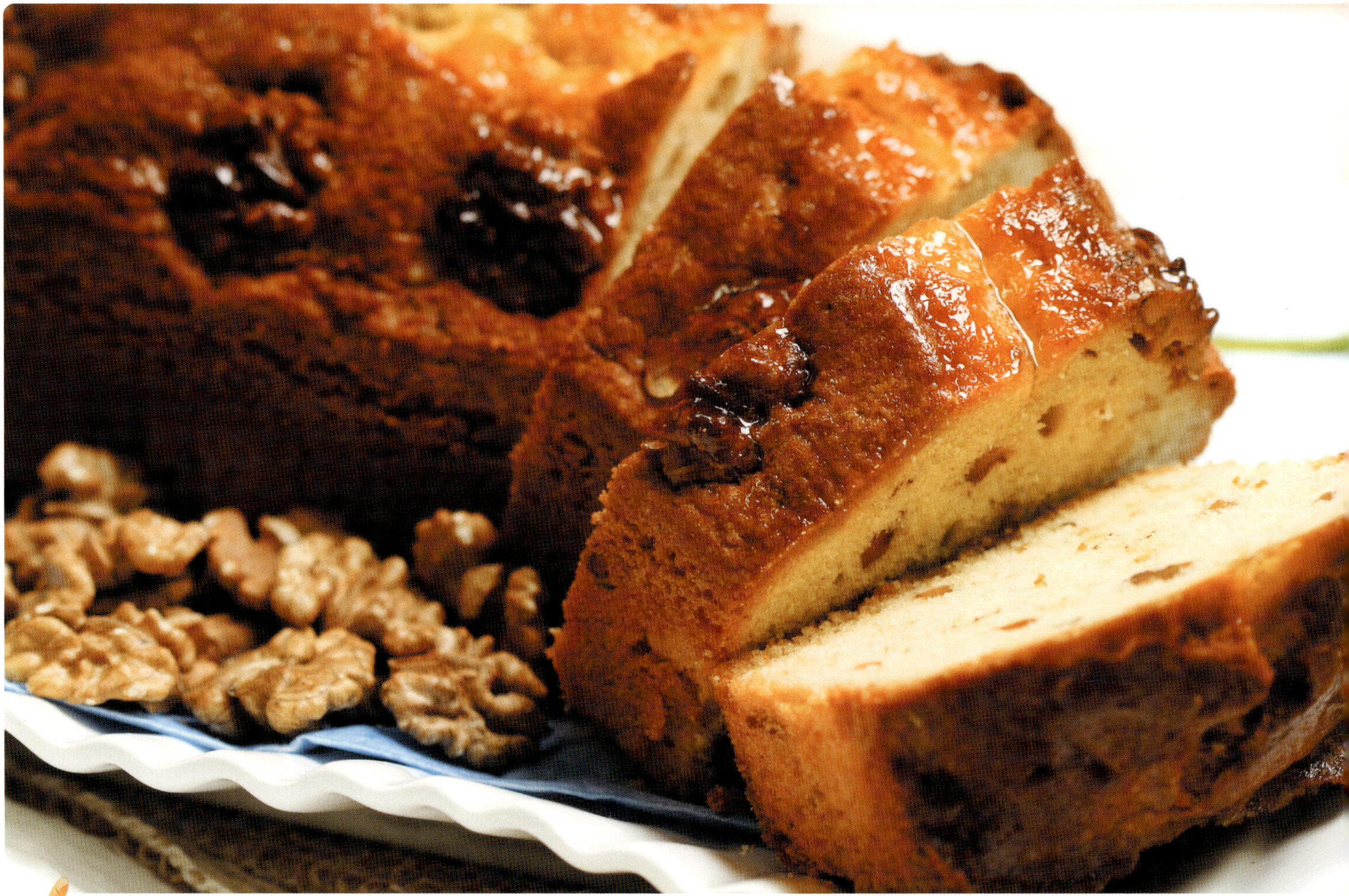

제작포인트

□ 크림 상태로 만드는 과정 중 달걀이 들어간 후에 설탕을 완전히 녹여야 한다. 그래야만 구운 후 케이크의 표면에 설탕 입자가 남지 않으며, 껍질을 고르게 구울 수 있다.

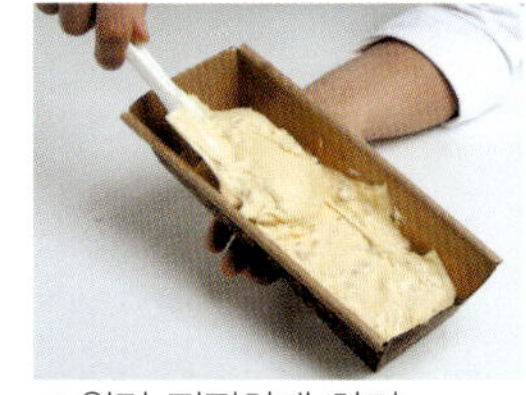

▲윗면 평평하게 하기

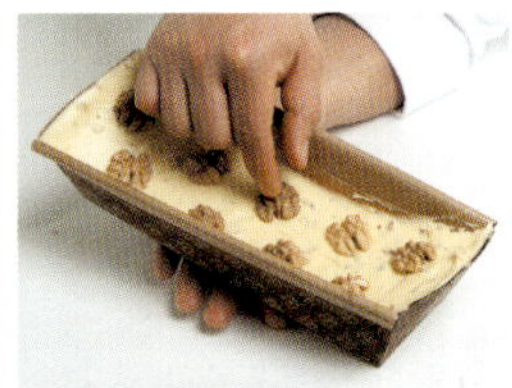

▲호두로 토핑하기

재료&도구 
- ■ **만들 개수** : 파운드 틀 1개   ■ **굽는 시간** : 40~50분
- ■ **필요 재료** : 박력분 200g, 버터 128g, 설탕 164g, 달걀 3개, 베이킹파우더 2g, 분유 4g, 바닐라향 1g, 우유 30g, 다진 호두 60g
- ■ **장식 재료** : 에프리코혼당(살구잼), 호두반태
- ■ **필요 도구** : 파운드 틀 1개, 휘퍼, 고무주걱, 붓

작업 준비
- ■ 파운드 틀에 종이 깔기
- ■ 오븐을 160도로 예열하기

이렇게 만들어요

1 버터 포마드 상태 만들기 볼에 버터를 넣고 포마드 상태(빵에 바를 수 있을 정도의 버터 굳기)가 되도록 휘퍼를 이용하여 풀어준다.

2 크림화하기 소금과 설탕을 넣고 휘퍼로 휘핑하여 부드러운 크림 상태로 만든다.

3 달걀 혼합하기 크림화한 반죽에 달걀을 두세 번에 걸쳐 휘퍼로 휘핑하여 혼합한다. 이때 설탕이 완전히 녹을 때까지 휘핑한다.

4 가루재료 혼합하기 체에 거른 박력분, 베이킹파우더, 분유, 바닐라향을 넣고 주걱으로 가루재료가 보이지 않을 때까지 섞는다.

5 우유 혼합하기 반죽에 우유를 넣은 후 고무주걱을 이용해 잘 섞은 후 혼합된 반죽에 다진 호두를 섞는다.

6 호두 토핑 & 굽기 이 반죽을 파운드 틀 높이의 70~80% 가량 채우고, 그 위에 호두반태를 올려 오븐에 굽는다.

Tip&Tip 파운드케이크의 변신
파운드케이크는 아몬드나 피칸과도 잘 어울리기 때문에 같이 사용하면 풍미가 강해진다. 참고로 열전도를 고르게 하고 바닥이 두꺼워지는 것을 방지하려면 평철판 위에 파운드 틀을 올려 이중팬으로 굽는다.

광택제 만들기
동량의 에프리고혼당과 물을 살짝 끓인 후, 냉각된 파운드케이크 윗면에 붓으로 발라주면 저장기간이 연장되고 맛도 좋아진다.

Home baking

004

크림치즈 머핀

크림치즈는 단백질을 비롯하여 비타민과 무기질이 풍부하다. 향이 온화하여 치즈향을 싫어하는 사람도 거부감 없이 먹을 수 있고, 다른 머핀보다도 촉촉함이 오랫동안 유지되는 장점이 있다.

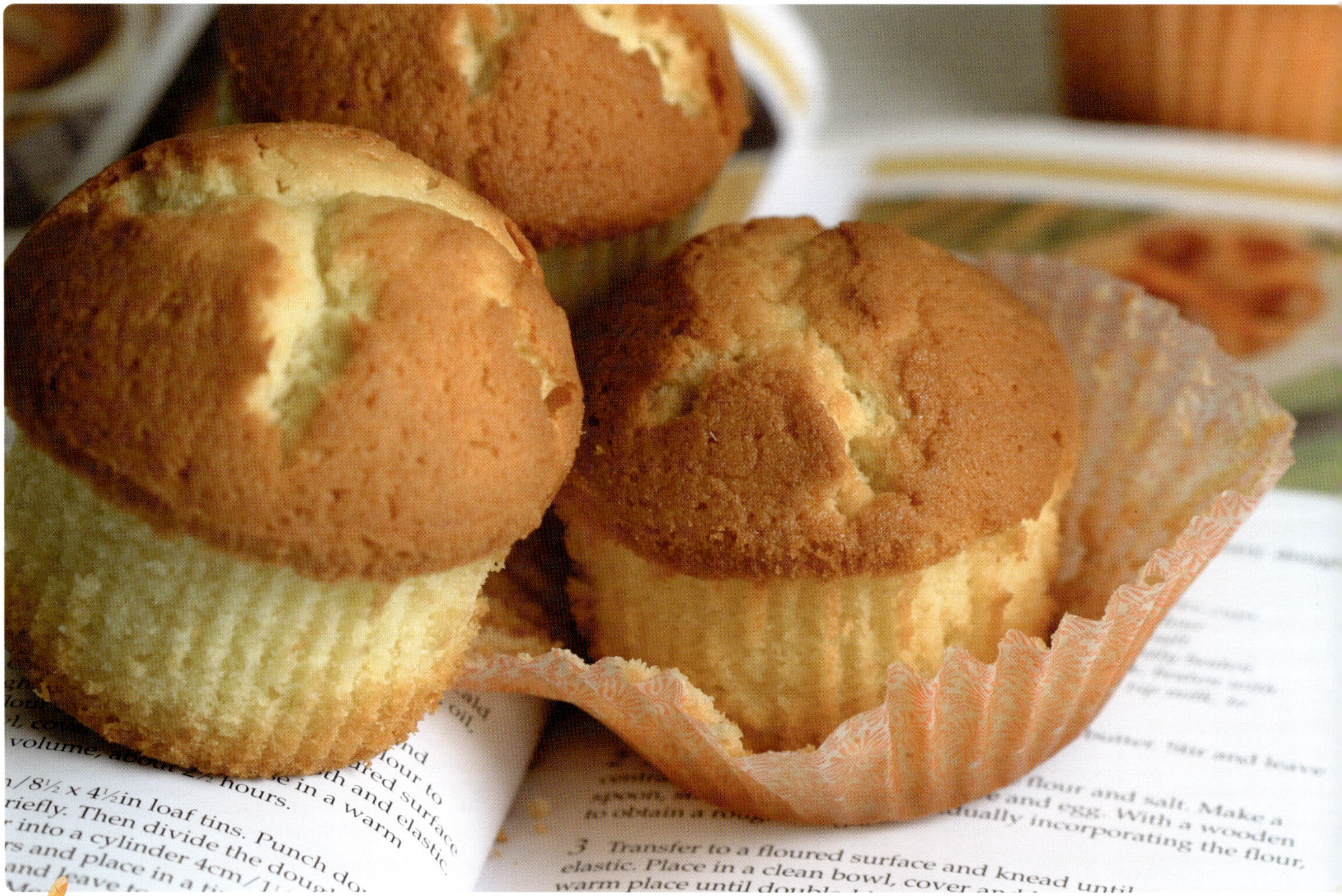

제작 포인트

□ 크림치즈는 냉장 보관하기 때문에 쉽게 부드러워지지 않는다. 따라서 미리 상온에서 부드럽게 풀어준 다음 사용하는 것이 좋다.

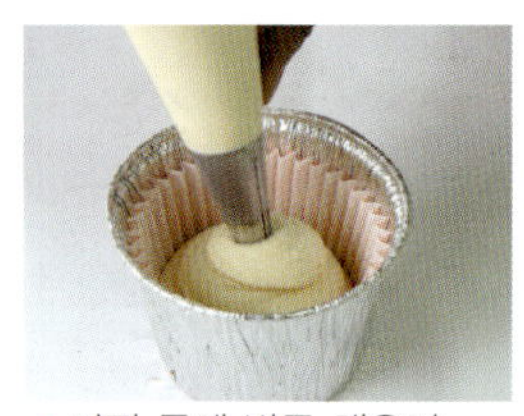

▲머핀 틀에 반죽 채우기

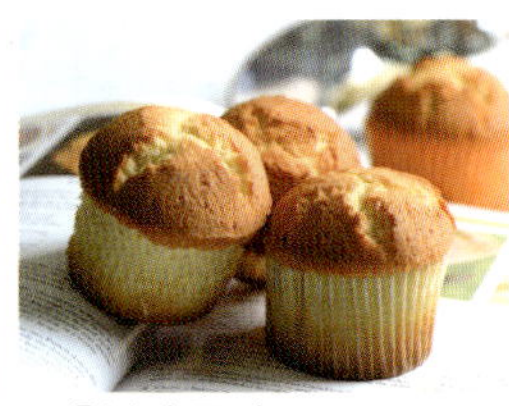

▲충분히 굽기

- 만들 개수 : 10개   ■ 굽는 시간 : 25~30분
- 필요 재료 : 박력분 200g, 버터 170g, 달걀 3개, 설탕 150g, 소금 4g, 베이킹파우더 6g, 크림치즈 60g, 우유 20g, 럼(술) 10g
- 필요 도구 : 휘퍼, 고무주걱, 짤주머니, 머핀 틀, 머핀 유산지, 원형 각지

- 머핀 틀에 머핀 유산지 끼우기
- 오븐을 160도로 예열하기

이렇게 만들어요

1 **버터 포마드 상태 만들기** 볼에 버터, 크림치즈를 넣고 휘퍼로 휘핑하여 부드럽게 풀어준다.

2 **크림화하기** 소금, 설탕을 넣고 휘퍼로 부드러운 크림 상태로 만든 후 달걀을 섞는다. 이때 달걀이 완전히 섞일 때까지 휘퍼로 휘핑한다.

3 **가루재료 혼합하기** 체에 거른 박력분, 베이킹파우더를 넣고 고무주걱을 이용하여 고루 섞는다.

4 **우유, 럼 혼합하기** 섞인 반죽에 우유와 럼을 추가하고 주걱으로 잘 섞는다.

5 **짤주머니 준비하기** 지름 0.7~1cm 원형 각지를 짤주머니에 끼운다. 준비한 짤주머니에 반죽을 담는다.

6 **팬닝 & 굽기** 짤주머니를 이용하여 머핀 틀의 80% 정도를 채운 후 예열한 오븐에 넣어 굽는다.

Tip&Tip 치즈머핀에서 치즈

피자치즈를 사용하는 방법도 있지만, 식으면 굳어져 단단해지므로 분말치즈나 크림치즈를 사용하는 것이 좋다. 분말치즈를 사용할 경우에는 향과 색이 진하므로 많이 넣지 않는다.

Home baking

005

샤를로뜨

유럽의 샤를로뜨 모자와 비슷하게 생겨서 이름 붙여진 케이크이다. 여러 가지 계절 과일을 올려 장식하거나 초콜릿으로 장식하기도 하며, 바바로와의 부드러움 때문에 여성들이 많이 즐겨 찾는다.

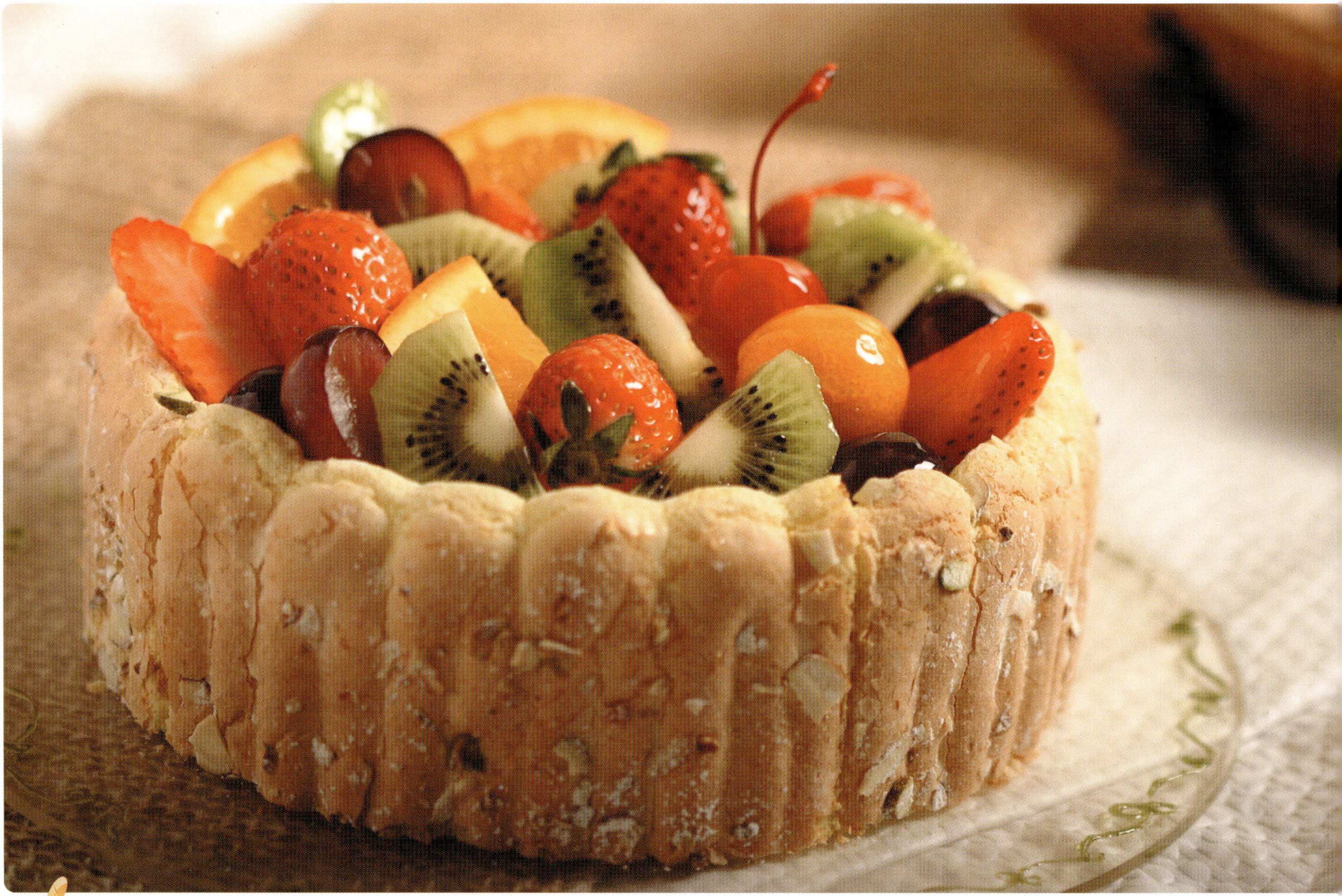

제작 포인트

□ 무스 옆면에 두르는 비스퀴는 굳는 과정에서 수축하기 때문에 무스 틀보다 길게 만들어야 한다.

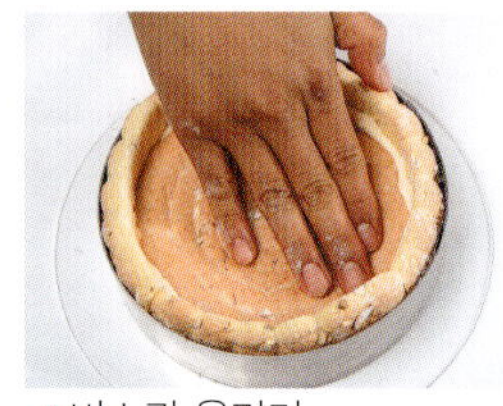

▲비스퀴 올리기

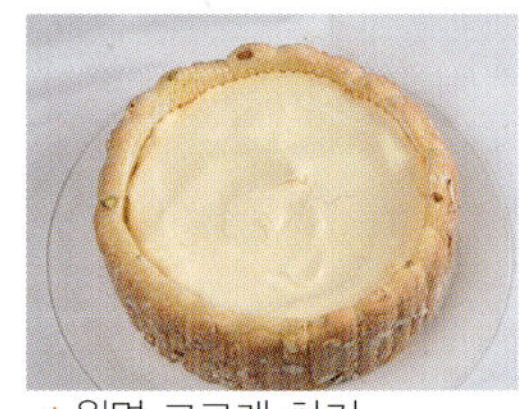

▲윗면 고르게 하기

- 만들 개수 : 3호 1개 ■ 굽는 시간 : 8~12분
- 필요 재료 : 비스퀴(박력분 140g, 설탕A 56g, 노른자 5개, 설탕B 120g, 흰자 5개, 바닐라향 1.4g) 바바로와(설탕A 27g, 우유 150g, 노른자 3개, 설탕B 18g, 바닐라향 1g, 판젤라틴 2장, 휘핑한 생크림 150g)
- 장식 재료 : 과일
- 필요 도구 : 원형 깍지, 주걱, 스패츌러, 써클 틀, 빵칼, 미니 스패츌러, 짤주머니, 휘퍼, 손체

작업 준비

- 비스퀴 만들기(권말부록 참고)
- 아크릴 판에 써클 틀 올리기
- 바바로와 만들기

이렇게 만들어요

1 우유 데우기 설탕B는 달걀 노른자와 혼합하고, 설탕A는 60도로 데운 우유와 혼합한다. 2가지 재료들을 혼합해 직화로 데운다.

2 바바로와 만들기 1을 휘핑하면서 82도까지 데운 후 체에 걸러 냉각시킨다.

3 젤라틴 & 생크림 혼합하기 2가 식으면 찬물에 불린 젤라틴을 중탕으로 녹여 섞은 후 휘핑한 생크림을 두세 번 나누어 섞는다.

4 비스퀴 깔기 사각으로 구운 비스퀴를 반으로 잘라 써클 틀의 옆면에 두르고, 원형 비스퀴를 써클 틀 바닥에 깐다.

5 무스 채우기 무스 1/2 정도를 채운 후 과일을 넣고, 원형 비스퀴로 덮는다.

6 냉동 & 과일장식하기 다시 무스를 비스퀴의 높이보다 1cm 정도 낮게 채운다. 그 후 냉동고에 굳히고, 무스가 굳으면 써클 틀을 제거한 후 과일로 장식한다.

Tip & Tip 샤를로뜨의 장식
장식을 할 때 과일 대신 화이트나 다크초콜릿을 긁어서 이용해도 좋다.

Home baking

006

아몬드쿠키

아몬드는 콜레스테롤 수치를 조절하는 기능이 있어 지방간을 예방하는 효능이 있다. 모양 틀에 변화를 주어 여러 가지 모양을 만들 수 있고 다른 쿠키보다 고소함을 느낄 수 있는 아몬드쿠키와의 만남을 준비해보자.

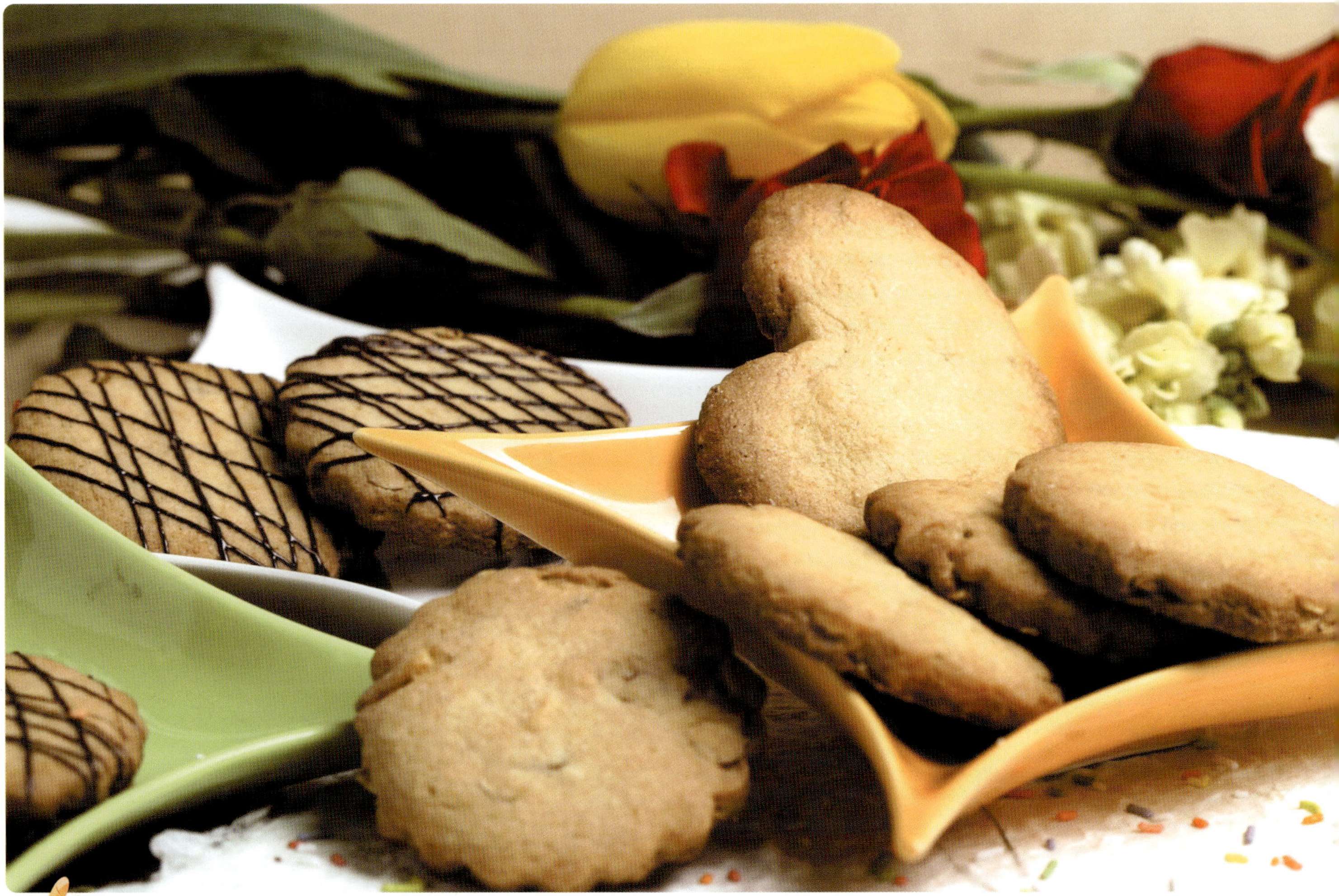

제작포인트

□ 쿠키의 단단함은 버터와 설탕을 크림 상태로 만들 때 결정된다. 완전한 크림 상태로 만들면 부드러운 쿠키를 만들 수 있고, 반대로 약한 크림 상태로 만들면 단단한 쿠키를 만들 수 있다.

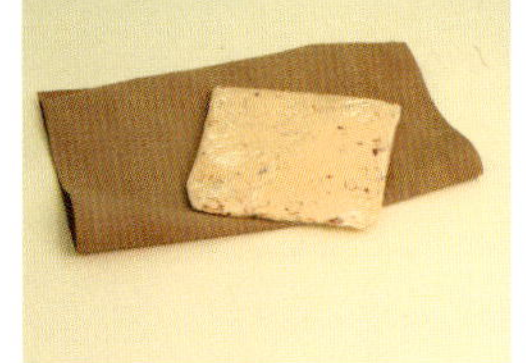

▲냉장 휴지시키기

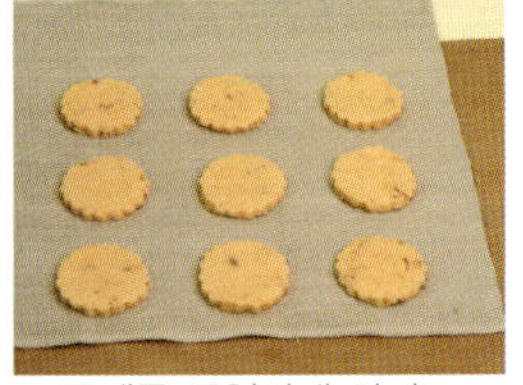

▲두께를 균일하게 하기

- 만들 개수 : 15개   ■ 굽는 시간 : 15분
- 필요 재료 : 박력분 200g, 버터 100g, 설탕 60g, 황설탕 80g,
  베이킹파우더 2g, 슬라이스아몬드 40g, 달걀 1개, 소금 2g,
  바닐라향 2g, 아몬드 분말 60g
- 장식 재료 : 초콜릿
- 필요 도구 : 휘퍼, 고무주걱, 밀대, 모양 틀

작업 준비
- 평철판 준비하기
- 오븐을 170도로 예열하기

이렇게 만들어요

1 **버터 크림화하기** 볼에 버터를 넣고 휘퍼로 휘핑하여 부드럽게 풀어준 후 설탕, 소금, 황설탕을 넣고 휘핑하여 부드러운 크림 상태로 만든다.

2 **달걀 혼합하기** 크림 상태에 달걀을 넣고 달걀이 완전히 섞이게 휘핑한다.

3 **가루재료 혼합하기** 박력분, 바닐라향, 베이킹파우더, 아몬드 분말을 체에 거른 후 2에 넣고 가루재료가 안 보일 때까지 주걱으로 혼합한다.

4 **아몬드 혼합하기** 슬라이스아몬드를 가루재료가 혼합된 반죽에 넣고 손으로 섞는다.

5 **냉장 휴지 & 밀어 펴기** 반죽을 비닐에 싸서 30분 정도 냉장고에서 휴지시킨 후 테이블에 덧가루를 뿌린 후 밀대를 이용하여 0.5~0.7㎝ 두께로 밀어 편다.

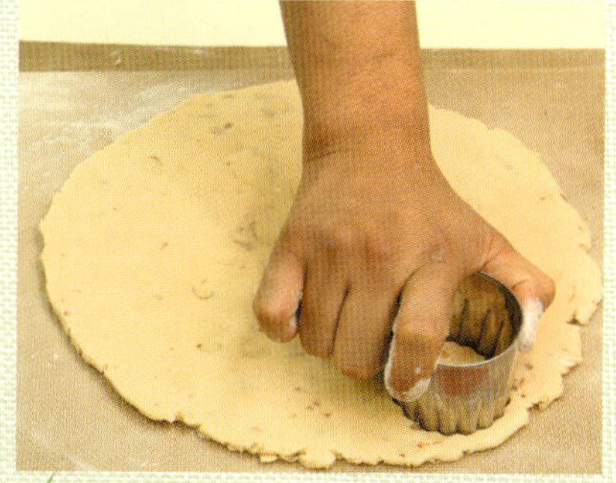

6 **틀로 찍기 & 굽기** 밀어 편 반죽을 모양 틀로 찍는다. 평철판에 찍어낸 반죽을 균일하게 나열하여 예열된 오븐에 넣어 굽는다.

Tip&Tip 고소한 쿠키

피스타치오나 호두, 피칸을 다져서 첨가하면 고소한 쿠키가 된다. 냉각 후 초콜릿을 중탕으로 녹여 사선으로 짜서 데코하면 색다른 쿠키가 된다.

Home baking

007

요구르트 무스케이크

무스(mousse)는 거품이란 뜻의 불어로 거품처럼 부드러운 맛을 가진 케이크를 의미한다. 젤라틴과 생크림을 응고시키거나 얼려서 만들기 때문에 아이스크림과 케이크 중간 단계의 맛을 느낄 수 있다.

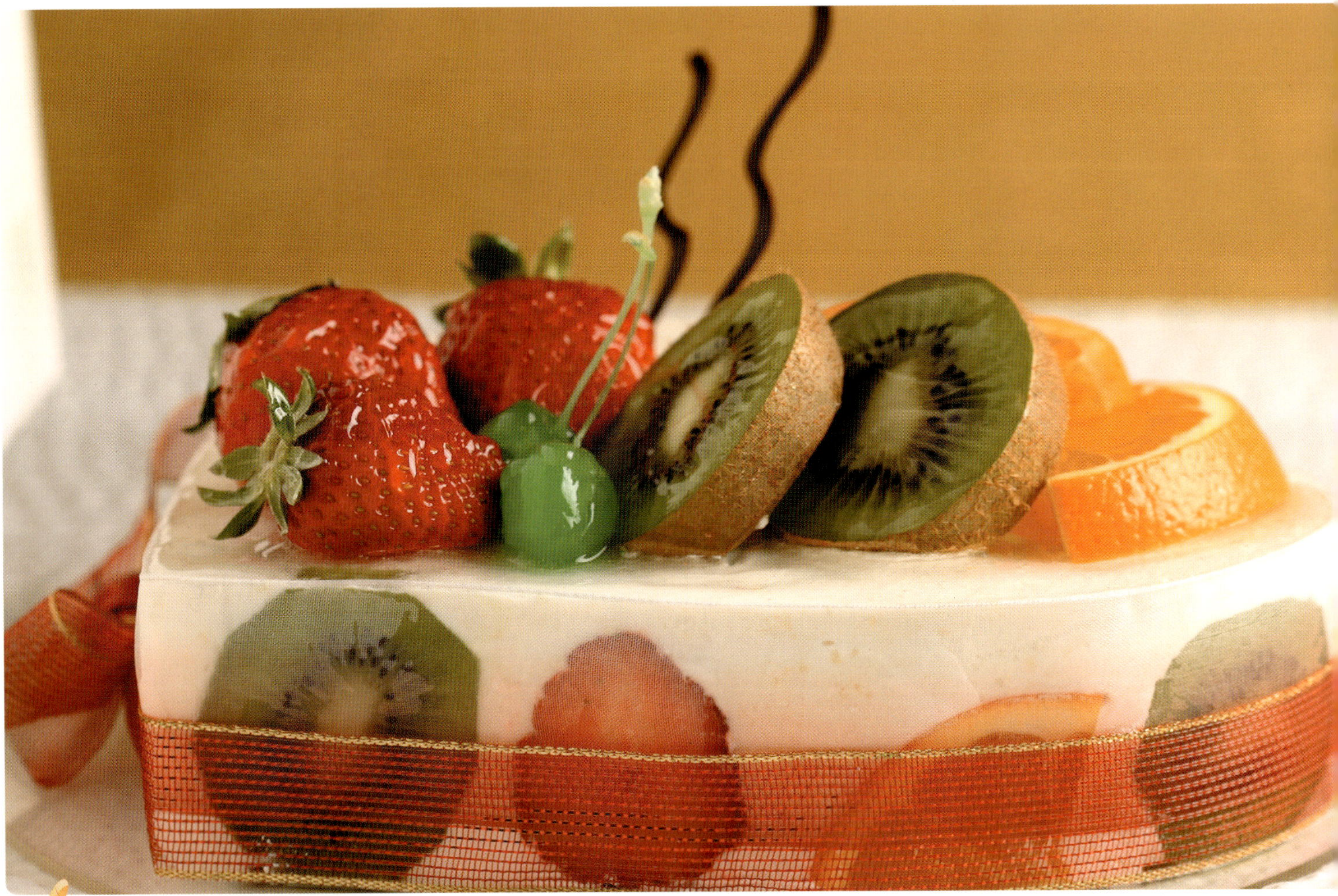

제작포인트

- 요플레의 산성분이 생크림을 응고시키기 때문에 최대한 단시간 내에 혼합해야 한다.
- 동물성 단백질성분인 젤라틴은 중탕 온도가 60도를 넘지 않도록 해야 한다.

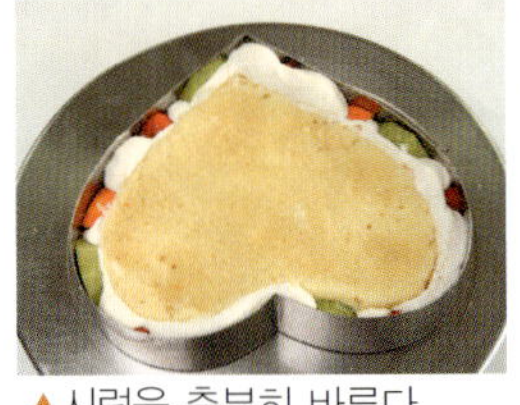

▲시럽을 충분히 바른다.

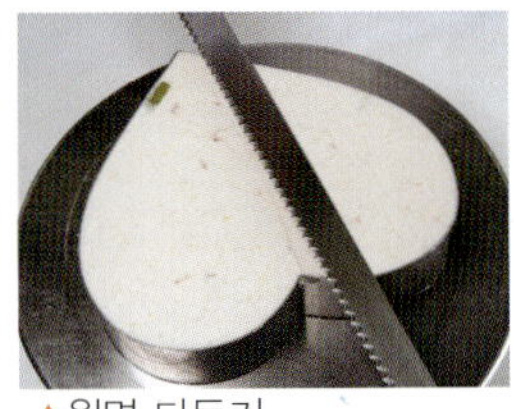

▲윗면 다듬기

재료&도구
- 만들 개수 : 하트 3호 1개　■ 냉동 시간 : 15~20분
- 필요 재료 : 하트 스펀지케이크 1개, 우유 60g, 크림치즈 100g, 설탕 80g, 딸기 요플레 300g, 판젤라틴 3장, 휘핑한 생크림 300g
- 장식 재료 : 과일(키위, 오렌지, 딸기 등), 초콜릿 장식물, 미로와
- 필요 도구 : 하트모양 무스 틀 3호, 주걱, 스패츌러, 빵칼, 붓, 아크릴판

작업 준비
- 초콜릿 장식물 만들기(권말부록 참고)
- 하트모양 스펀지케이크 3등분하기
- 생크림 휘핑하기
- 젤라틴 찬물에 불리기

이렇게 만들어요

1　내용물 만들기 부드럽게 푼 크림치즈와 우유, 설탕을 휘핑한 후 딸기 요플레를 혼합한다. 여기에 찬물에 불려 중탕시킨 젤라틴을 넣어 섞는다.

2　생크림 혼합하기 휘핑한 생크림을 두 번에 걸쳐 나누어 섞는다.

3　충전용 과일 장식하기 하트모양 무스 틀 안에 3등분한 스펀지케이크 1장을 깔고, 사이에 과일을 돌려 넣은 후 시럽을 바른다.

4　무스 채우기 장식된 과일 위에 혼합한 무스 1/2을 넣어 채운 후 다시 스펀지케이크 1장을 깔고 시럽을 고루 바른다.

5　냉동하기 나머지 무스로 채운 후 빵칼로 윗면을 평평하게 한 후 냉동실에서 약 20분간 냉동시킨다.

6　장식하기 미니 스패츌러로 테두리를 돌려 틀을 제거한다. 윗면에 미로와를 바르고, 과일과 초콜릿 등으로 장식한다.

Tip&Tip 다양한 요플레 무스케이크
요플레 무스케이크는 요플레의 종류에 따라 딸기, 포도 등의 다양한 맛과 향을 낼 수 있다.

해물끽슈

바다향이 물씬나는 조개, 오징어, 새우 등 여러 가지 싱싱한 해산물을 이용하여 끽슈를 만들어보자.

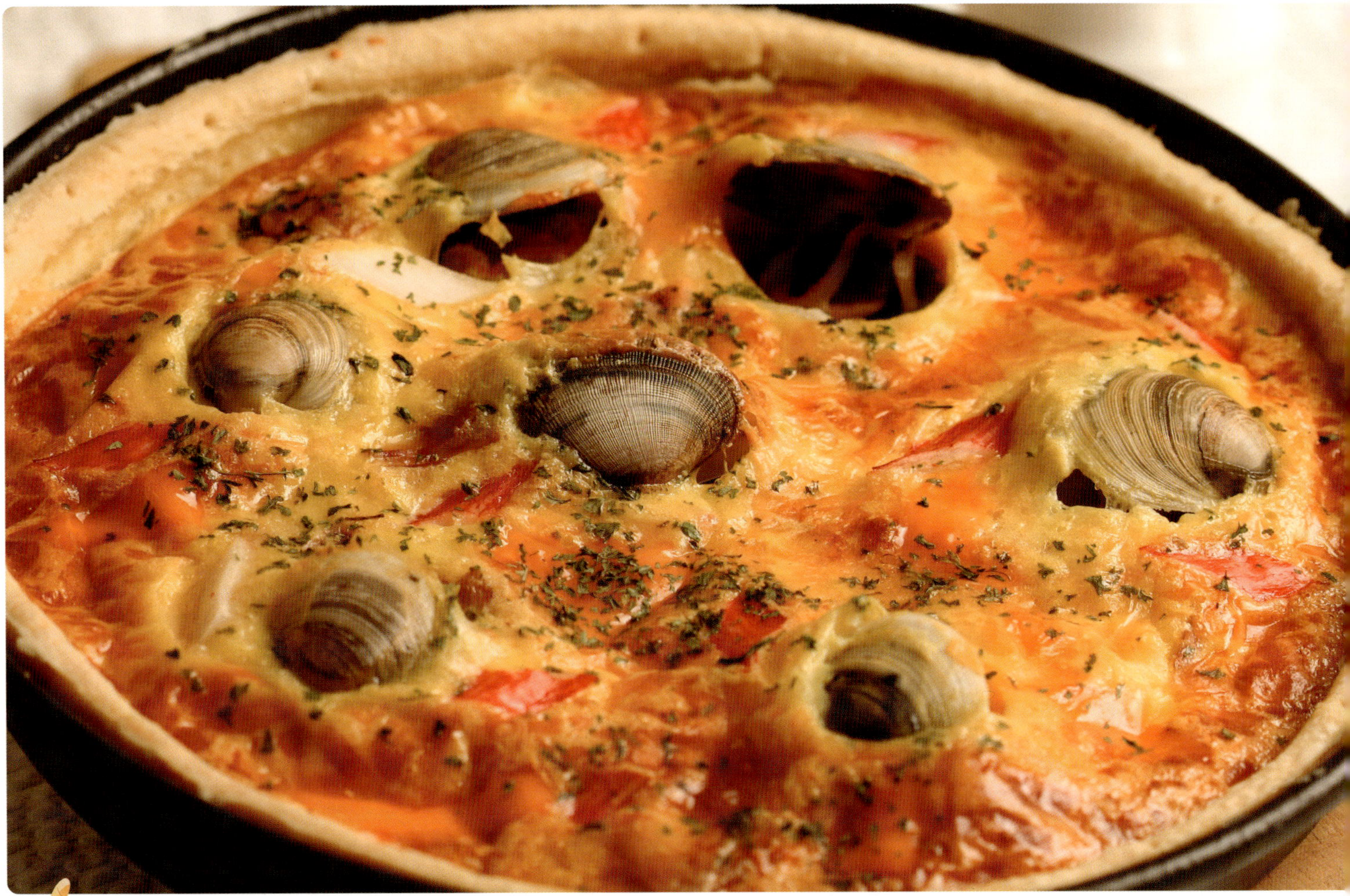

제작 포 인 트

☐ 해산물은 되도록 잘게 썰어야 잘 익는다.

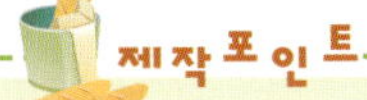

▲토핑물

▲햄 토핑

재료 준비 ■ 만들 개수 : 타르트 틀 1개   ■ 굽는 시간 : 45~50분

■ 필요 재료 : 빠따퐁세 300g, 내용물(달걀 4개, 생크림 120g, 우유 60g, 소금 2.5g, 후추 2g, 파슬리 3g, 박력분 30g), 토핑물(모시조개 3개, 바지락 3개, 맛살 100g, 채 썬 오징어 100g, 칵테일 새우 100g, 피자치즈 200g, 슬라이스햄 1장, 슬라이스치즈 1장)

■ 필요 도구 : 밀대, 고무주걱, 피켓, 타르트 틀, 칼, 휘퍼

작업 준비 ■ 빠따퐁세 만들기(권말부록 참고)

■ 해물은 깨끗하게 씻은 후 적당한 크기로 썰기

■ 전처리한 타르트 틀을 준비하고 오븐을 160도로 예열하기

이렇게 만들어요

1 **내용물 혼합하기** 달걀을 풀어준 후 소금을 넣고, 우유, 생크림과 혼합한다.

2 **가루재료 혼합 & 냉장 휴지** 1에 체 친 박력분, 후추를 혼합한 후 냉장고에서 40~45분간 휴지시킨다.

3 **밀어 펴기** 빠따퐁세 반죽을 밀대를 이용하여 두께 3mm로 밀어 피켓한다.

4 **틀에 깔기** 준비된 타르트 틀에 빠따퐁세 반죽을 깐다.

5 **내용물 붓기** 4에 내용물을 붓는다.

6 **토핑 & 굽기** 5에 새우, 오징어, 슬라이스햄, 피자치즈, 맛살, 슬라이스치즈, 파슬리, 조개 순으로 토핑한 후 굽는다.

Tip&Tip 토핑 순서를 지키자

준비한 해물 재료를 토핑할 때는 조개를 마지막에 살짝 올려 장식한다. 같이 넣으면 가라앉아 보이지 않게 된다.

Chapter 2

사랑을 고백하기 좋은 달

2월

한 연인들의 사랑을 지켜주다 순교한 사제의 이름에서 유래한
연인들의 발렌타인데이가 있는 달이다.
이제 더 이상 같은 모양으로 만들어져 있는 초콜릿이 아니라
단 하나의 사랑을 위해 달콤하고 맛있는 나만의 초콜릿을
내 손으로 만들어 사랑하는 연인에게 선물해보자.

2월

SUN	MON	TUE	WED	THU	FRI	SAT

009 가나슈초콜릿

010 하트초콜릿

011 몽블랑초콜릿

012 트러플초콜릿

013 디아몽초콜릿

014 다크쇼콜라

015 피스타치오 아몬드초콜릿

가나슈초콜릿

초콜릿과 생크림을 1 : 1로 혼합하여 제조한 가나슈를 넣어 만든 초콜릿이다. 다양한 모양의 틀을 이용해 나만의 초콜릿을 만들어 사랑하는 사람에게 선물해보자.

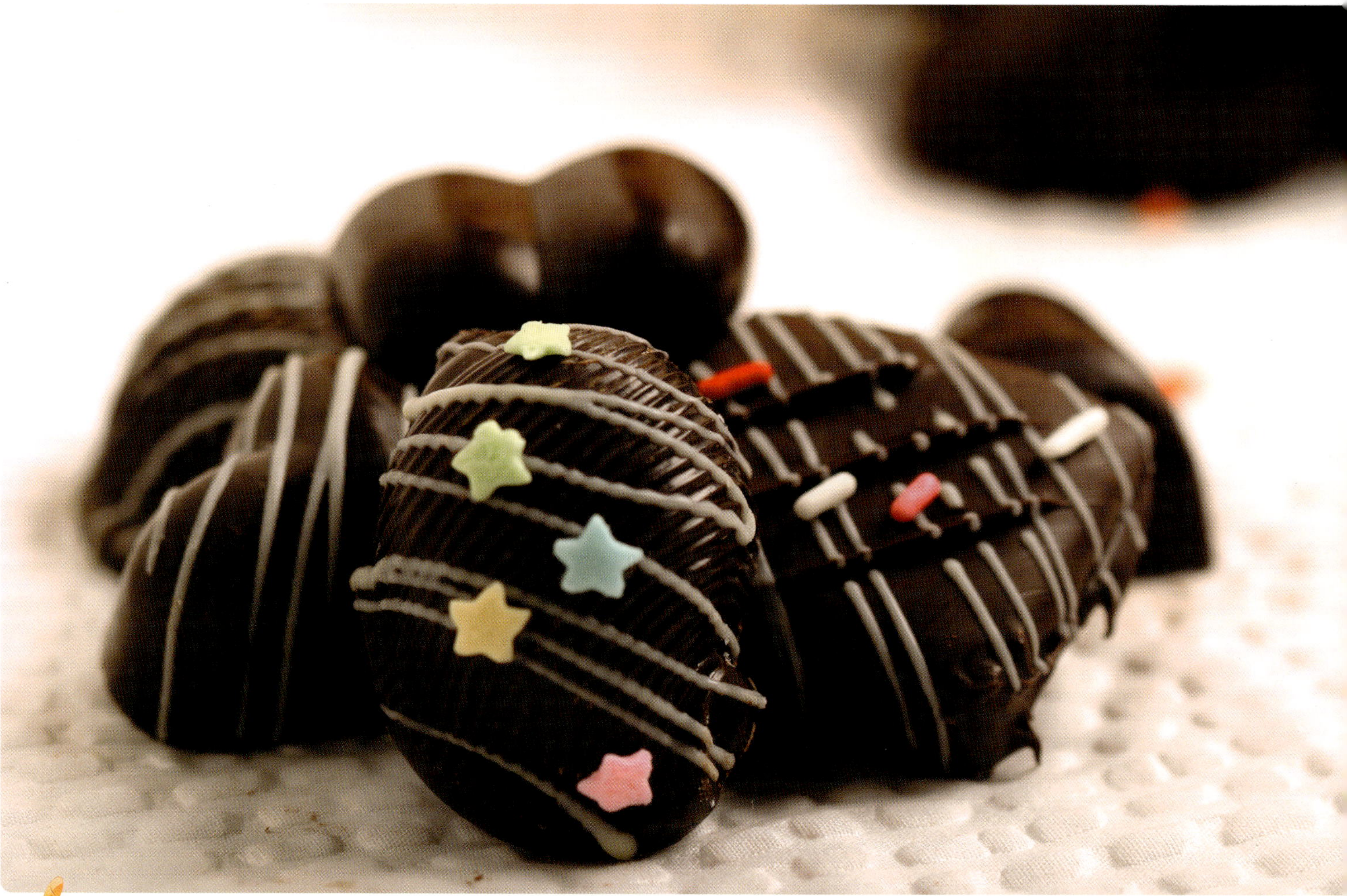

제작포인트

☐ 초콜릿은 잘게 다져 중탕하거나 전자레인지를 이용하여 녹인다.
☐ 생크림과 초콜릿을 혼합할 때 충분히 중탕한 후 혼합해야 분리현상(유지와 액체 수분이 따로 녹아 있는 상태)을 막을 수 있다.

▲ 가나슈 만들기

▲ 초콜릿 중탕하기

재료&도구 

- 만들 개수 : 16개
- 필요 재료 : 다크초콜릿 100g, 생크림 66g, 물엿 10g, 우유 40g, 커피 2g, 럼 4g, 버터 10g, 다크초콜릿 300g(코팅용)
- 필요 도구 : 고무주걱, 스패츌러, 종이 짤주머니, 실리콘페이퍼, 모양 틀
- 장식 재료 : 금박, 화이트초콜릿, 레인보우

작업 준비

- 모카가나슈는 미리 만들어 식혀두기(권말부록 참고)
- 틀에 채우는 다크초콜릿은 템퍼링하기
- 모양 틀은 솜이나 마른 행주로 닦아 깨끗하게 준비하기
- 종이로 짤주머니 만들기

이렇게 만들어요

1 **템퍼링한 초콜릿 채우기** 하트나 소라 등 다양한 모양의 틀을 템퍼링한 초콜릿으로 채운다.

2 **초콜릿 껍질 만들기** 볼에 초콜릿을 부은 후 틀의 윗면을 스패츌러를 이용하여 깨끗하게 긁어준다.

3 **초콜릿 굳히기** 틀을 바닥에 뒤집어 놓은 상태로 초콜릿을 굳힌다.

4 **모카가나슈 채우기** 냉각된 모카가나슈를 종이 짤주머니에 담은 후 틀을 바로 놓고 틀 높이의 80% 정도 가나슈를 짜 넣는다.

5 **초콜릿 채우기** 가나슈를 채운 빈 윗부분에 템퍼링한 초콜릿을 짜준다. 그 다음 다시 스패츌러를 이용하여 윗면을 긁어낸다.

6 **장식하기** 초콜릿이 굳으면 틀에서 빼낸 후 화이트 초콜릿과 레인보우로 장식한다.

Tip&Tip 초콜릿 코팅

초콜릿 코팅처리가 불량하면 생크림이 첨가된 가나슈는 저장 기간이 짧아지므로 보관에 주의해야 한다. 또한 초콜릿은 수분에 의한 슈가브룸이나 너무 많이 휘저으면 기포가 생길 우려가 있기 때문에 주의한다.

하트초콜릿

발렌타인데이나 화이트데이에 사랑하는 연인들을 위해 만드는 초콜릿이다. 여러 가지 모양 틀이 있지만 그래도 가장 인기있는 하트모양 틀을 이용해 직접 만들어 선물해보자.

제작포인트

☐ 코팅한 초콜릿이 녹아 틀에 달라붙을 수 있기 때문에 가나슈는 충분히 냉각시킨 후 짜서 넣는다.

재료&도구
- **만들 개수** : 16개
- **필요 재료** : 다크초콜릿 100g, 생크림 66g, 물엿 10g, 우유 40g, 커피 2g, 럼 4g, 버터 10g, 다크초콜릿(코팅용) 300g
- **필요 도구** : 고무주걱, 스패출러, 종이 짤주머니, 실리콘페이퍼, 하트모양 틀

작업 준비
- 모카가나슈 만들기(권말부록 참고)
- 하트모양 틀에 채우는 다크초콜릿 템퍼링하기
- 모양 틀은 솜이나 마른 행주로 깨끗이 닦기
- 종이 짤주머니 만들기

이렇게 만들어요

1 **초콜릿 채우기** 하트모양 틀에 템퍼링한 초콜릿을 부어 가득 채운다.

2 **초콜릿 껍질만들기** 그림과 같이 틀의 초콜릿을 볼에 다시 부어낸다.

3 **윗면 고르기** 스패출러를 이용하여 틀 윗면을 깨끗하게 긁어준다.

4 **초콜릿 껍질 굳히기** 초콜릿을 부어낸 틀을 바닥에 뒤집어 놓은 후 굳힌다.

5 **모카가나슈 채우기** 초콜릿이 굳으면 냉각된 모카가나슈를 종이 짤주머니에 담아 틀의 80%까지 채운다.

6 **초콜릿 마무리 & 틀에서 빼기** 틀의 나머지 빈 부분에 템퍼링한 초콜릿을 짜준다. 틀의 윗면을 다시 스패출러로 긁어낸 후 굳으면 틀에서 빼낸다.

Tip&Tip 초콜릿과 온도
초콜릿을 처음 녹이는 온도가 50도 이상이면 잘 굳지 않으므로 주의한다.

몽블랑초콜릿

몽블랑은 알프스 산맥 이탈리아와 프랑스를 가르는 국경에 위치한 눈 덮인 하얀 산이다. 몽블랑초콜릿은 생김새가 비
슷해 붙여진 이름이다. 하얀 눈덮인 산같은 몽블랑초콜릿을 만들어보자.

제작포인트

☐ 가나슈를 짤 때 모양과 크기가 균일하도록 한다.
☐ 코팅한 초콜릿의 끝부분만 살짝 흰자를 찍고 설탕을 묻힌다.

- **만들 개수** : 16개
- **필요 재료** : 다크초콜릿 100g, 생크림 66g, 물엿 10g, 우유 40g, 커피 2g, 럼 4g, 버터 10g, 다크초콜릿(코팅용) 300g
- **필요 도구** : 고무주걱, 스패출러, 종이 짤주머니, 실리콘페이퍼, 원형 깍지
- **장식 재료** : 설탕, 흰자

작업 준비

- 모카가나슈 만들기
- 다크초콜릿 템퍼링하기
- 실리콘페이퍼는 행주로 깨끗이 닦기
- 짤주머니에 원형 깍지 끼우기

이렇게 만들어요

1 **모카가나슈 만들기** 다진 다크초콜릿과 커피 원액, 버터를 중탕으로 녹인다. 여기에 중탕한 우유, 생크림, 물엿을 넣어 섞는다.

2 **모카가나슈에 럼 혼합하기** 가나슈가 만들어지면 럼을 넣고, 고무주걱을 이용하여 섞는다.

3 **모카가나슈 짜기** 냉장고에서 30~40분 굳힌 후 지름 0.7~1cm 원형 깍지를 끼운 짤주머니에 넣는다. 지름 2cm 원뿔모양으로 짠다.

4 **모카가나슈 굳히기** 원뿔모양의 초콜릿을 30~40분 정도 냉장고에 넣어 굳힌다.

5 **초콜릿 디핑하기** 냉장고에 굳힌 가나슈를 템퍼링한 다크초콜릿에 넣어 초콜릿을 입힌 후 꺼낸다.

6 **설탕 입히기** 모양이 굳으면 초콜릿의 끝 부분에 흰자, 설탕을 순서대로 묻힌다.

Tip&Tip 디핑이란?

디핑이란 가나슈에 템퍼링한 초콜릿을 입히는 작업을 말한다.

Home baking

012

트러플초콜릿

트러플은 울퉁불퉁한 표면을 가지는 버섯을 뜻한다.
그러나 이 버섯과 비슷한 모양으로 만든 초콜릿을 지칭하기도 한다.

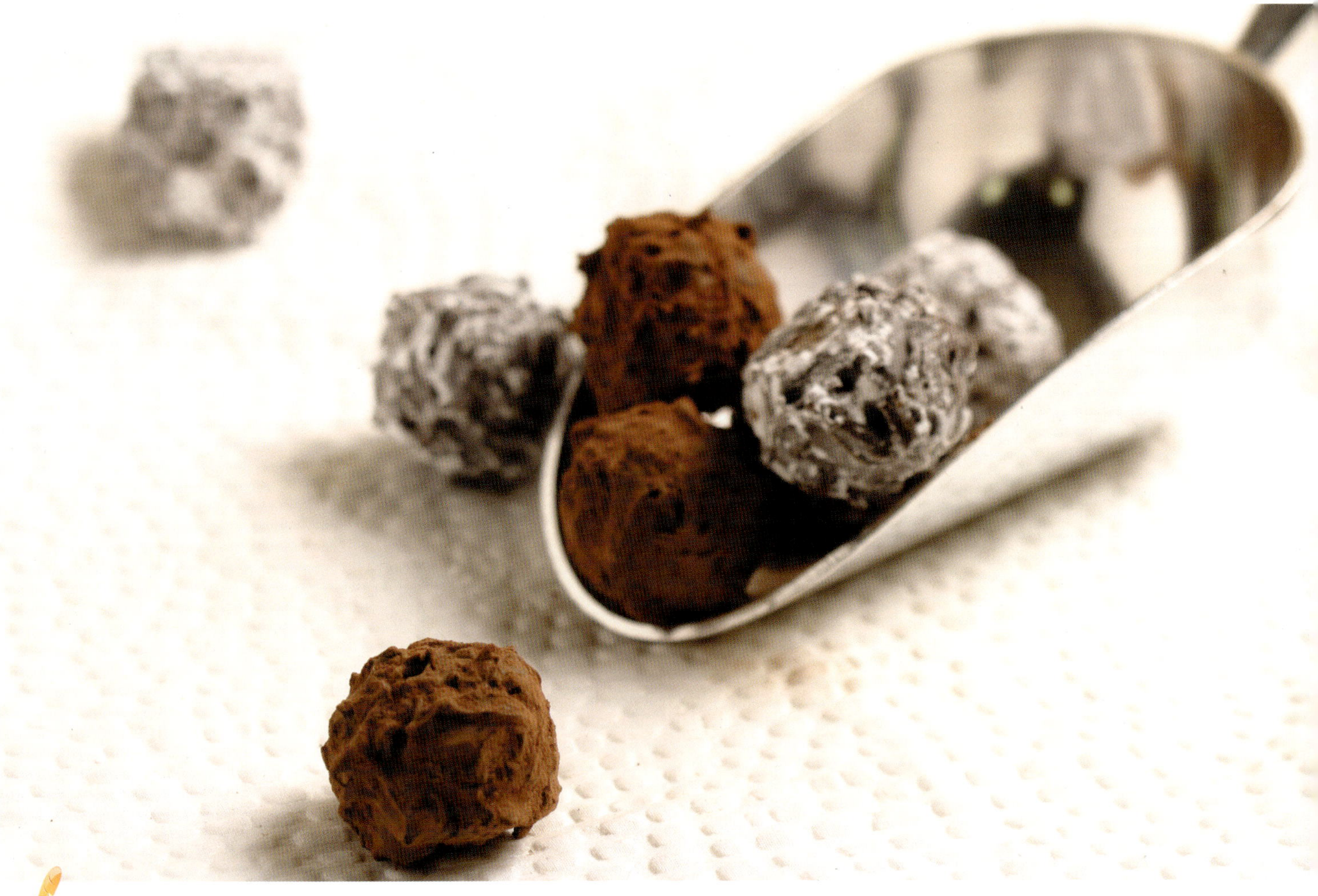

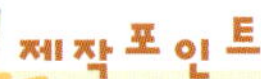

제작포인트

□ 그릴 위에서 굴릴 때 적당히 굳어 있어야 모양이 뾰족하게 잘 나온다.

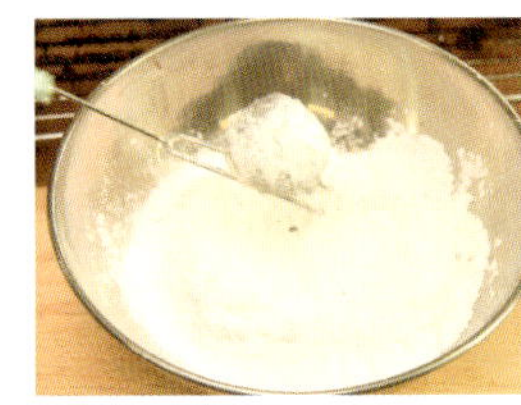

▲분당 입히기

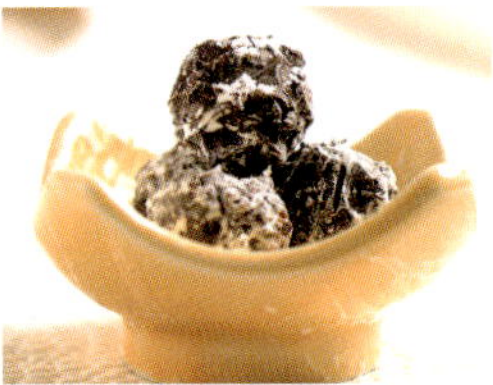

▲분당 입힌 트러플

- **만들 개수** : 20개
- **필요 재료** : 다크초콜릿 100g, 생크림 100g, 럼 10g, 다크초콜릿(코팅용) 300g
- **장식 재료** : 코코아, 분당
- **필요 도구** : 고무주걱, 디핑포크, 실리콘페이퍼, 써클 틀, 랩

- 가나슈 만들기(권말부록 참고)
- 코팅용 초콜릿 템퍼링하기

이렇게 만들어요

1 **가나슈 만들기** 다진 다크초콜릿, 커피, 버터를 중탕으로 용해한 후 중탕한 우유, 생크림, 물엿을 혼합한다. 여기에 럼을 넣고 다시 혼합한다.

2 **가나슈 채우기** 써클 틀 한쪽 면에 랩을 씌우고 혼합된 재료를 붓고 30~40분 냉장고에서 굳힌다.

3 **분할하기** 가나슈가 굳으면 랩과 틀을 제거한 후 18g 정도로 분할하여 손바닥으로 둥글린다.

4 **초콜릿 코팅하기** 둥글린 초콜릿을 템퍼링한 코팅용 초콜릿에 디핑한다.

5 **성형하기** 디핑한 초콜릿이 완전히 굳기 전에 그릴에 굴린다.

6 **코코아 입히기** 그릴에 굴린 초콜릿이 굳으면 분당, 코코아에 넣고 굴린다.

Tip&Tip 초콜릿 블룸(Bloom) 현상

슈거블룸은 설탕에 의한 블룸 현상으로 습기에 노출된 초콜릿 표면에 설탕 입자가 녹아서 발생하는데 꺼칠꺼칠하게 느껴진다. 팻블룸은 지방에 의한 블룸 현상으로 갑작스런 온도 변화로 인해 초콜릿 표면에 흰 지방 얼룩이 발생하는 것을 말한다.

Home
baking

013

디아몽초콜릿

디아몽은 불어로 다이아몬드(Diamond)를 뜻한다.
다이아몬드보다 귀하게 내 손으로 직접 디아몽초콜릿을 만들어보자.

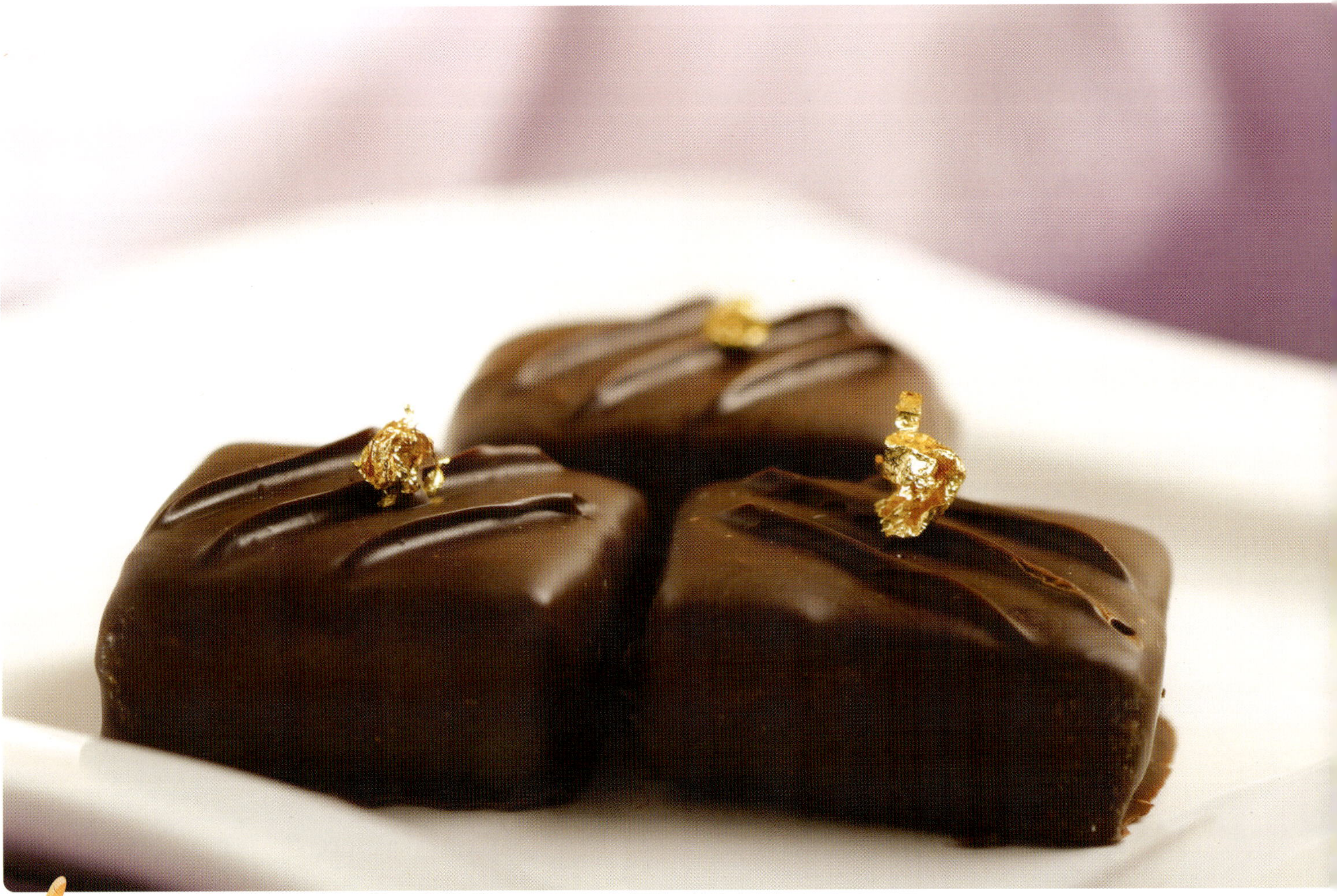

제작포인트

- 초콜릿을 처음 녹이는 온도가 50도 이상이 되면 잘 굳지 않으므로 주의한다.
- 초콜릿 중탕 시 물이 들어가지 않도록 주의한다. 수분에 의한 슈가블룸이 생길 수 있다.

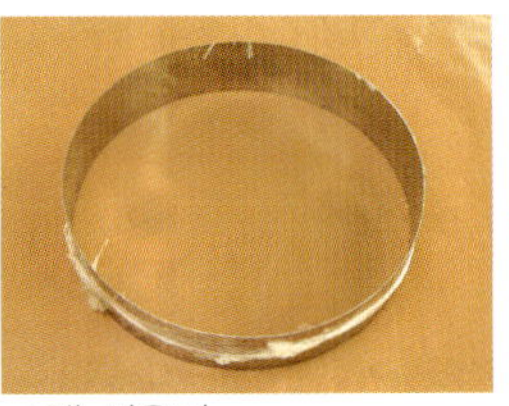

▲랩 씌우기

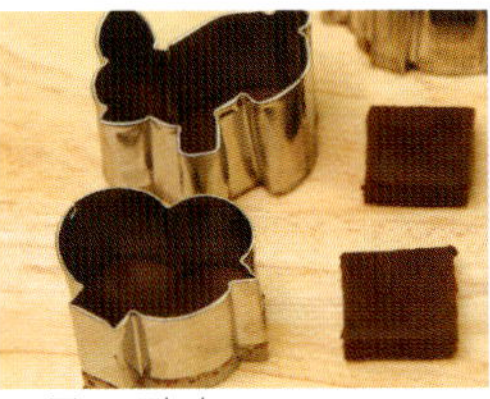

▲틀로 찍기

- 만들 개수 : 30개
- 필요 재료 : 다크초콜릿 150g, 생크림 120g, 물엿 10g, 럼 12g, 다크초콜릿 (코팅용) 400g
- 필요 도구 : 고무주걱, 칼, 써클 틀, 랩
- 장식 재료 : 금박

- 코팅용 초콜릿 녹여 템퍼링하기
- 중탕할 물 데우기
- 써클 틀에 랩 씌우기

이렇게 만들어요

1 가나슈 만들기 생크림, 물엿을 끓인다. 이를 중탕으로 녹인 초콜릿에 넣고 혼합하고 럼을 섞는다.

2 가나슈 굳히기 써클 틀 한쪽 면에 랩을 씌우고 1을 붓고 냉장고에서 30~40분간 굳힌다.

3 모양 자르기 가나슈가 굳으면 랩과 틀을 제거한 후 가로세로 3cm 크기로 자르거나 모양 틀로 찍어낸다.

4 디핑하기 자른 가나슈를 템퍼링한 코팅용 초콜릿에 디핑한 후 실리콘 페이퍼에 올린다.

5 무늬내기 포크로 살짝 눌렀다가 떼면 간단하게 무늬를 낼 수 있다.

6 장식하기 5에 금박을 올려 마무리한다.

Tip&Tip 초콜릿에 생기는 기포

초콜릿을 중탕할 때 너무 많이 휘저으면 기포가 생길 우려가 있으므로 주의해야 한다.

다크쇼콜라

초콜릿의 감미롭고 풍부한 향을 느낄 수 있는 케이크이다. 무스라는 케이크가 보편화 되면서 한번쯤 도전해볼까 생각
했다면 손쉬우면서도 고급스러운 초콜릿무스를 만들어보자.

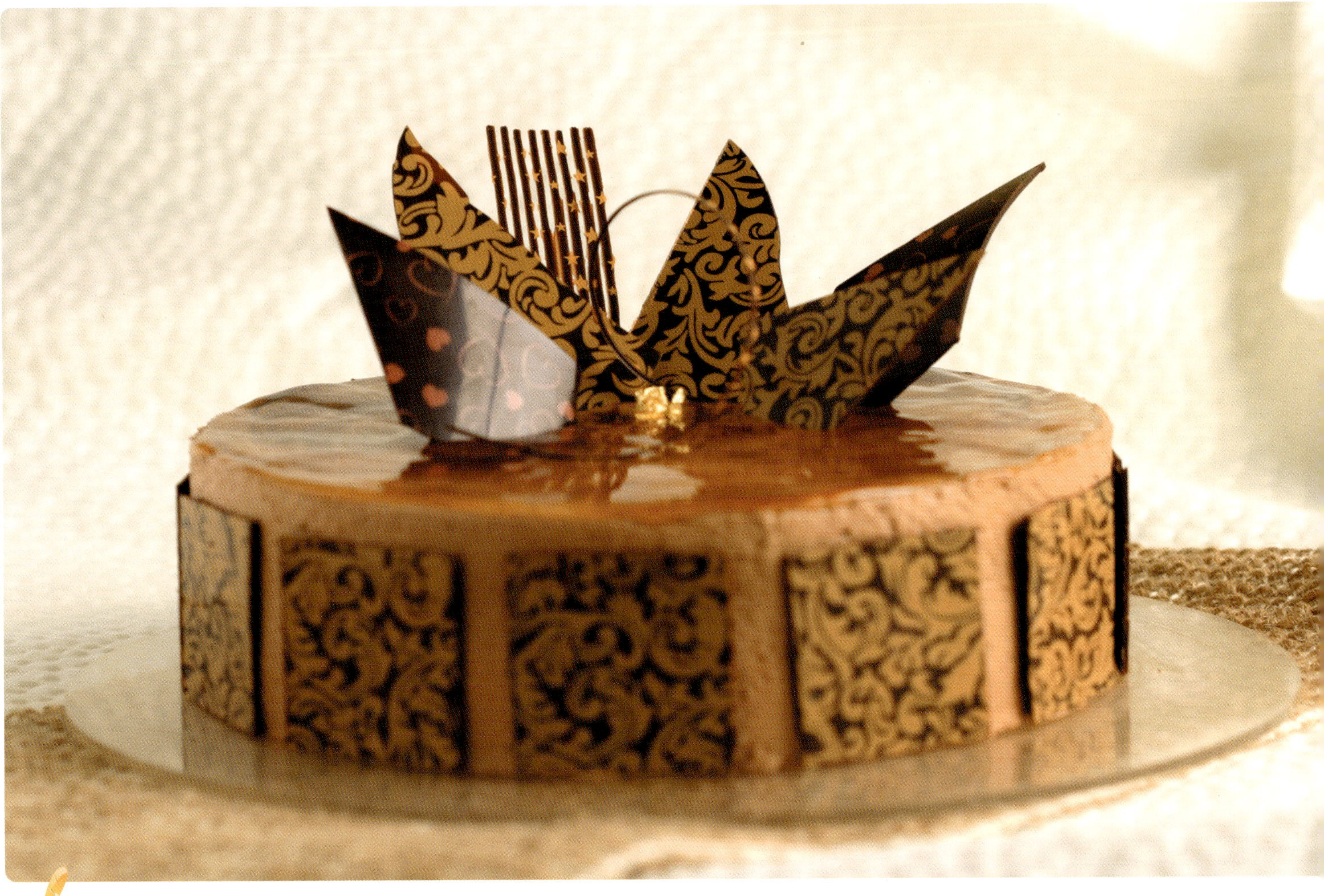

제작포인트

☐ 초콜릿, 머랭, 생크림을 혼합할 때 무스의 온도가 낮으면 쉽게 굳어지므
로 온도를 잘 맞춘다. 이때 되도록 초콜릿의 온도는 40도가 되게 한다.
☐ 젤라틴이 들어가지 않더라도 초콜릿이 굳어 안정제 역할을 한다.

▲ 시럽 바르기

▲ 초콜릿무스 내용물을 틀에
채우기

- **만들 개수** : 3호 1개
- **필요 재료** : 스펀지케이크 1개, 다크초콜릿 150g, 인스턴트커피 6g, 럼(술) 10g, 흰자 2개, 설탕 80g, 휘핑한 생크림 300g
- **필요 도구** : 스패츌러, 빵칼, 주걱, 써클 틀(원형 무스 틀 2호) 1개, 휘퍼, 미니 스패츌러, 붓
- **장식 재료** : 초콜릿 장식물, 미로와, 커피 원액

작업 준비

- 스펀지케이크 1개를 3등분으로 슬라이스하기
- 초콜릿은 중탕하여 녹이기
- 머랭, 생크림 휘핑하기
- 시럽은 미리 준비하기
- 장식용 초콜릿을 준비하기(권말부록 참고)

이렇게 만들어요

1 **초콜릿에 커피, 럼 혼합하기** 럼과 인스턴트 커피를 섞는다. 그 후 초콜릿을 중탕으로 녹이고, 섞어놓은 럼과 커피를 넣어 섞는다.

2 **머랭 혼합하기** 흰자와 설탕을 휘핑하여 머랭을 만든다. 만든 머랭을 1에 넣어 섞는다.

3 **생크림 혼합하기** 2에 휘핑한 생크림을 두세 번에 걸쳐 나눠 넣으면서 섞는다.

4 **초콜릿무스 채우기** 써클 틀에 스펀지케이크 1장을 깔고, 시럽을 바른 후 무스로 절반을 채운다. 다시 스펀지케이크 1장을 깔고 시럽을 바른다.

5 **냉동하기 & 써클 틀 분리하기** 나머지 무스를 넣고, 빵칼이나 스패츌러로 윗면을 매끈하게 만들어 15~20분 정도 냉동고에서 냉동한 후 미니 스패츌러로 테두리를 돌려 써클 틀에서 분리한다.

6 **장식하기** 커피 원액을 섞은 미로와를 스패츌러로 케이크 윗면에 마블 무늬를 내고 초콜릿으로 장식한다.

Tip&Tip 초콜릿 중탕

초콜릿을 중탕할 때 충분히 온도를 높여야 머랭과 혼합이 잘된다. 중탕 온도가 낮으면 머랭을 섞기 전에 굳어 버리기 때문이다. 참고로 강한 향을 원한다면 취향에 따라 커피 원액이나 커피 리큐르를 초콜릿에 혼합하여 사용한다.

피스타치오 아몬드초콜릿

견과류, 건조과일을 이용하여 손쉽고 간편하게 만들 수 있고 피스타치오와 아몬드의 고소함과 초콜릿의 달콤함이 어우러진 초콜릿이다.

재료&도구 

- 만들 개수 : 15개
- 필요 재료 : 템퍼링한 다크초콜릿 200g
- 필요 도구 : 종이 짤주머니, 실리콘페이퍼
- 장식 재료 : 피스타치오 30g, 건조살구 60g, 통아몬드 30g, 건포도 20g, 건조파인애플 50g

작업 준비 

- 건조과일 적당한 크기로 자르기
- 다크초콜릿 템퍼링하기
- 종이 짤주머니 만들기

제작 포인트 

☐ 초콜릿 양이 많을 때는 중탕으로 녹이는 것보다 전자레인지를 사용하여 녹이는 것이 좋다.

 이렇게 만들어요

1 **템퍼링한 초콜릿 짜기** 비닐이나 실리콘페이퍼에 템퍼링한 다크초콜릿을 넣어 지름 2.5~3cm의 원모양으로 짠다.

2 **건조과일 올리기** 완전히 굳기 전에 건조파인애플, 통아몬드, 건조살구, 건포도, 피스타치오를 순서대로 꽂는다.

3 **굳히기** 완전히 굳으면 비닐이나 실리콘페이퍼에서 떼어내면 된다.

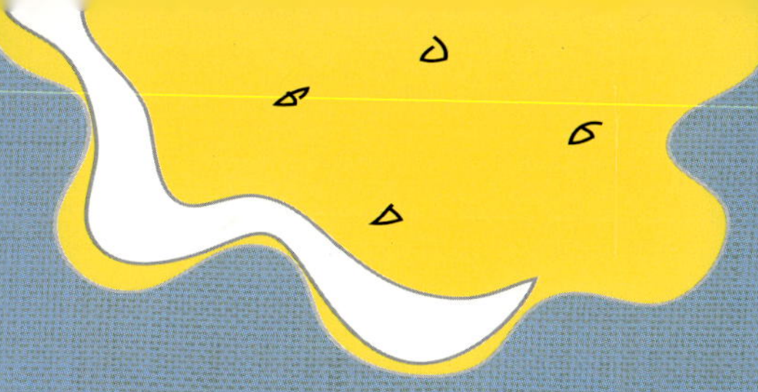

제빵상식

1. 반죽을 발효시킬 발효기가 없다면

넓은 그릇에 뜨거운 물을 담아 예열하지 않은 오븐 하단에 넣고 발효시킬 반죽을 중단에 넣은 후 문을 닫아 발효시킨다. 2차 발효도 같은 방법으로 하면 된다. 2차 발효가 거의 다되면 오븐에서 꺼낸 후 오븐을 예열하고, 오븐이 예열되면 오븐에 넣어 굽는다.

2. 반죽이 잘 발효되지 않는다면

반죽을 만들 때 일반정수기 물을 사용하는 것보다 수돗물을 사용하는 것이 좋다. 정수기물은 연수나 알칼리수가 대부분이어서 반죽이 질게 되거나 발효가 잘 되지 않는다.

3. 식빵을 구운 후 잘라보니 익지 않은 것 같을 때

바로 구운 빵은 빵 속에 수분이 껍질까지 이동하지 않은 상태이므로 충분히 냉각시킨 후 슬라이스해야 한다.
아니면 냉각한 후 랩이나 비닐을 씌워 2~3시간 기다렸다가 슬라이스하면 깨끗하게 썰 수 있다.

Chapter 3

MARCH

받은 사랑을 돌려주는 달

3월

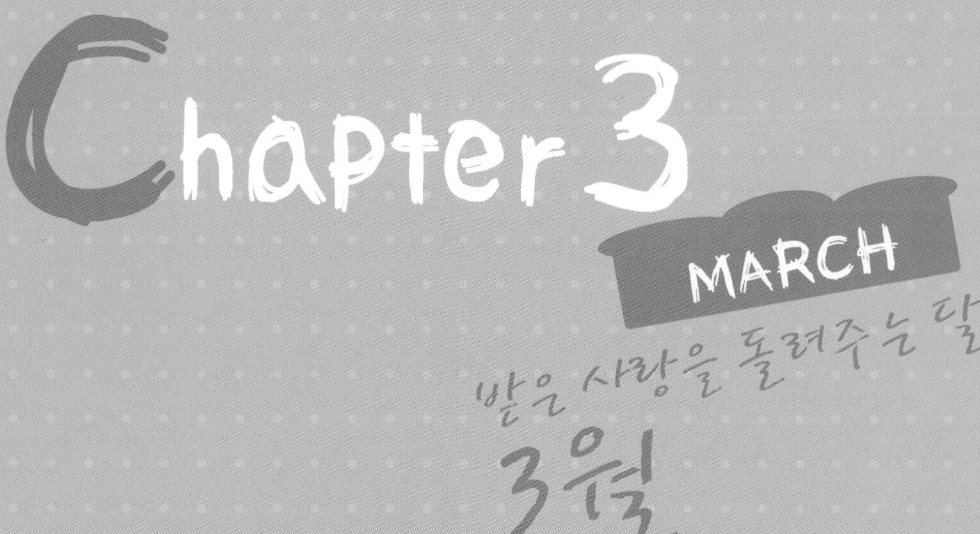

발렌타인데이 때 사랑하는 사람으로부터 초콜릿을 받았다면
3월에는 더 멋진 선물로 화답을 해야 한다.
굳이 사탕이 아니라도
달콤한 과자나 기분을 좋게 하는 티라미수, 아니면
달콤한 포레노아를 만들어
서로의 사랑에 확신을 갖는 달로 만들어보자.

3월

SUN	MON	TUE	WED	THU	FRI	SAT

017
초코칩머핀

016
초코칩파운드

018
티라미수케이크

019
가나슈타르트

020
초코칩쿠키

021
치즈스틱

022
끼러쉬케이크

초코칩파운드

초코칩을 이용해 만든 달콤한 파운드케이크이다.
진한 초콜릿 향에서 느낄 수 있는 행복감을 사랑하는 연인에게 전해보자.

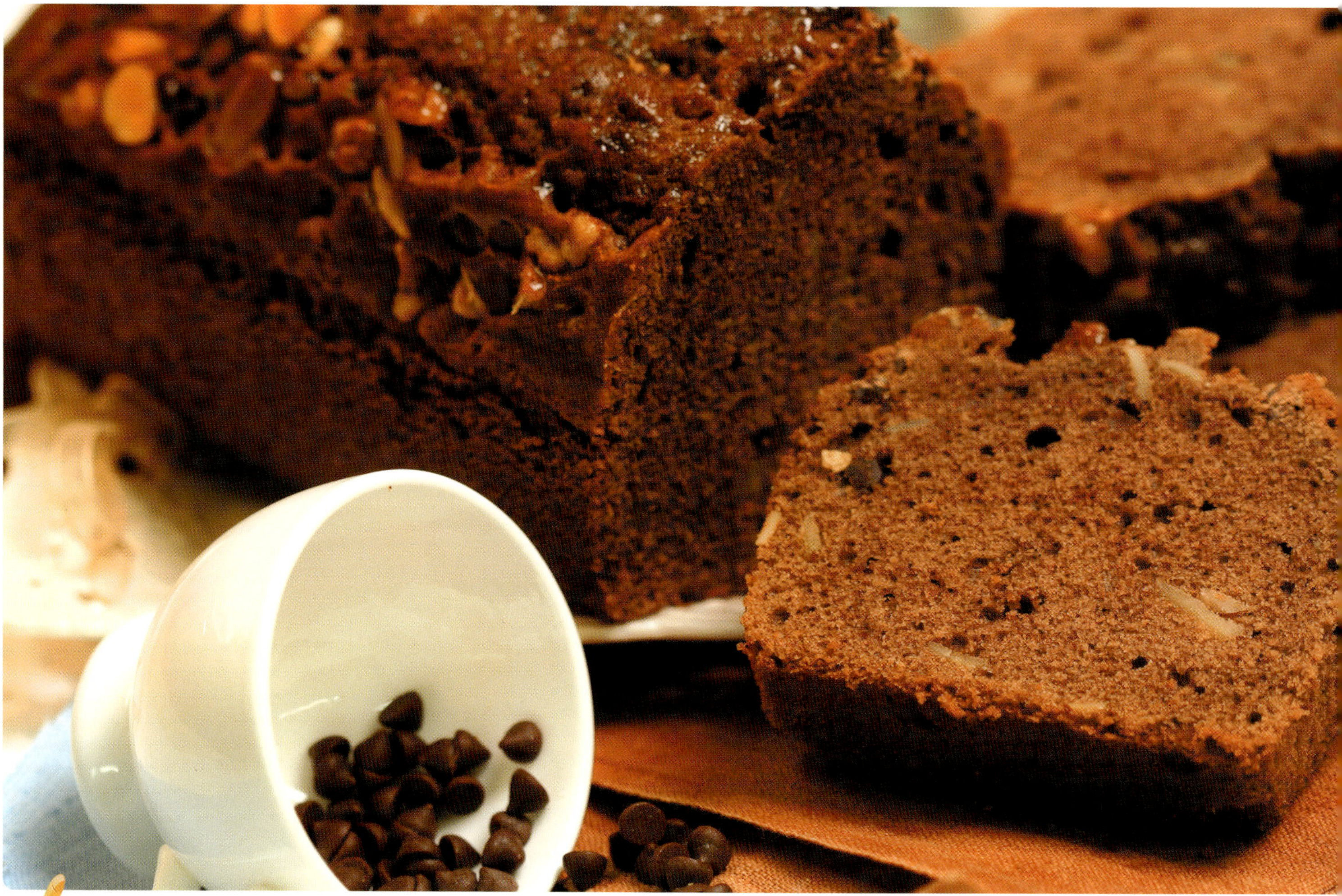

제작포인트

☐ 가루재료는 혼합 전에 충분히 크림화시켜야 한다.
☐ 설탕이 녹지 않으면 표면에 하얀 반점으로 남을 수 있다.

▲ 코코아 반죽 혼합하기

▲ 우유, 물, 코코아 혼합하기

재료&도구
- **만들 개수** : 파운드 틀 1개
- **필요 재료** : 박력분 200g, 버터 160g, 분당 160g, 달걀 3개, 우유 20g, 베이킹파우더 4g, 소금 3g, 코코아 12g, 물 24g, 초코칩 20g, 호두 20g, 슬라이스아몬드 20g
- **장식 재료** : 에프리코혼당(살구잼)
- **필요 도구** : 휘퍼, 고무주걱, 붓

- **굽는 시간** : 40~50분

작업 준비
- 토핑물 준비하기
- 파운드 틀에 종이를 깔고 오븐을 160도로 예열하기

이렇게 만들어요

1 **버터 크림화하기** 볼에 버터를 넣고 휘퍼로 풀어준 후 소금, 분당을 넣는다. 이를 휘핑하여 부드럽게 만든 후 달걀을 두 번에 나눠 휘핑한다.

2 **가루재료 혼합하기** 박력분, 베이킹 파우더, 분유를 체에 걸러 고무주걱으로 가루재료가 보이지 않을 때까지 혼합한다.

3 **코코아 혼합하기** 코코아, 물, 우유를 고무주걱으로 완전히 섞이도록 혼합한다.

4 **코코아 반죽 만들기** 2에 3을 붓고 주걱으로 코코아 반죽이 되도록 혼합한다.

5 **내용물 혼합하기** 혼합된 반죽에 초코칩, 슬라이스아몬드, 호두 2/3를 혼합한다.

6 **팬닝 후 장식하기** 파운드 틀에 팬닝하고 나머지 초코칩, 슬라이스아몬드, 호두를 뿌려 굽는다.

Tip&Tip 열전도를 고르게 하려면
열전도를 고르게 하고 바닥이 두꺼워지는 것을 방지하기 위해 평철판 위에 파운드 틀을 올려 이중팬으로 굽는다. 여러 가지 초콜릿을 사용하여 다양한 모양을 낼 수 있다.

광택제 만들기
동량의 에프리코혼당(살구잼)과 물을 살짝 끓인 후, 냉각된 파운드케이크 윗면에 붓으로 발라주면 저장기간이 연장되고 맛도 좋아진다.

초코칩머핀

초코칩머핀은 아이들이 좋아하는 머핀 중의 하나로 맛도 좋고 영양도 만점인 초코칩을 이용한
촉촉하고 달콤한 머핀을 만들어보자.

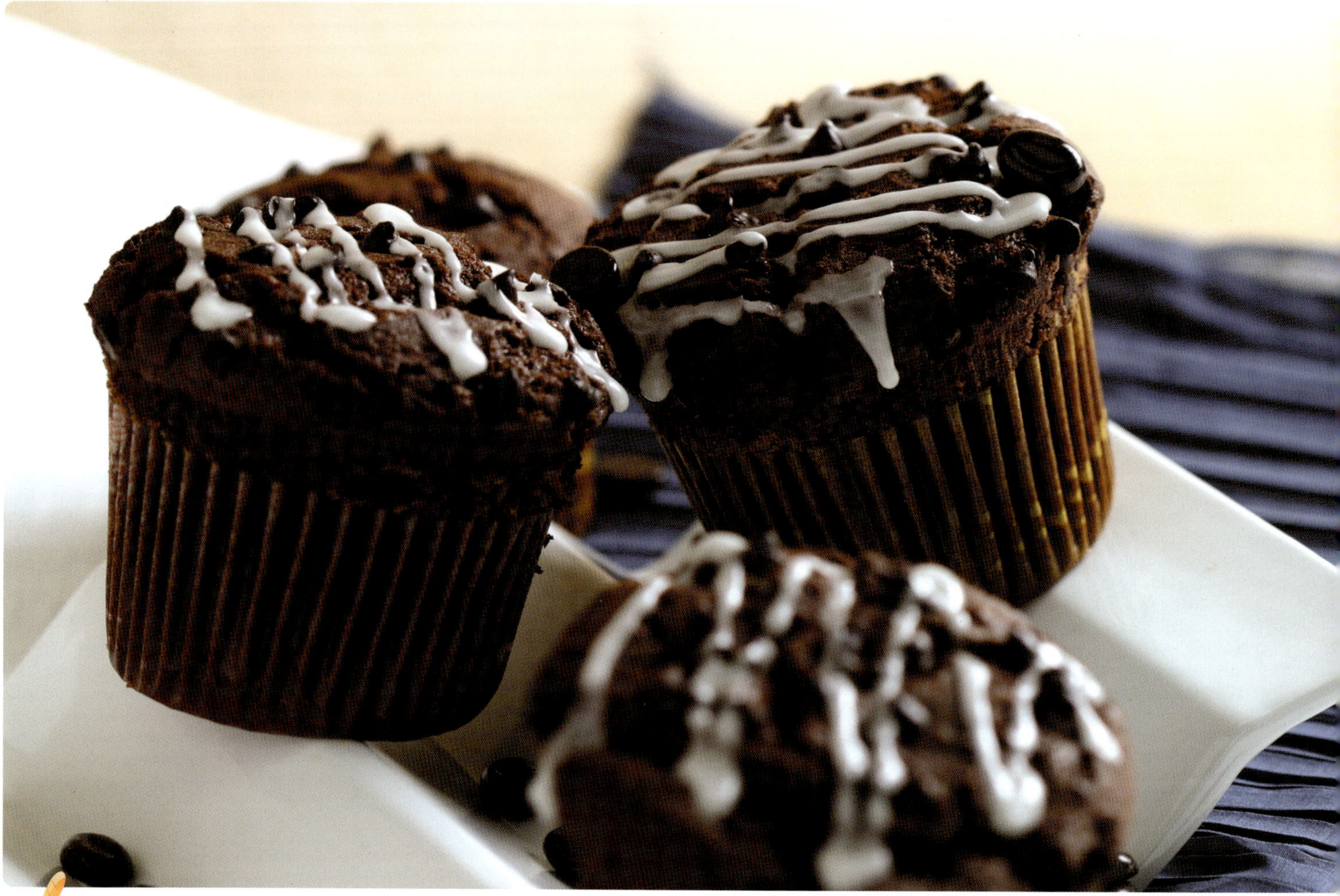

제작포인트

☐ 크림화를 충분히 해야 부드럽고 촉촉한 머핀을 만들 수 있다.

▲ 내용물 혼합하기

▲ 내용물

- 만들 개수 : 15개
- 굽는 시간 : 25~30분
- 필요 재료 : 박력분 300g, 설탕 240g, 버터 222g, 달걀 270g, 소금 3g, 베이킹파우더 6g, 코코아 30g, 소다 1.8g, 우유 90g, 초코칩 75g, 슬라이스아몬드 15g, 호두 15g
- 필요 도구 : 휘퍼, 고무주걱, 짤주머니, 머핀 틀, 머핀 유산지
- 장식 재료 : 초코칩 50g

작업 준비

- 로얄 아이싱 만들기
- 종이 짤주머니 만들기
- 토핑물 준비
- 머핀 틀에 머핀 유산지를 깔고 오븐을 160도로 예열하기

이렇게 만들어요

1 **버터 휘핑하기** 볼에 버터를 넣고 휘퍼로 휘핑하여 부드럽게 풀어준다.

2 **버터 크림화하기** 휘핑한 버터에 소금과 설탕을 넣고 휘퍼로 휘핑하여 부드럽게 크림화시킨다.

3 **달걀 혼합하기** 크림화된 버터에 달걀을 두 번에 나눠 휘핑하고, 설탕과 소금이 충분히 녹을 때까지 휘핑한다.

4 **가루재료 혼합하기** 크림화된 버터 반죽에 박력분, 소다, 코코아를 넣고 혼합한 후 우유를 넣은 다음 주걱으로 잘 저어준다.

5 **내용물** 가루재료를 혼합한 반죽에 초코칩, 슬라이스아몬드, 호두를 넣고 주걱으로 혼합한다.

6 **팬닝 후 굽기** 머핀 틀에 80% 정도 팬닝하고 초코칩을 뿌린 후 예열된 오븐에 25~30분 정도 굽는다. 냉각 후 로얄 아이싱을 짜준다.

Tip&Tip 로얄 아이싱 만들기

로얄 아이싱(흰자 18g 슈거파우더 82g)은 주걱으로 혼합한다.
참고로 머핀은 포장 비닐에 밀봉하여 보관해야 촉촉한 상태를 유지할 수 있다.

Home baking

018

티라미수케이크

'티라미수'는 '나를 끌어 올린다'라는 뜻의 이태리어로 커피맛 때문에 기분이 좋아진다는 이태리풍 무스케이크를 말한다. 따뜻한 커피와 먹으면 입안에서 사르르 녹는 기분이 일품인 케이크이다.

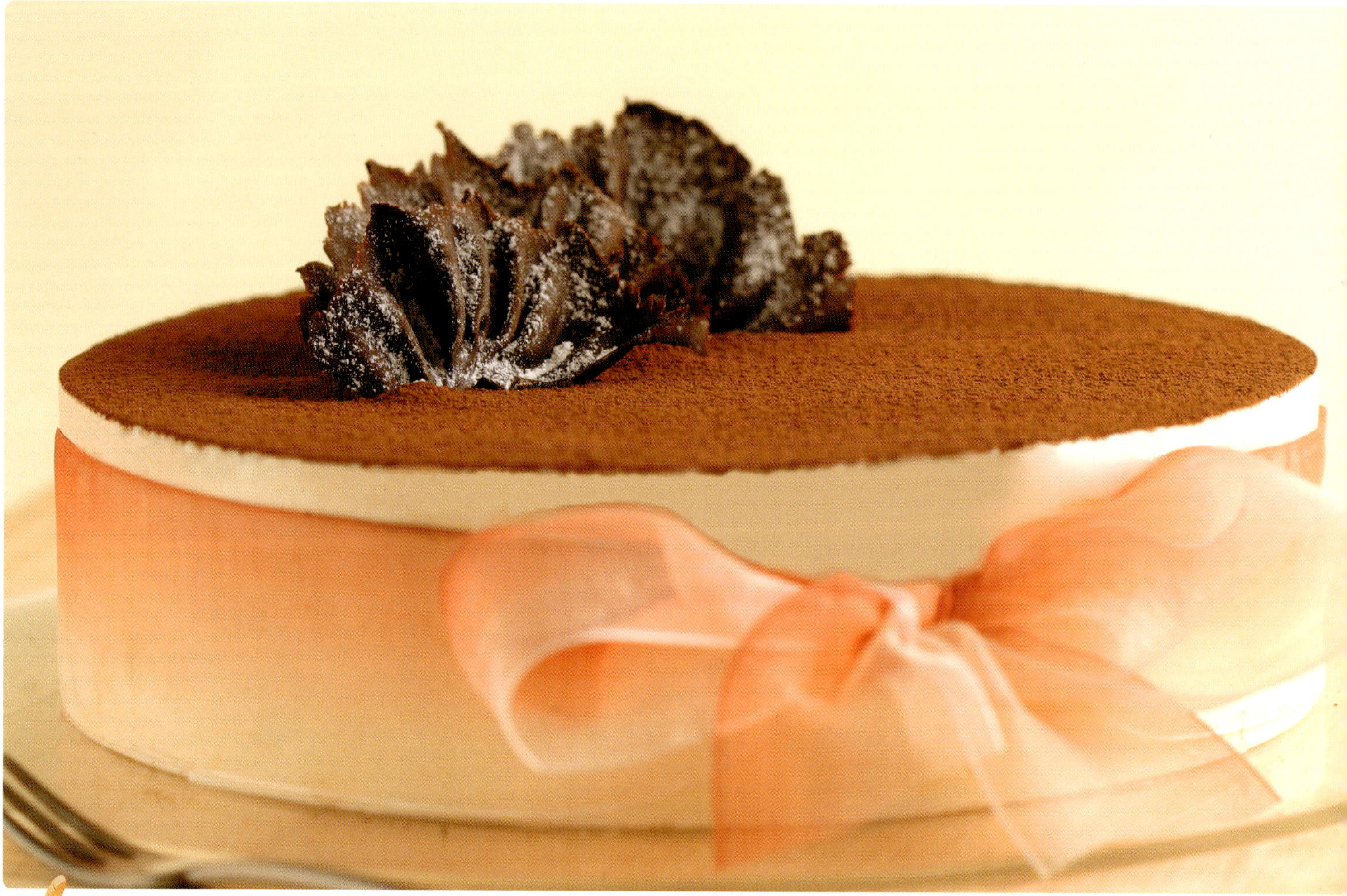

제작포인트

□ 크림치즈는 중탕으로 가열해서 풀어준다. 마스카포네치즈를 사용하면 풍미가 강하고 부드러운 케이크를 만들 수 있다.

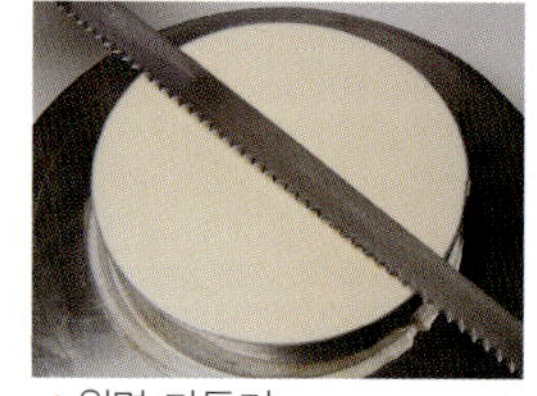

▲윗면 다듬기

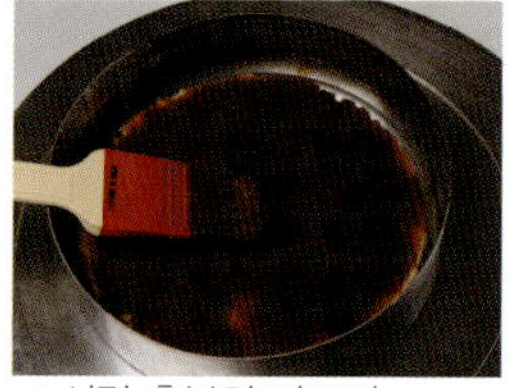

▲시럽 충분히 바르기

재료&도구
- 만들 개수 : 3호 1개
- 필요 재료 : 스펀지케이크 1개, 우유 80g, 크림치즈 120g, 노른자 2개, 설탕A 20g, 흰자 2개, 설탕B 80g, 판젤라틴 3장 (6g), 휘핑한 생크림 240g, 커피시럽(인스턴트커피 6g, 럼(술) 10g, 물 110g, 설탕 100g)
- 필요 도구 : 스패출러, 빵칼, 주걱, 써클 틀(원형 무스 틀 2호) 1개, 휘퍼, 미니 스패출러, 붓
- 장식 재료 : 초콜릿 장식물, 코코아, 리본

작업 준비
- 스펀지케이크 3등분으로 슬라이스하기
- 젤라틴 찬물에 불리기
- 머랭, 생크림 올리기
- 커피시럽 만들기
- 초콜릿 장식물 만들기(권 말부록 참고)

이렇게 만들어요

1 크림치즈 풀기 부드럽게 풀어놓은 크림치즈에 노른자와 설탕A, 따뜻하게 데운 우유를 혼합한다.

2 젤라틴 혼합하기 찬물에 불린 젤라틴의 물기를 제거한 후 중탕으로 녹여 1에 혼합한다.

3 머랭, 생크림 혼합하기 2에 휘핑한 머랭을 섞은 다음, 휘핑한 생크림을 두 번에 나누어 혼합한다.

4 무스 채우기 써클 틀에 스펀지케이크 1장을 깔고 커피시럽을 바른 후 무스를 절반 정도 채운다.

5 시럽 바르기 4에 스펀지케이크 1장을 더 올리고 커피시럽을 충분히 바른다.

6 틀 분리하여 장식하기 나머지 무스를 넣고 윗면을 매끈하게 다듬어 냉동고에서 굳힌다. 무스가 굳으면 윗면에 코코아를 뿌린 후 써클 틀을 분리하고 초콜릿으로 장식한다.

Tip&Tip 크림치즈와 젤라틴
크림치즈는 사용하기 전에 풀어 놓아야 덩어리지지 않으며, 젤라틴은 사용 전 찬물에 5분 정도 불려 사용한다.

가나슈타르트

가나슈타르트는 초콜릿과 생크림을 1 : 1로 섞어 만든 타르트로, 빠뜨쉬크레의 고소함과 가나슈의 달콤함이 조화를 이룬 타르트의 일종이다.

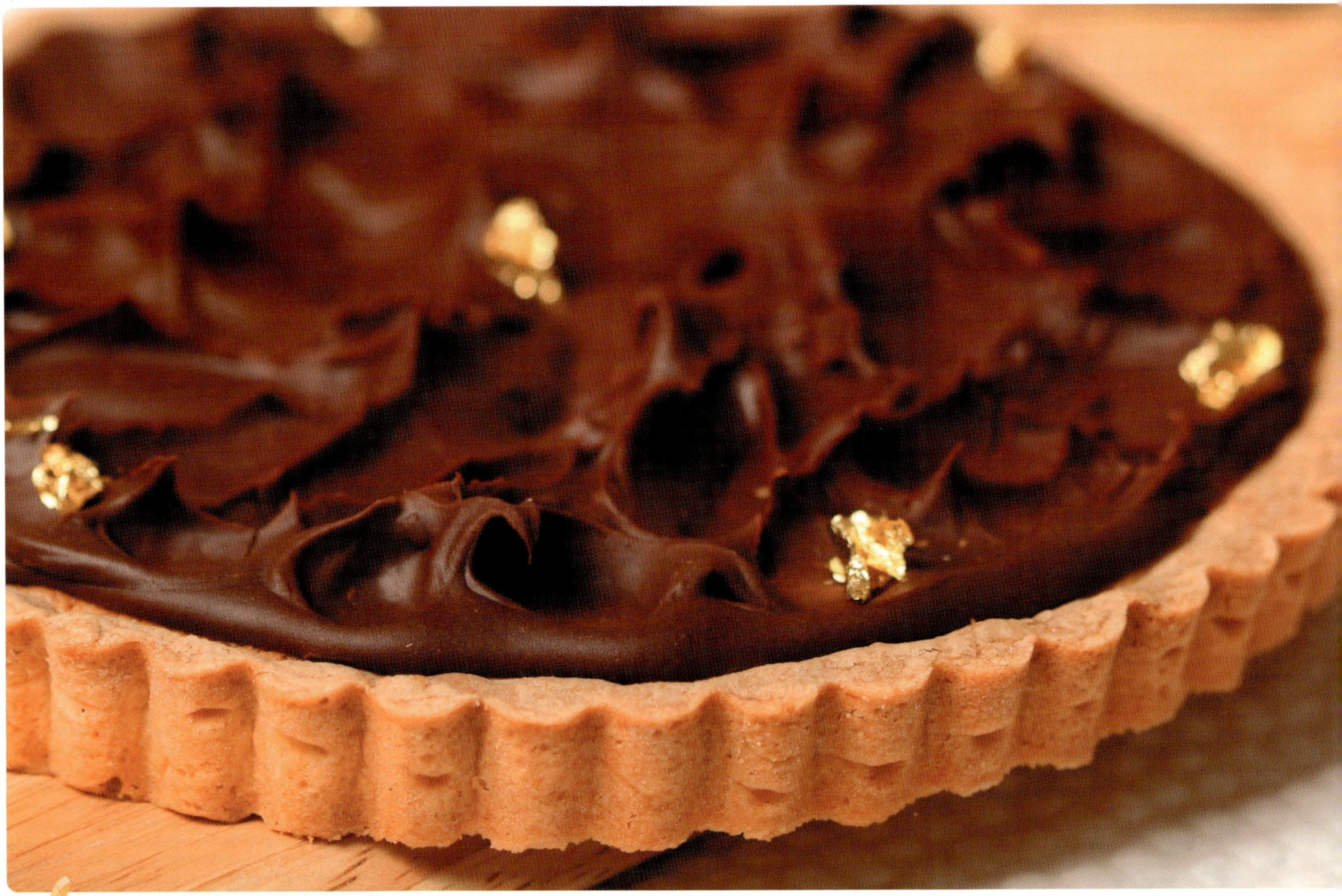

제작포인트

☐ 타르트를 충분히 냉각 후 가나슈로 장식한다.

▲충분히 굽기

▲초콜릿 중탕하기

- **만들 개수** : 3호 타르트 1개   ■ **굽는 시간** : 35~40분
- **필요 재료** : 빠뜨쉬크레 300g, 아몬드크림 200g, 가나슈(다크초콜릿 150g, 생크림 150g, 럼 12g)
- **필요 도구** : 밀대, 3호 타르트 틀, 짤주머니, 원형 깍지, 고무주걱, 티스푼
- **장식 재료** : 금박

작업 준비

- 빠뜨쉬크레 만들기(권말 부록 참고)
- 아몬드크림 만들기(권말 부록 참고)
- 타르트 틀을 전처리하여 준비하고 오븐을 160도로 예열하기

이렇게 만들어요

1 반죽 밀어 펴기 타르트 틀에 빠뜨쉬크레 반죽을 2~3mm 두께로 밀어 편다.

2 틀에 반죽 넣기 1을 피켓한 후 전처리한 틀에 빠뜨쉬크레 반죽을 깐다.

3 크림 채워 굽기 2에 아몬드크림을 짠 뒤 160도에서 30~40분 구워낸다.

4 가나슈 만들기 살짝 끓인 생크림에 녹인 초콜릿, 럼을 혼합하여 가나슈를 만든다.

5 가나슈 채우기 3이 냉각되면 가나슈를 부어 티스푼으로 장식한다.

6 장식하기 티스푼으로 장식한 윗면에 금박으로 장식한다.

Tip&Tip 가나슈타르트 장식

가나슈타르트는 충분히 구워야 바닥까지 익는다. 또한 생크림이나 장식용 초콜릿으로 윗면을 장식하기도 한다.

Home baking

020

초코칩쿠키

성장기 어린이에게 충분한 영양을 공급하는 초콜릿을 이용한 쿠키이며 따뜻한 차나 우유와 곁들여 먹으면 진한 초콜릿 맛을 느낄 수 있다.

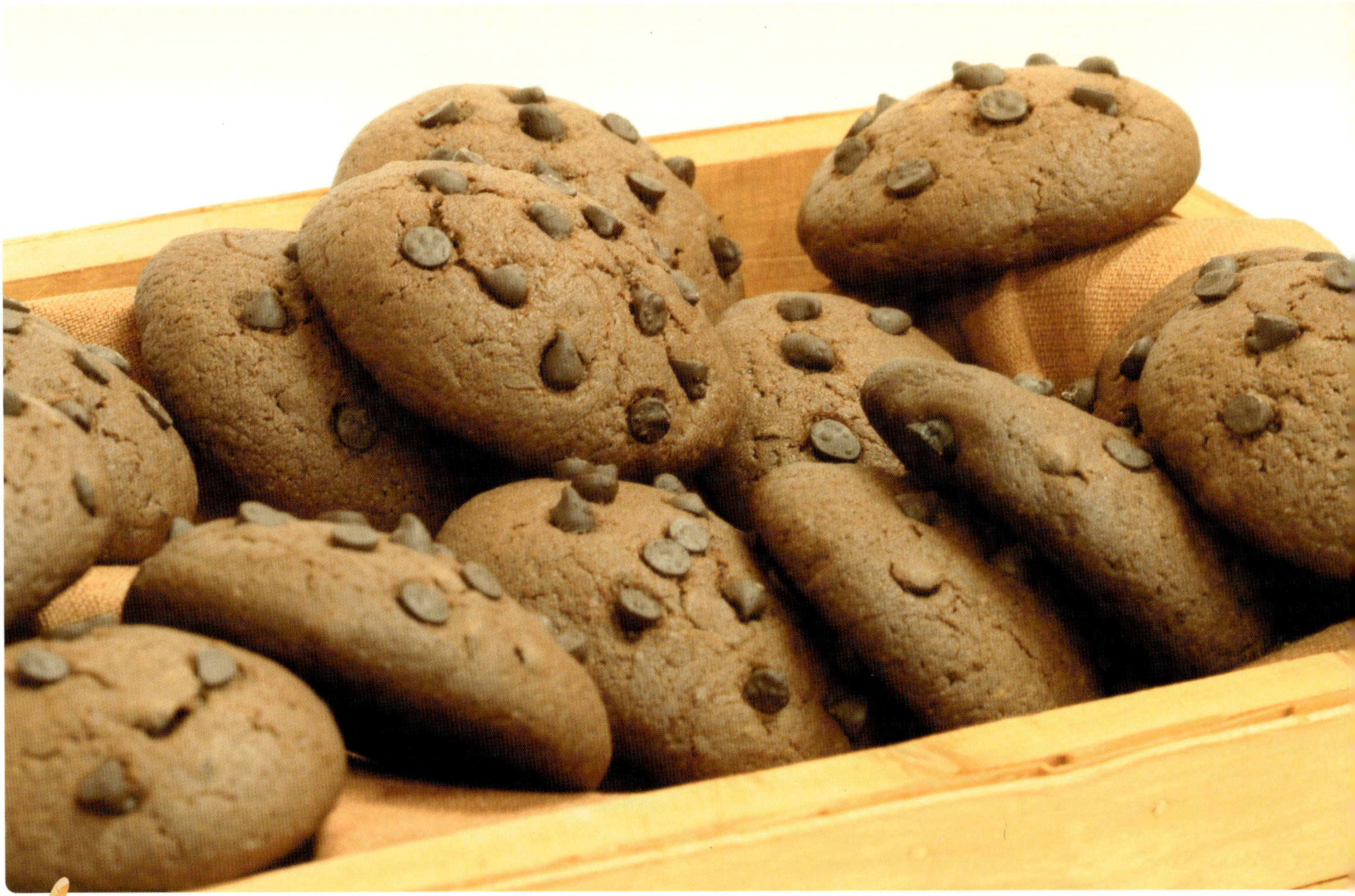

제작포인트

□ 유지와 설탕을 크림 상태로 만들 때 설탕을 충분히 녹여야 하며, 코코아와 초코칩이 들어가 구워진 정도를 확인하기 어렵기 때문에 손으로 눌러 손자국이 남지 않을 정도로 굽는다.

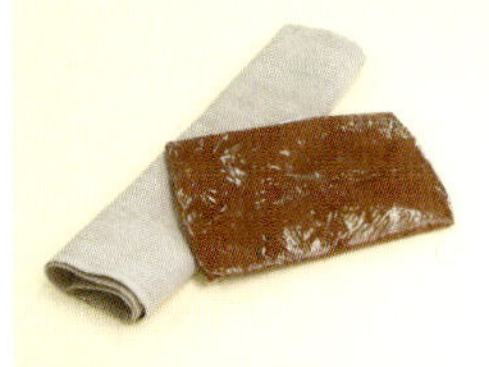

▲냉장 휴지시키기

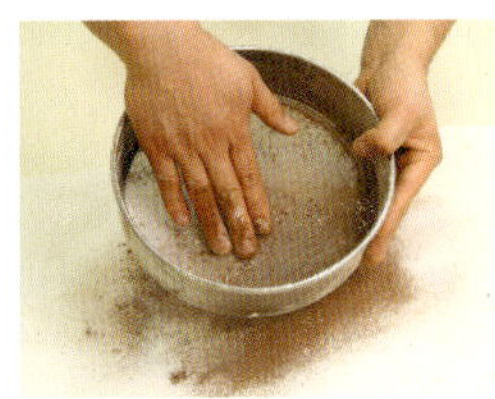

▲가루재료 체에 내리기

이렇게 만들어요

1 **버터 크림화하기** 볼에 버터를 넣고 휘퍼로 부드럽게 풀어준다. 소금과 설탕을 넣고 휘퍼로 휘핑하여 부드러운 크림 상태로 만든다.

2 **달걀 혼합하기** 크림화한 반죽에 달걀을 넣고 달걀이 완전히 섞이도록 휘퍼로 휘핑한다.

3 **가루재료 혼합하기** 체에 거른 박력분, 베이킹파우더, 소다, 코코아를 크림화한 달걀 반죽에 넣어 가루재료가 보이지 않을 때까지 혼합한다.

4 **반죽 완성 및 휴지시키기** 완성된 반죽에 초코칩을 넣고 손으로 섞는다. 섞인 반죽을 비닐에 싸서 30분 정도 냉장 휴지시킨다.

5 **성형 및 분할하기** 휴지된 반죽을 20g씩 분할하여 손바닥으로 둥글려 둥근 모양으로 만든다.

6 **굽기** 분할된 반죽을 하나씩 손으로 살짝 눌러 평철판 위에 나열한다. 윗면에 초코칩을 토핑한 후 예열한 오븐에 넣어 굽는다.

Tip&Tip 나만의 초콜릿칩 쿠키 만들기

쿠키는 모양과 크기를 균일하게 만들어야 색이 고르며, 초코칩 대신 판 초콜릿을 다져 사용하면 불규칙하면서도 독특한 모양의 쿠키를 만들 수 있다.

치즈스틱

반죽에 슬라이스치즈를 첨가하여 맥주 안주나 심심풀이로 먹기에 좋은 스틱모양의 빵을 만들어보자,

제작포인트

☐ 껍질이 두꺼워지는 것을 방지하기 위해서 굽기 전에 물을 분무한 후 굽는다.

재료 준비 
- ■ 만들 개수 : 20개 ■ 굽는 시간 : 15~20분
- ■ 필요 재료 : 강력분 200g, 버터 10g, 설탕 6g, 소금 2g, 이스트 6g, 흑임자 12g, 슬라이스치즈 2장, 물 60g, 우유 70g
- ■ 필요 도구 : 평철판, 스크래퍼, 저울

작업 준비
- ■ 평철판을 준비하고 오븐을 170도로 예열하기
- ■ 기본 반죽 만들기(권말부록 참고)

이렇게 만들어요

1 **반죽하기** 준비된 모든 재료를 넣고 잘 혼합하여 70~80% 발전단계까지 매끈한 반죽으로 만든다.

2 **1차 발효 & 분할하기** 40분간 1차 발효시킨 후 20g씩 분할한다.

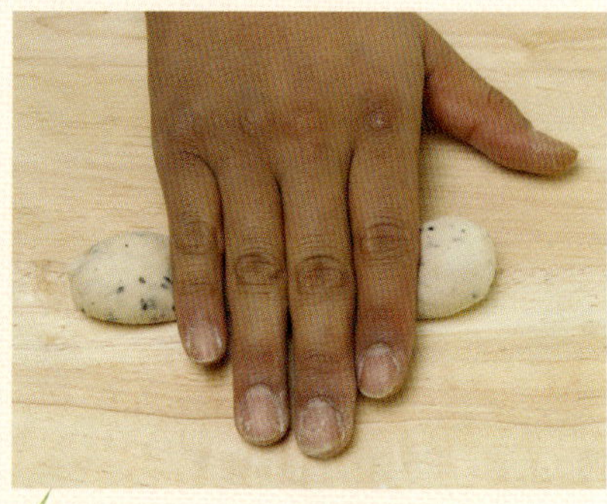

3 **밀어 펴기** 손바닥으로 누르듯이 밀어 편다.

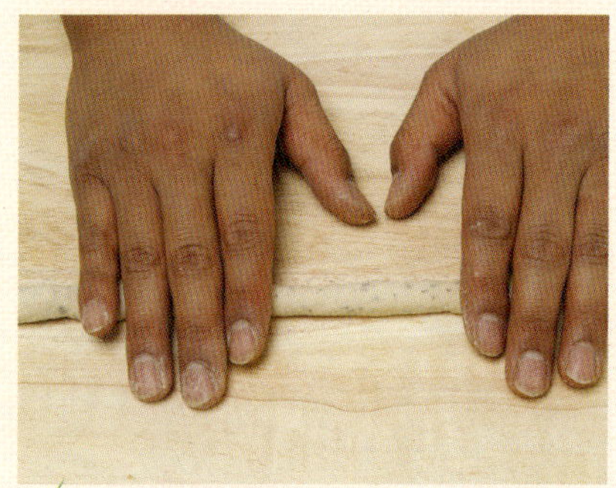

4 **길이 늘리기** 스틱 길이가 25~30cm가 되도록 막대형으로 늘린다.

5 **굽기** 물을 분무한 후 170도로 예열한 오븐에서 15~20분 구워낸다.

Tip&Tip 치즈스틱의 변신

취향에 따라 흑임자 대신 참깨를 사용해도 좋다.
초콜릿을 바르고 아몬드나 땅콩을 뿌려 빼빼로를 만들 수도 있다.

Home baking
022

끼러쉬케이크

'끼러쉬'는 불어로 '체리'라는 뜻이다. 체리가 많이 출하되는 계절, 술에 담근 체리로 만들어졌으며, 달콤한 초콜릿으로 장식한 색다른 초콜릿 생크림케이크이다.

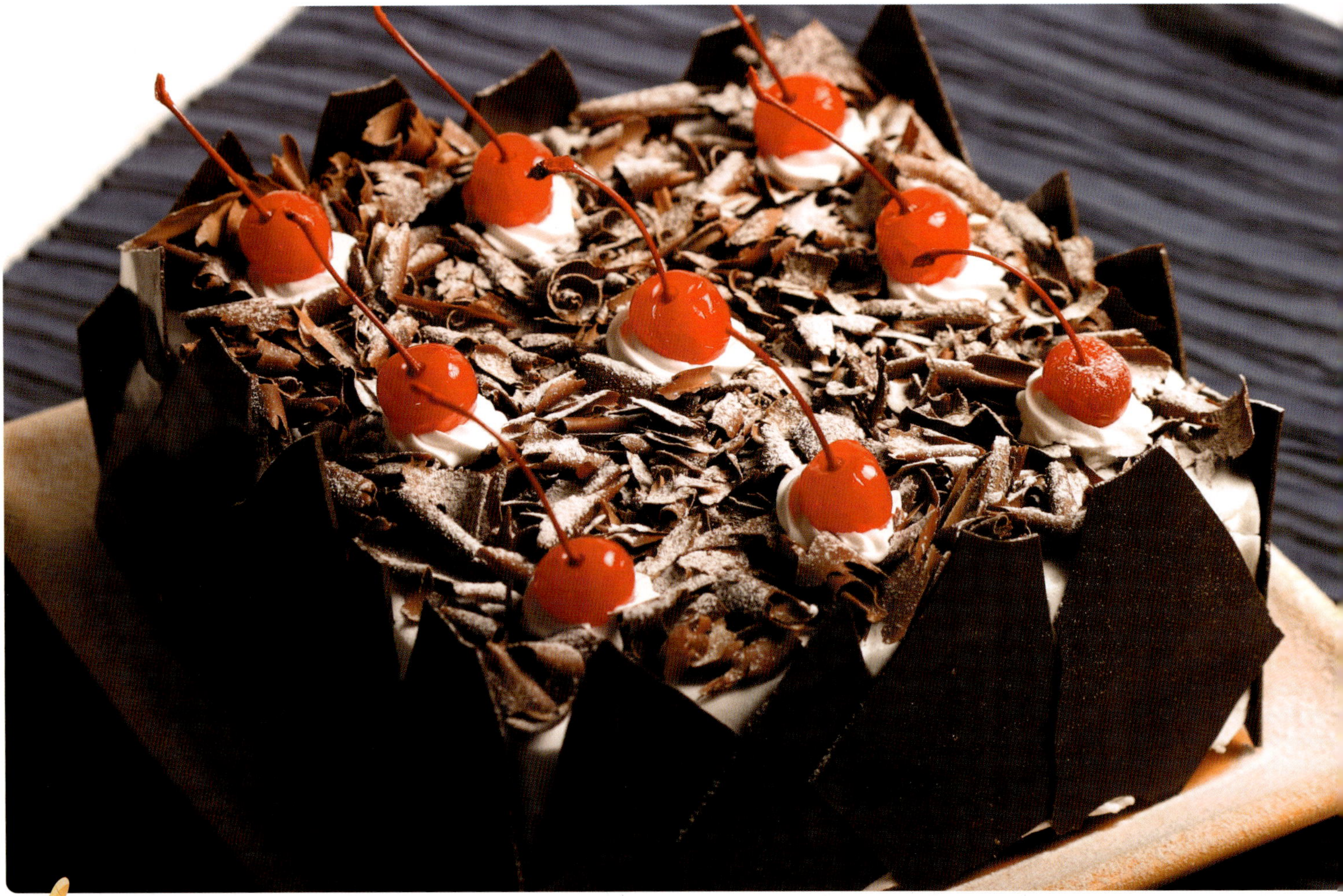

제작 포인트

- 초콜릿 시트는 하루 전에 구워두는 것이 맛과 향이 좋고 자르기도 편하다.

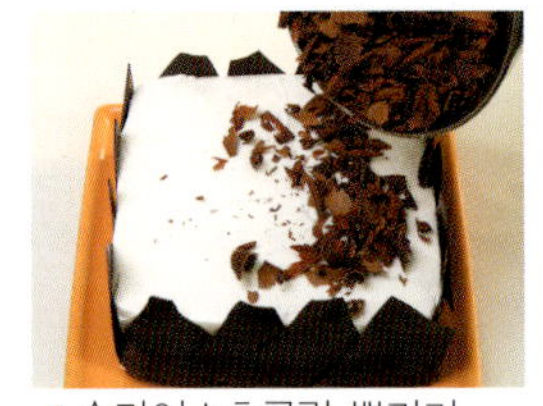

▲슬라이스초콜릿 뿌리기

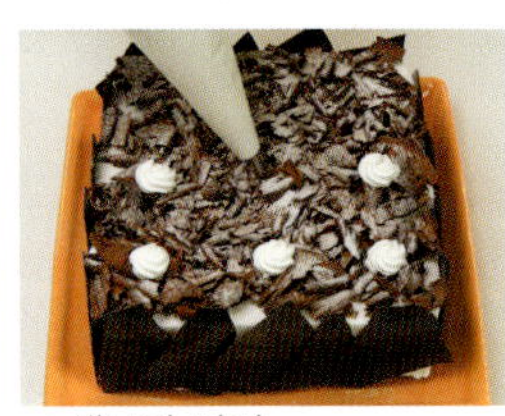

▲생크림 짜기

- **만들 개수** : 3호 1개
- **필요 재료** : 박력분 200g, 코코아 32g, 소다 4g, 달걀 9개, 설탕 280g, 물엿 20g, 버터 100g, 생크림 48g, 충전용 체리 200g, 시럽(설탕시럽 100g, 럼 6g)
- **필요 도구** : 턴테이블, 스패츌러, 고무주걱, 짤주머니
- **장식 재료** : 장식용 다크초콜릿 300g, 토핑용 슬라이스초콜릿 100g, 꼭지 체리, 데코스노우

- 끼러쉬 반죽 만들기(권말부록 참고)
- 시럽 만들기
- 끼러쉬 장식용 초콜릿 만들기(권말부록 참고)
- 토핑용 초콜릿 준비하기

이렇게 만들어요

1 시트 샌드하기 끼러쉬 시트에 시럽을 바른 후 생크림으로 아이싱한 후 체리를 올린다.

2 두 번째 시트 올리기 시트 1장을 더 올린 후 시럽을 바르고 생크림으로 아이싱한 후 체리를 올리고 마지막 시트 1장을 올린다.

3 아이싱하기 3장의 시트를 다 올렸으면 시럽을 바르고 아이싱한다.

4 초콜릿 장식하기 아이싱된 케이크 옆면을 장식용 초콜릿으로 장식한다.

5 초콜릿 토핑하기 윗면에 슬라이스한 초콜릿을 토핑한 후 데코스노우를 뿌린다.

6 장식하기 5 위에 생크림을 짜고 체리로 장식한다.

Tip&Tip

장식용 체리는 체리시럽을 완전히 제거한 후 생크림에 올려야 시럽이 흘러내리지 않는다.
슬라이스초콜릿은 스패츌러나 빵칼로 판초콜릿을 긁어 만든다.

Chapter 4

APRIL

가족 나들이하기 좋은 달

4월

4월은 추운 겨울이 지나고 나들이하기 좋은 달이다.
아이들을 위해 쿠키나 빵을 만들어서 봄맞이 소풍을 떠나보자.
또한 한결 따뜻해진 날씨는 연인들의 2~3월을 쓸쓸히 보낸
솔로들의 계절이 왔음을 알려준다.
나만을 위한 빵과 쿠키를 만들어서 우울한 기분을 날려버리자.

4월

SUN	MON	TUE	WED	THU	FRI	SAT
				023 마블 파운드케이크		
			024 초코만주			*025* 아몬드머핀
026 초콜릿빵		*027* 모자이크쿠키			*028* 버터쿠키	
		029 초콜릿돔 생크림 케이크			*030* 동물모양 쿠키	

마블 파운드케이크

대리석과 비슷한 무늬를 가지고 있어 마블이라는 이름이 붙여졌다. 달콤하면서도 코코아 특유의 향과 맛이 어우러진
제품으로 지금까지 많은 사람들이 좋아하는 파운드케이크이다.

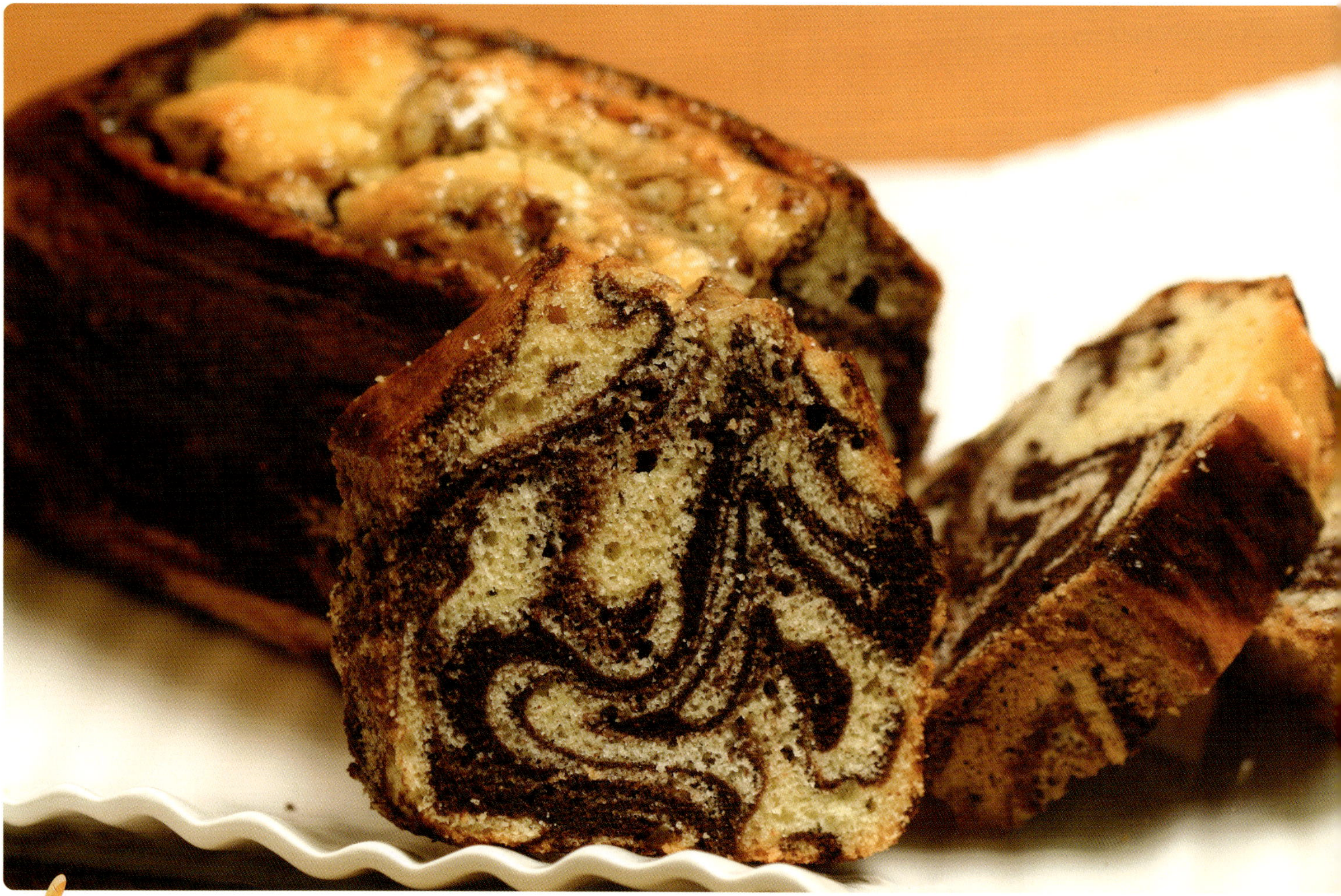

제작포인트

☐ 밀가루는 코코아와 따로 체에 걸러야 한다.
☐ 크림 상태로 만들 때 설탕을 완전히 녹여야 한다.

▲ 윗면 평평하게 만들기

▲ 광택제 바른 후 자르기

- 만들 개수 : 파운드 1개　■ 굽는 시간 : 40~50분
- 필요 재료 : 박력분 200g, 버터 160g, 설탕 176g, 달걀 3개,
　　　　　　　베이킹파우더 2g, 코코아 16g, 물 50g, 우유 20g, 소금 4g
- 필요 도구 : 파운드 틀, 휘퍼, 고무주걱, 붓
- 장식 재료 : 에프리코혼당(살구잼)

작업 준비

- 파운드 틀에 종이 깔기
- 오븐을 160도로 예열하기

이렇게 만들어요

1 버터 크림화하기 볼에 버터를 넣고 휘퍼로 부드럽게 풀어준다. 소금, 설탕을 넣고 휘핑하여 부드러운 크림 상태로 만든다.

2 달걀 혼합하기 달걀을 두세 번 나눠 넣으면서 설탕이 완전히 녹을 때까지 섞는다.

3 가루재료 혼합하기 박력분, 베이킹파우더를 체에 걸러 주걱으로 가루재료가 보이지 않을 때까지 섞는다.

4 우유 넣기 반죽에 우유를 넣은 후 고무주걱을 이용하여 섞는다.

5 코코아 반죽 만들기 코코아를 체에 거른 후 완성된 반죽 1/5과 물을 섞어 코코아 반죽을 만든다.

6 팬닝하여 굽기 4의 반죽에 코코아 반죽을 넣고 고무주걱을 이용해 2~3번 가볍게 혼합한다. 혼합된 반죽으로 파운드 틀을 채운 후 예열한 오븐에 넣어 굽는다.

Tip&Tip 이중팬

열전도를 고르게 하고, 바닥이 두꺼워지는 것을 방지하기 위해 평철판 위에 파운드 틀을 올려 이중팬으로 굽는다.

광택제 만들기

동량의 에프리코혼당(살구잼)과 물을 살짝 끓인 후, 냉각된 파운드케이크 윗면에 붓으로 발라주면 저장기간이 연장되고 맛도 좋아진다.

Home baking

024

초코만주

만주는 예전부터 친구에게만 준다는 전통이 있었다고 한다.
초콜릿을 넣어 찌거나 구워 만든 만주의 별미를 느껴보자.

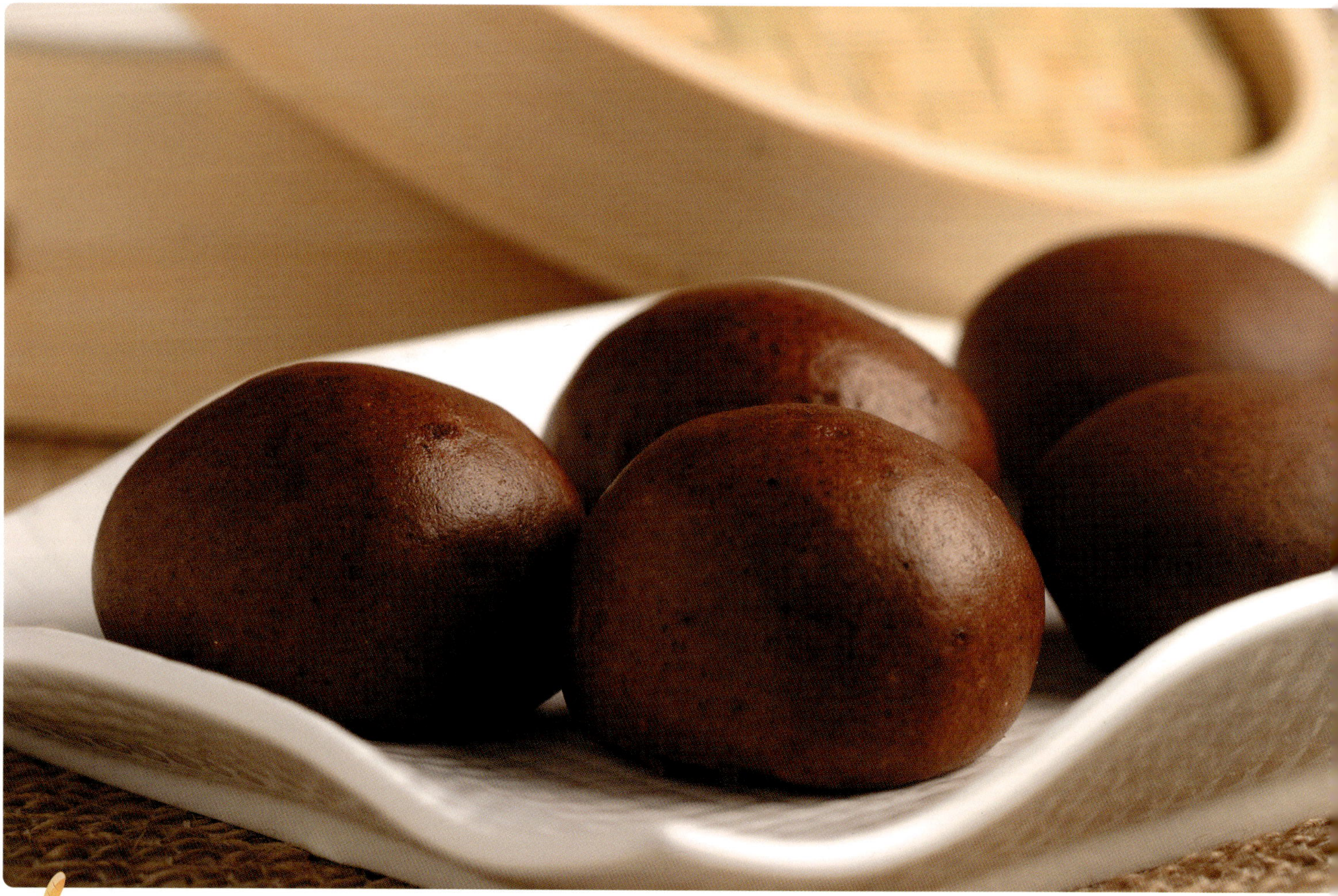

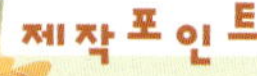

제작포인트

- 초콜릿 중탕 온도는 충분히 따뜻해야 굳는 것을 막을 수 있다.
- 기호에 따라 굽거나 쪄서 만든다. 구우면 단단한 만주가 되고 찌면 부드러운 만주가 된다.

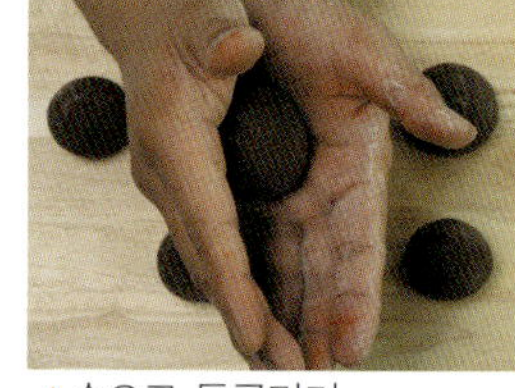

▲손으로 둥글리기

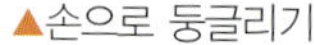

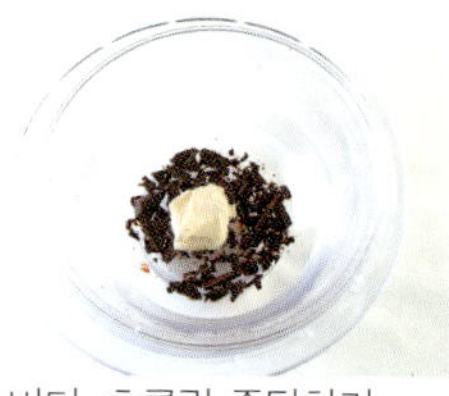

▲버터, 초콜릿 중탕하기

재료&도구 
- **만들 개수** : 20개　■ **찌는 시간** : 5~7분
- **필요 재료** : 박력분 100g, 버터 15g, 코코아 8g, 베이킹파우더 1.2g, 설탕 40g, 달걀 1개, 초콜릿 15g, 소금 1.2g 내용물(적앙금 180g, 초코칩 30g, 코코넛 10g)
- **필요 도구** : 고무주걱, 휘퍼, 헤라

작업 준비
- 평철판을 준비하고 오븐을 160도로 예열하기
- 찜통에 물 끓이기

이렇게 만들어요

1 달걀 풀어주기 달걀에 소금, 설탕을 넣어 주걱으로 풀어주고, 중탕으로 녹인 초콜릿, 버터를 혼합한다.

2 중탕으로 혼합하기 달걀과 혼합된 초콜릿과 버터가 용해되도록 주걱으로 잘 섞어준다.

3 가루재료 혼합하기 2를 냉각시키고 체에 거른 박력분, 코코아, 베이킹파우더를 주걱으로 혼합한다.

4 분할하기 상온에서 5분 정도 휴지시킨 다음 덧가루를 묻혀가면서 20g씩 분할한다.

5 내용물 싸기 내용물(적앙금, 초코칩, 코코넛)을 치대어 20g씩 분할하고 헤라를 이용하여 4번 반죽을 싼다.

6 굽거나 찌기 완성된 만주를 취향에 따라 오븐에서 굽거나 찜통에서 쪄준다.

Tip&Tip
오븐을 이용해 구우면 바삭한 만주를 만들 수 있고, 찜통을 이용하여 찌면 부드러운 맛을 느낄 수 있다. 찔 때는 물을 미리 끓여 충분한 수증기를 만든 후 쪄낸다.

Home
baking

025

아몬드머핀

아몬드 씹는 식감을 주기 위해 반죽 내에 아몬드 분말을 첨가했으며 모양만 아몬드머핀이 아니라 입안에서 아몬드 향이 물씬 풍기는 고소한 머핀이다.

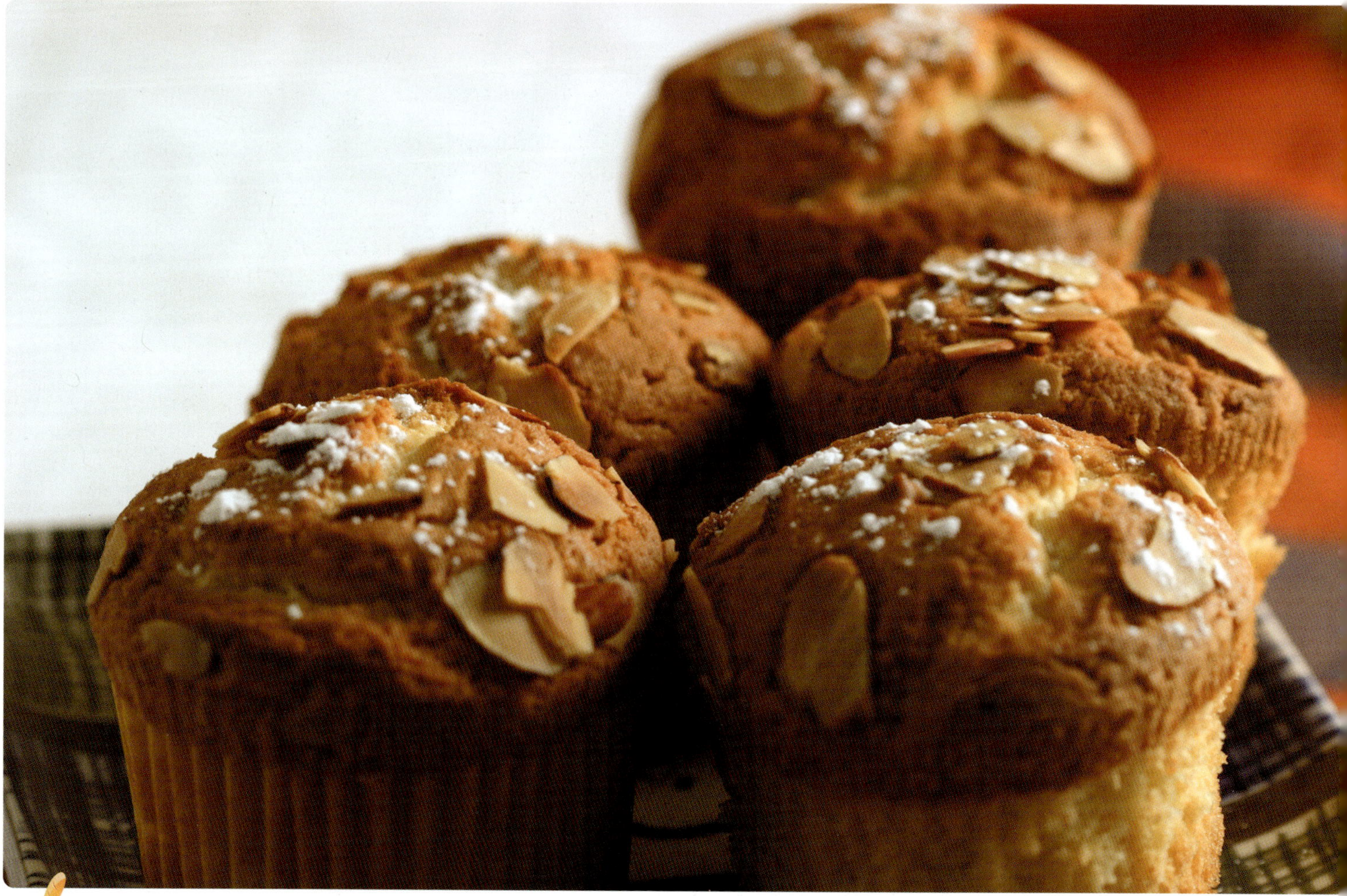

제작포인트

- 아몬드 넣기 전에 충분히 밀가루를 섞어 주어야 생밀가루 냄새가 나지 않는다.
- 배합에 들어가는 아몬드는 살짝 구운 후 냉각시켜 사용하면 더욱 강한 향을 낸다.

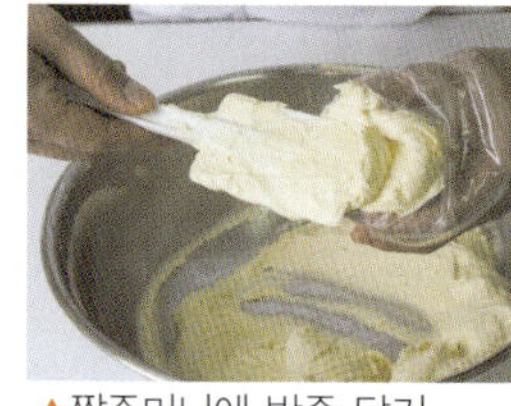

▲짤주머니에 반죽 담기

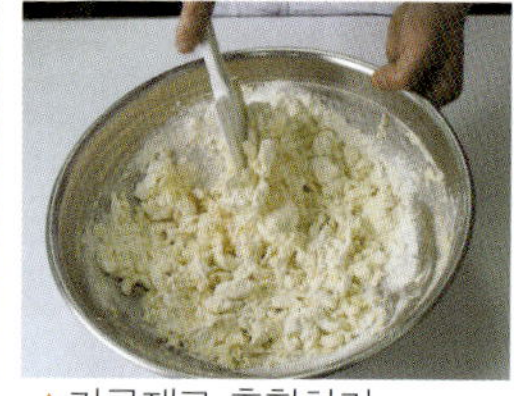

▲가루재료 혼합하기

재료&도구
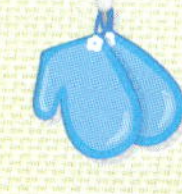
- **만들 개수** : 12개   ■ **굽는 시간** : 25~30분
- **필요 재료** : 박력분 300g, 버터 180g, 달걀 3개, 설탕 216g, 소금 4.5g, 베이킹파우더 6g, 우유 30g, 아몬드 분말 60g
- **필요 도구** : 휘퍼, 고무주걱, 짤주머니, 머핀 틀, 머핀 유산지
- **장식 재료** : 슬라이스아몬드 30g

작업 준비
- 머핀 틀에 머핀 유산지 끼우기
- 오븐을 160도로 예열하기

이렇게 만들어요

1 버터 크림화하기 볼에 버터를 넣고 휘퍼로 부드럽게 풀어준다. 소금, 설탕을 넣고 휘핑하여 부드러운 크림 상태로 만든다.

2 달걀 혼합하기 달걀을 넣은 후 휘핑하여 크림 상태로 만든다. 이때 달걀을 충분히 크림 상태로 만들어야 설탕이 완전히 녹는다.

3 가루재료 혼합하기 체에 거른 박력분, 베이킹파우더, 아몬드 분말을 넣고 고무주걱으로 가루재료가 보이지 않을 때까지 섞는다.

4 우유 혼합하기 3의 반죽에 우유를 넣은 후 고무주걱을 이용하여 섞는다.

5 팬닝하기 4의 반죽을 짤주머니에 넣고, 머핀 틀 높이의 80%까지 채운다.

6 아몬드 토핑 후 굽기 5에 슬라이스 아몬드를 토핑한 후 예열한 오븐에 넣어 굽는다.

Tip&Tip 아몬드와 견과류
아몬드 대신 견과류인 슬라이스코코넛을 넣어도 좋다.

초콜릿빵

비에노아 반죽에 초콜릿을 넣어 만든 빵으로 초콜릿 향이 일품이다.
발효시점이 중요하므로 따라하기 과정을 관심 있게 살펴보아야 한다.

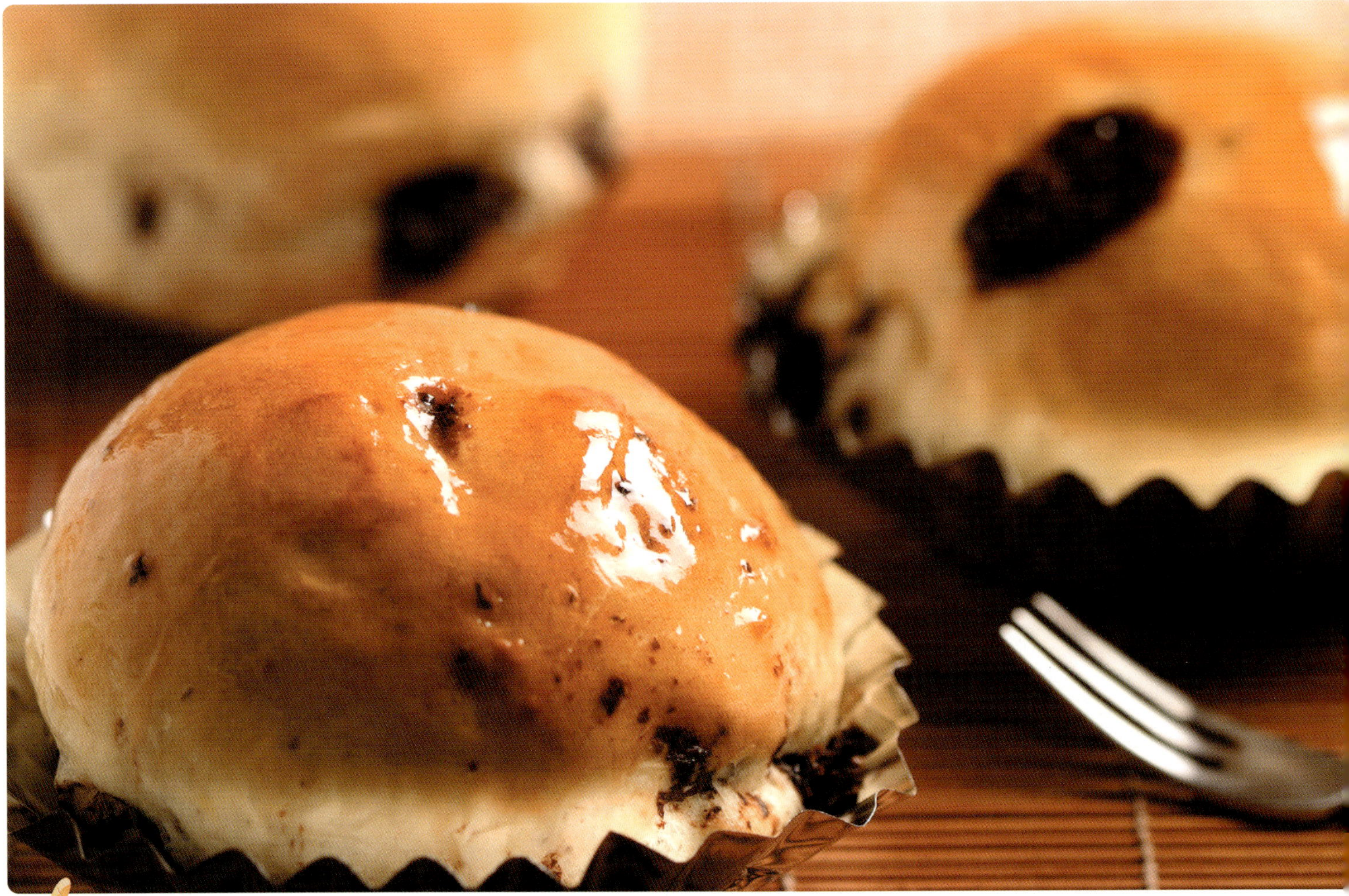

제작포인트

□ 초콜릿을 너무 잘게 다지면 발효과정에서 녹아 흘러내릴 수 있다.
□ 2차 발효 온도는 일반 빵보다 낮게 한다.

▲ 초콜릿 혼합하기

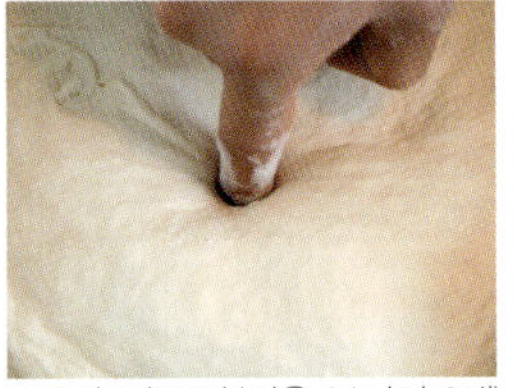

▲ 1차 발효점(처음 부피의 3배)

- 만들 개수 : 8개
- 굽는 시간 : 15~18분
- 필요 재료 : 강력분 300g, 물 150g, 이스트 12g, 소금 6g, 설탕 12g, 달걀 1개, 분유 4g, 버터 18g, 개량제 4g, 다진 초콜릿 90g
- 필요 도구 : 스크래퍼, 저울, 베이킹 컵

- 기본 반죽 만들기(권말부록 참고)
- 초콜릿 다지기
- 평철판에 베이킹 컵을 준비한 후 오븐을 170도로 예열하기

이렇게 만들어요

1 **반죽하기** 버터를 제외한 모든 재료를 넣고 안쪽부터 바깥쪽으로 혼합한다(손을 휘저으며 액체 재료와 밀가루가 고루 섞이게 혼합한다).

2 **버터 혼합하기** 반죽이 매끈해지면 반죽 속에 버터를 넣고 치댄다. 12~15분 정도 후 반죽에서 윤기가 생기면 완성된 것이다.

3 **초콜릿 혼합하기** 완성된 반죽에 다진 초콜릿을 넣고 골고루 혼합될 수 있도록 살짝 치댄다.

4 **1차 발효하기** 반죽이 완성되면 볼에 담고 반죽이 마르지 않게 비닐을 덮어 60분 정도 1차 발효한다.

5 **분할하기** 발효된 반죽을 80g으로 분할한 후 둥글려 성형한다.

6 **2차 발효하기** 베이킹 컵에 팬닝한 다음 2차 발효 후 170도에서 15~18분간 굽는다.

Tip&Tip 발효시점

1차 발효는 처음 부피의 3배가 부풀었을 때 덧가루를 묻힌 손가락으로 눌러 손가락 자국이 남을 때까지 한다. 2차 발효 온도가 너무 높으며 초콜릿이 녹아 흐를 수 있으므로 주의한다. 2차 발효는 팬닝한 부피의 1.5배 부풀면 된다. 구운 후 시럽이나 광택제를 바르면 오래 보관할 수 있다.

Home
baking

027

모자이크쿠키

모자이크쿠키는 쿠키모양이 알록달록 모자이크 해놓은 것 같아서 붙여진 이름으로 성장기 어린이에게 필요한 탄수화물, 지방, 단백질 등이 고루 혼합된 영양 간식이다.

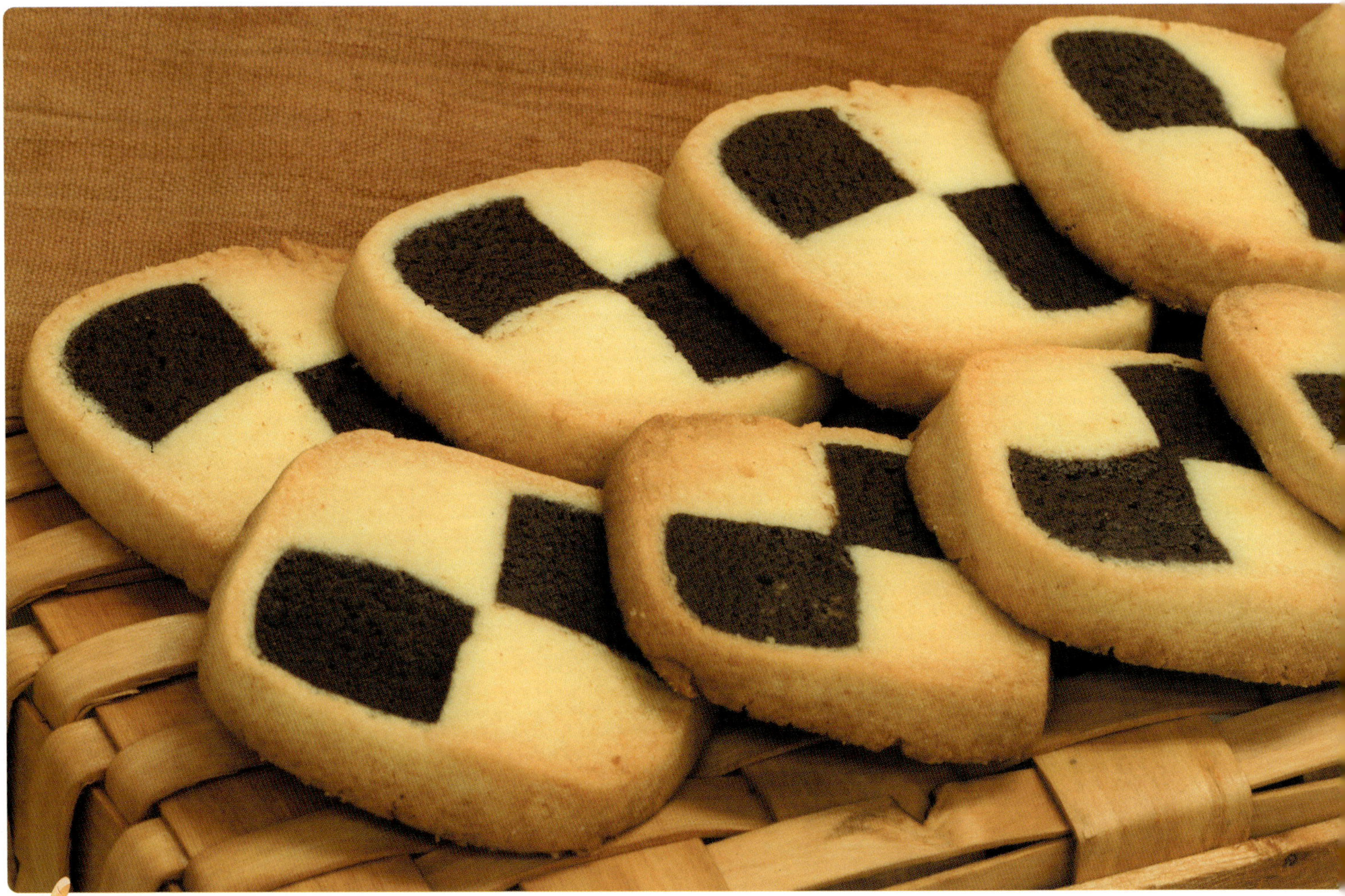

제작포인트

□ 모자이크쿠키는 흰색과 코코아색이 서로 교차되게 만들어야 한다. 따라서 두 가지 색의 반죽을 김밥처럼 말아야 하는데, 이때 반죽을 충분히 냉장고에서 휴지시켜야만 모양이 예쁘게 된다. 또 반죽을 만들 박력분과 코코아는 따로 체에 걸러서 사용해야 한다.

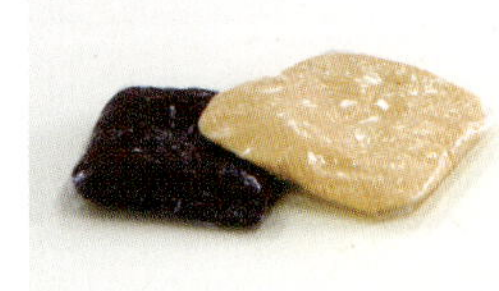

▲냉장 휴지시키기

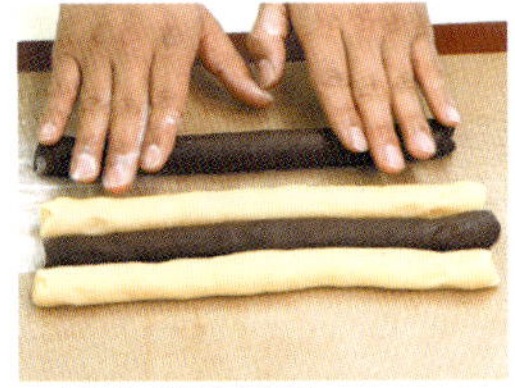

▲반죽 밀어 펴기

- 만들 개수 : 15개   ■ 굽는 시간 : 15분
- 필요 재료 : 박력분 300g, 버터 105g, 쇼트닝 90g, 설탕 90g, 소금 1.5g, 물엿 18g, 달걀 1개, 바닐라향 3g, 코코아 24g
- 필요 도구 : 휘퍼, 밀대, 고무주걱, 칼, 도마, 붓, 스크래퍼

작업 준비

- 평철판에 실리콘패드나 실리콘페이퍼 깔기
- 오븐을 170도로 예열하기

이렇게 만들어요

1 **버터 크림화하기** 버터와 쇼트닝을 휘퍼로 푼 후 소금, 설탕, 물엿을 넣고 크림 상태로 만든다. 여기에 달걀을 넣고 완전히 섞이게 크림화한다.

2 **흰 반죽 만들기** 박력분과 바닐라향을 체에 거른 후 부드럽게 크림화한 반죽과 섞어 흰 반죽을 만든다. 반죽의 3/4은 비닐에 싸서 냉장 휴지시킨다.

3 **코코아 반죽 만들기** 앞서 만든 흰 반죽 1/4과 물, 체에 거른 코코아를 섞어 코코아 반죽을 만든 후 비닐에 싸서 40분~1시간 정도 냉장 휴지시킨다.

4 **반죽 휴지와 성형하기** 휴지된 흰 반죽(120g 2덩이, 240g 1덩이)과 코코아 반죽(120g 2덩이)을 각각 분할한다. 120g짜리 흰 반죽과 코코아 반죽을 20~25cm가 되게 늘인 후 물을 칠하여 서로 붙인다.

5 **모양 만들기** 남은 흰 반죽(240g)을 20×25cm 크기가 되게 밀어 편다. 그 위에 **4**를 놓고 물을 칠한 후 말아준다. 말고 남은 반죽은 그림처럼 스크래퍼나 칼로 잘라낸다.

6 **자르기 & 굽기** 성형된 반죽을 종이로 말아서 30~40분 동안 냉동한 후 1cm 두께로 잘라 평철판에 서로 붙지 않게 나열하여 예열된 오븐에 넣어 굽는다.

Tip&Tip **냉장 휴지란?**
반죽 내에 있는 수분을 밀가루가 흡수할 수 있도록 냉장고에 넣어두는 것을 말하는 제과용어이다. 빠른 시간에 제조를 원한다면 냉동고에 살짝 넣어 두었다가 사용해도 무방하다. 모자이크쿠키를 만들 때에도 충분히 휴지시킨 후 잘라야 모양이 흐트러지지 않으며 자를 때 두께를 일정하게 해야 고르게 구워진다.

Home baking

028

버터쿠키

버터쿠키는 우유의 지방을 농축시켜 만든 버터를 사용하여 만든다. 쿠키의 부드러운 맛과 버터향을 동시에 느낄 수 있는 쿠키이다.

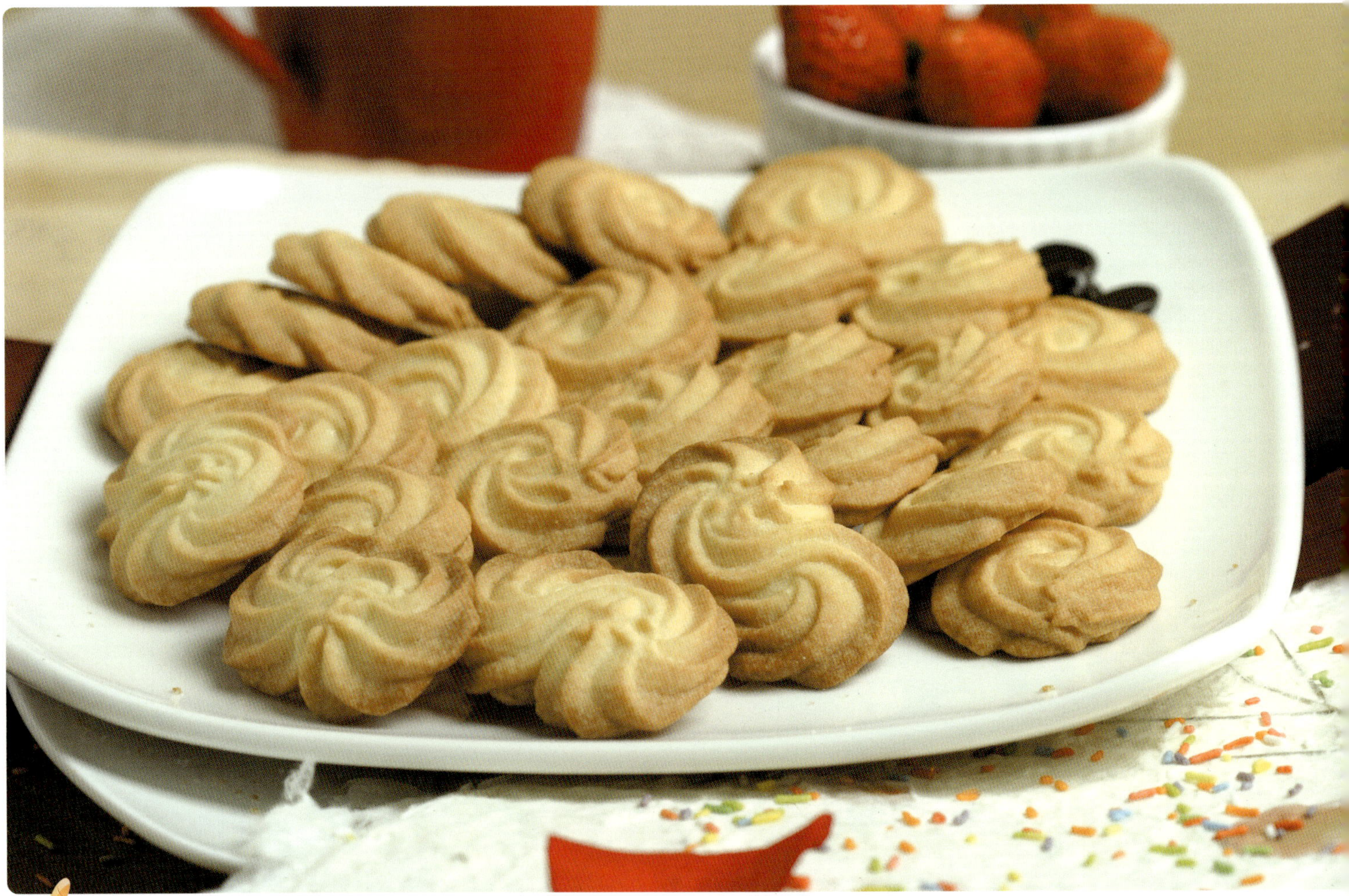

제작포인트

□ 밀가루를 섞을 때 너무 오래 섞으면 글루텐이 형성되어 딱딱해질 수 있으므로 하얀 밀가루가 보이지 않을 정도로만 주걱으로 자르듯이 살짝 섞는다. 또한 밀가루가 덜 섞이면 쿠키를 다 구운 후 밀가루 냄새가 날 수 있기 때문에 이 점도 유의한다.

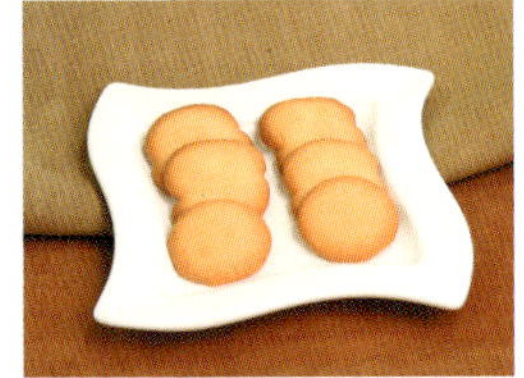

▲달걀 과다 사용 시

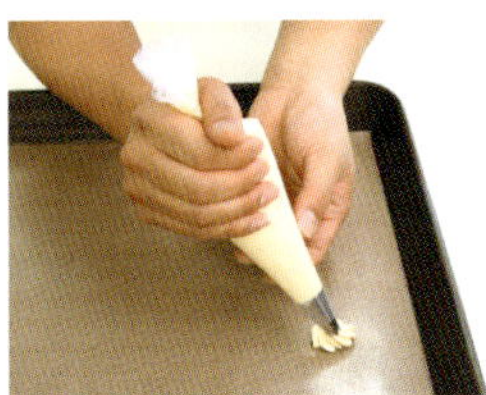

▲45도로 비스듬하게 짜기

- **만들 개수** : 50개　■ **굽는 시간** : 15분
- **필요 재료** : 박력분 400g, 버터 240g, 설탕 120g, 황설탕 40g, 달걀 2개, 소금 2g, 바닐라향 2g, 분당 100g
- **필요 도구** : 휘퍼, 별모양 깍지, 짤주머니, 고무주걱, 실리콘페이퍼

작업 준비

- 평철판에 실리콘패드나 실리콘페이퍼 깔기
- 오븐을 170도로 예열하기

이렇게 만들어요

1 **버터 크림화하기** 볼에 버터를 넣고 휘퍼로 부드럽게 풀어준 후 설탕, 소금, 황설탕, 분당을 넣어 부드러운 크림 상태로 만든다.

2 **달걀 혼합하기** 부드럽게 크림화한 반죽에 달걀을 1개씩 나누어 넣고, 달걀이 완전히 풀리도록 잘 섞어준다.

3 **가루재료 혼합하기** 박력분, 바닐라향을 체에 거른 후 크림화한 달걀 반죽에 넣고 고무주걱으로 가루재료가 보이지 않을 때까지 섞는다.

4 **반죽 담기** 짤주머니에 지름 1cm 정도 되는 별모양 깍지를 끼우고, 가루재료가 혼합된 반죽을 적당량 넣는다.

5 **모양 짜기** 평철판 위에 링모양 또는 8자 모양으로 반죽을 짠 후 예열된 오븐에 넣어 굽는다.

6 **굽기 & 냉각하기** 약 15분 정도 오븐에서 구운 후 쿠키 테두리가 갈색 빛을 띠면 꺼내어 냉각한다.

Tip&Tip 구울 때 주의할 점

쿠키는 높은 온도에서 빨리 구워내야 색이 진해지지 않는다. 또한 구운 쿠키는 철판에서 냉각시켜 수분을 제거해야 바삭한 쿠키가 된다.

Home baking

029

초콜릿돔 생크림케이크

누구나 좋아하는 초콜릿시럽을 이용하여 돔형태의 생크림케이크를 만들어보자.

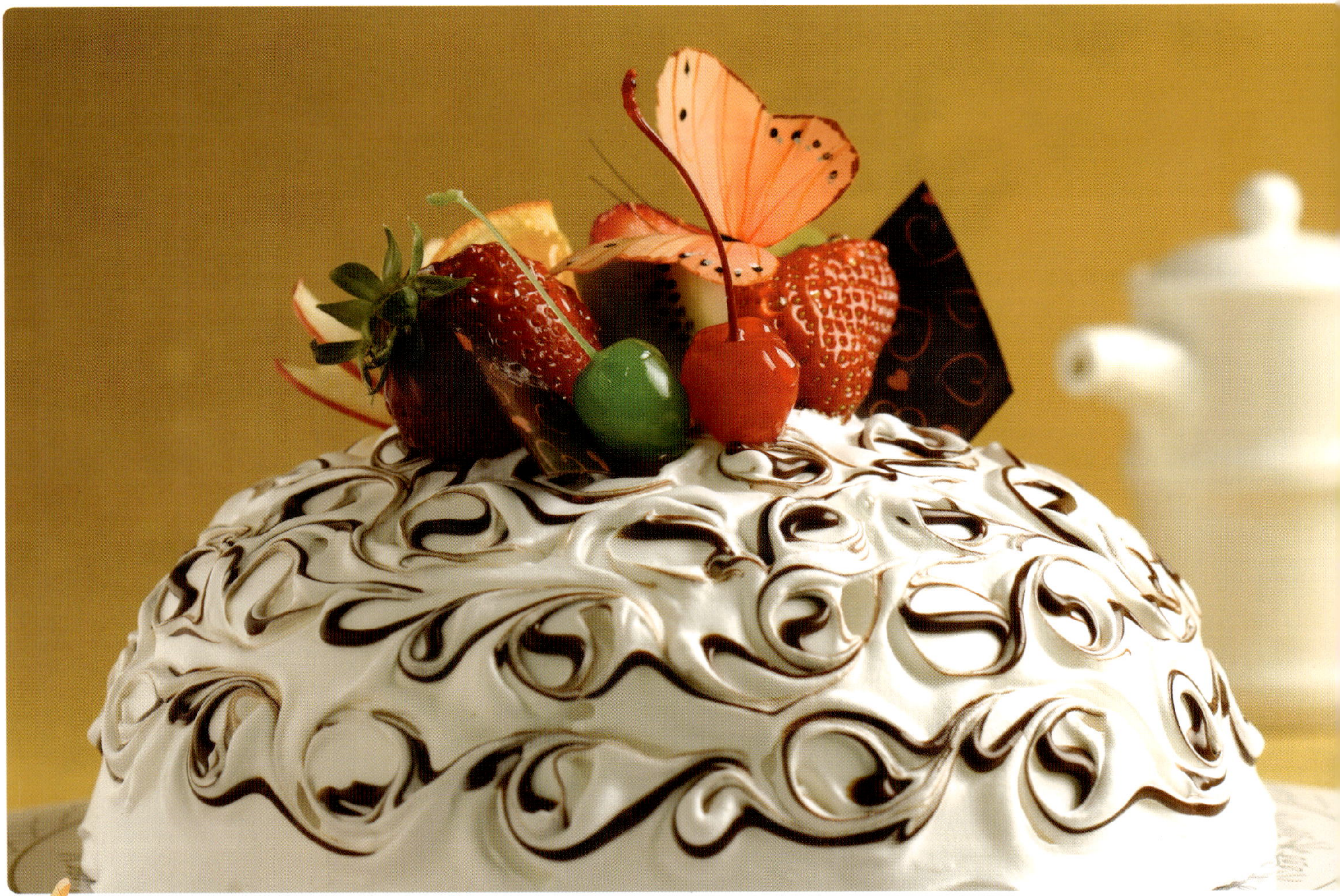

제작포인트

□ 생크림을 너무 많이 올리면 젓가락으로 모양내기 어렵다.

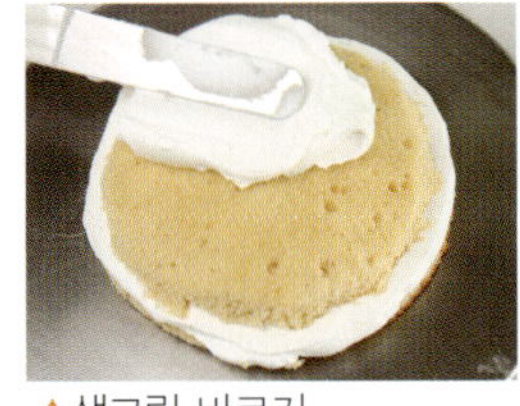

▲생크림 바르기

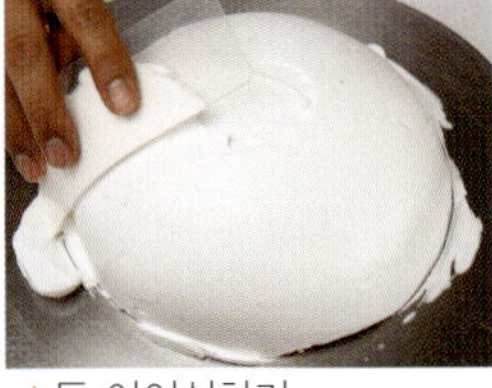

▲돔 아이싱하기

- **만들 개수** : 3호 1개
- **필요 재료** : 스펀지케이크 1개, 휘핑한 생크림 500g, 설탕시럽 100g, 후르츠칵테일 100g
- **필요 도구** : 스패츌러, 턴테이블, 두꺼운 필름, 빵칼
- **장식 재료** : 장식용 초콜릿, 사과, 미로와, 딸기, 키위, 오렌지, 체리, 초콜릿 시럽, 이쑤시개

- 스펀지케이크를 빵칼로 3등분하기
- 시럽 만들기
- 생크림 휘핑하기
- 장식물 준비하기

이렇게 만들어요

1 **생크림 샌드** 3등분된 스펀지케이크 1장에 시럽을 칠한 후 생크림을 바르고 과일을 올린다.

2 **과일 충전하기** 여기에 다시 스펀지케이크 1장을 올리고 시럽을 칠한 후 생크림, 과일 순으로 올린다.

3 **아이싱하기** 2에 스펀지케이크 1장을 올리고 시럽을 바른 후 생크림으로 아이싱한다.

4 **돔형태 아이싱하기** 플라스틱 필름(가로 4cm, 세로 15cm)을 이용하여 돔형태로 아이싱한다.

5 **초콜릿시럽 짜기** 4에 초콜릿시럽을 나선형으로 모양이 나게 짜준다.

6 **장식하기** 이쑤시개를 이용하여 물결 모양을 내고 준비된 과일로 장식한다.

Tip&Tip **초콜릿시럽이 굳으면**

굳은 초콜릿시럽은 전자레인지에 몇 초간만 데워주면 바로 사용할 수 있다.
참고로 초콜릿시럽 대신 녹차밀(녹차시럽)을 이용해도 좋다.

Home baking

030

동물모양 쿠키

아이들이 좋아하는 쿠키를 여러 가지 동물모양으로 만들어 쿠키를 먹으면서 재미있는 이야기를 풀어내보자.

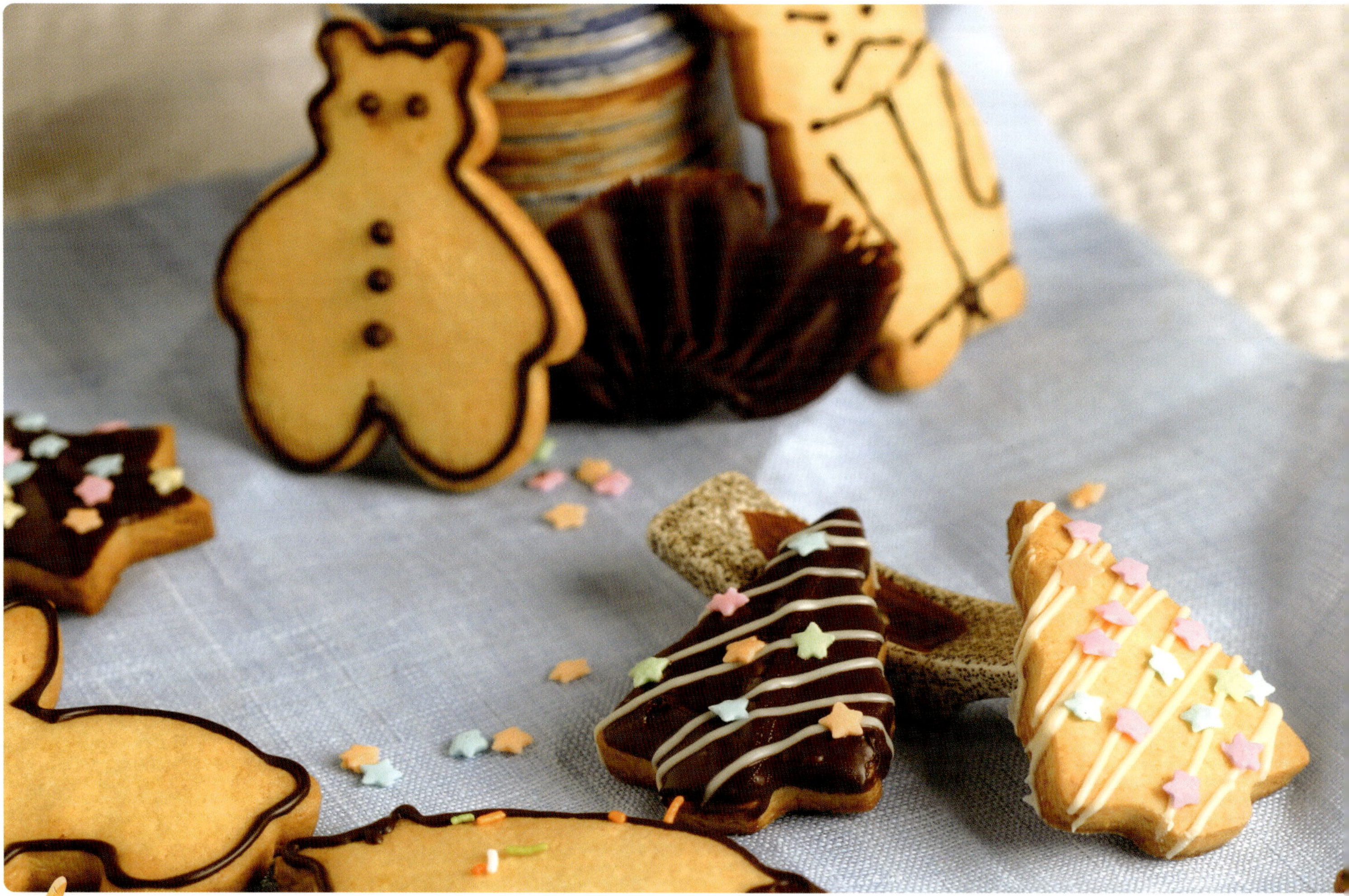

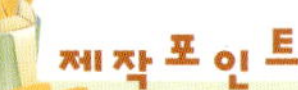

제작포인트

□ 충분히 냉장 휴지시킨다. 휴지가 부족하면 모양이 찌그러질 수 있다.

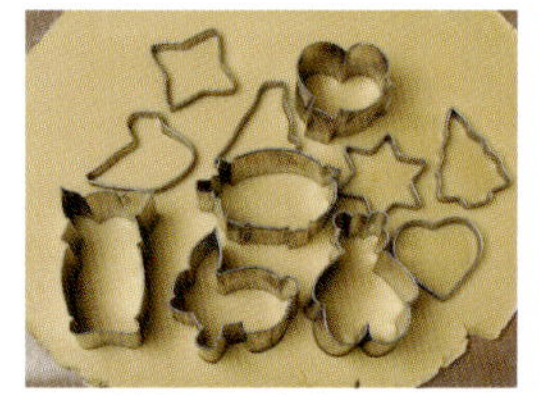

▲모양 틀로 찍기

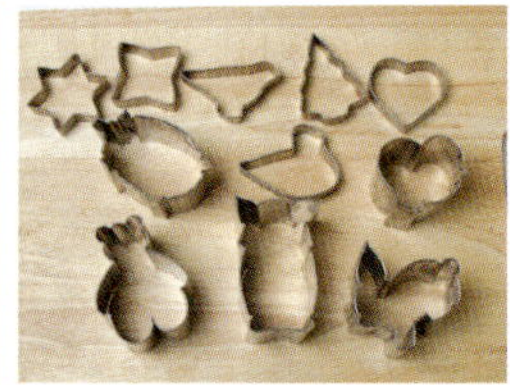

▲여러 가지 모양 틀

- 만들 개수 : 25개　　■ 굽는 시간 : 15분
- 필요 재료 : 박력분 300g, 버터 180g, 설탕 30g, 슈거파우더 75g, 소금3g, 바닐라향 3g, 달걀 1개, 아몬드 분말 60g
- 필요 도구 : 밀대, 휘퍼, 동물모양 틀
- 장식 재료 : 장식용 초콜릿(다크, 화이트), 레인보우

작업 준비
- 장식용 초콜릿 녹이기
- 평철판을 준비하고 오븐은 160도로 예열하기

이렇게 만들어요

1 **버터 크림화하기** 버터를 휘퍼로 풀어준 후 소금, 슈거파우더를 섞어 크림화시킨다.

2 **달걀 & 설탕 혼합하기** 1에 달걀을 잘 풀어준 후 설탕을 넣고 혼합한다.

3 **가루재료 혼합하기** 2에 체친 박력분, 바닐라향, 아몬드 분말을 혼합한 후 1시간 정도 냉장 휴지시킨다.

4 **냉장 휴지 & 치대기** 반죽이 휴지되면 덧가루를 뿌리고 살짝 치댄다.

5 **밀어 펴기** 완성된 반죽을 0.5cm 두께가 되도록 밀대로 밀어 편다.

6 **팬닝 & 굽기** 5를 동물모양 틀로 찍어 평철판에 팬닝하여 160도 오븐에 15분 정도 구워낸다.

Tip&Tip 쿠키 장식
다 만들어진 동물모양 쿠키는 냉각한 후 아이들이 좋아하는 초콜릿이나 레인보우로 장식한다.

Chapter 5

감사와 사은의 달

5월

행사로 시작해서 행사로 끝나는 달이다.

어린이날로 시작해서 어버이날, 스승의 날들이 줄을 서서 기다리고 있다.

또한 5월은 본격적인 야외 활동을 즐길 수 있는 달이기도 하다.

감사와 사은의 표현을 직접 만든 빵과 쿠키로 하여

특별한 날들을 더욱 특별하게 만들어보자.

5월

SUN	MON	TUE	WED	THU	FRI	SAT
		031 살구볼쿠키		*032* 제스트 파운드케이크		
					033 체리타르트	
		034 찜만주				*036* 체리베리머핀
	035 백앙금파이					
037 로즈 생크림케이크		*038* 쁘띠타르트				

살구볼쿠키

살구볼쿠키는 구워진 색과 모양이 살구와 비슷하여 붙여진 이름으로 살구에는 비타민 A와 천연당류, 철분 등이 함유되어 있다. 살구를 이용하여 만든 잼으로 상큼하고 달콤한 쿠키를 만들어보자.

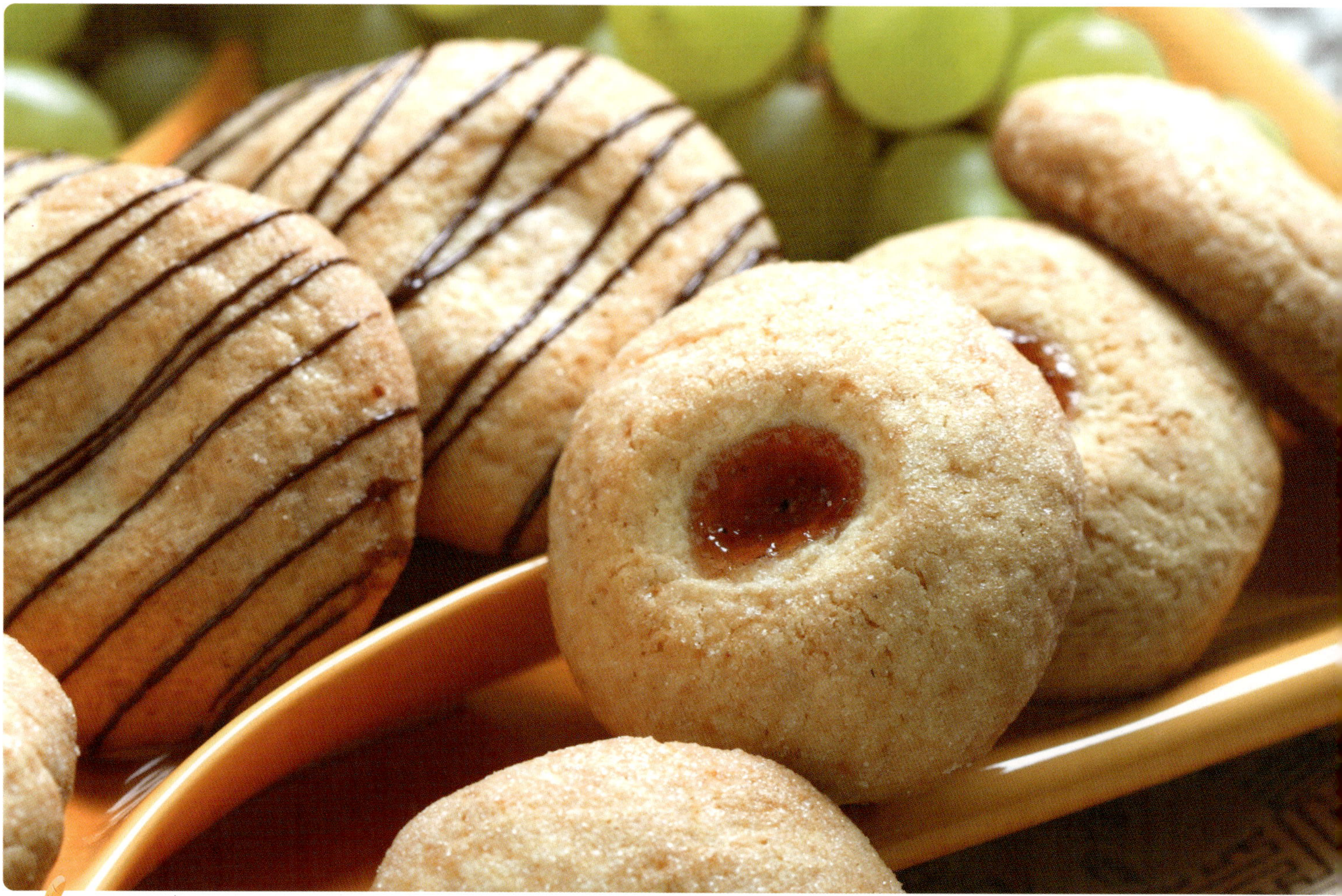

제작포인트

- 반죽은 충분히 냉장 휴지시켜야 손에 붙지 않아 모양잡기가 쉽다.
- 크기와 모양이 균일해야 색이 고르게 난다.
- 쿠키에 잼을 넣을 때는 홈을 손가락으로 충분히 눌러야 잼이 넘치지 않는다.

▲ 손가락으로 눌러 홈 만들기

▲ 완성된 쿠키

이렇게 만들어요

1 버터 크림화하기 볼에 버터와 쇼트
닝을 넣고 휘퍼로 풀어준다. 소금과
설탕을 넣고 부드러운 크림 상태로
만든다.

2 달걀 혼합하기 크림 상태의 버터에
달걀을 넣고 달걀이 완전히 섞일
때까지 잘 저어준다.

3 가루재료 혼합하기 체에 거른 박력
분과 베이킹파우더를 크림화한 달
걀 반죽에 넣고, 가루재료가 보이지
않을 때까지 혼합한다.

4 냉장 휴지 & 분할하기 혼합된 반죽
을 비닐에 싸서 30분 정도 냉장 휴
지시킨 후 20g씩 분할하여 손바닥
으로 동그랗게 만든다.

5 설탕 굴리기 둥근 모양으로 분할한
반죽에 설탕을 고루 묻히기 위해
살짝 굴려준다.

6 모양 만들기 & 굽기 설탕에 5의 반
죽을 납작하게 만든 후 가운데 부
분을 손가락으로 눌러 홈을 만들고
홈에 잼을 넣고 예열된 오븐에 넣
어 굽는다.

Tip&Tip 여러 가지 잼을 활용한 쿠키

사과잼, 딸기잼, 포도잼 등으로 다양한 색을 가진 쿠키를 만들 수 있다. 잼을 홈에 너무 많이 짜면 굽는 중에 끓
어 넘친다. 잼 대신 초콜릿으로 장식하면 색다른 쿠키가 된다.

Home baking

032

제스트 파운드케이크

비타민이 풍부한 오렌지나 레몬 껍질 등을 첨가해 만든 유럽식 파운드케이크이다. 일반적으로 과즙에 비타민이 많다고 생각하지만 오렌지나 레몬은 껍질에 더 많은 비타민이 들어 있어 유럽에서는 당절임이나 제스트를 이용해 제품을 만든다.

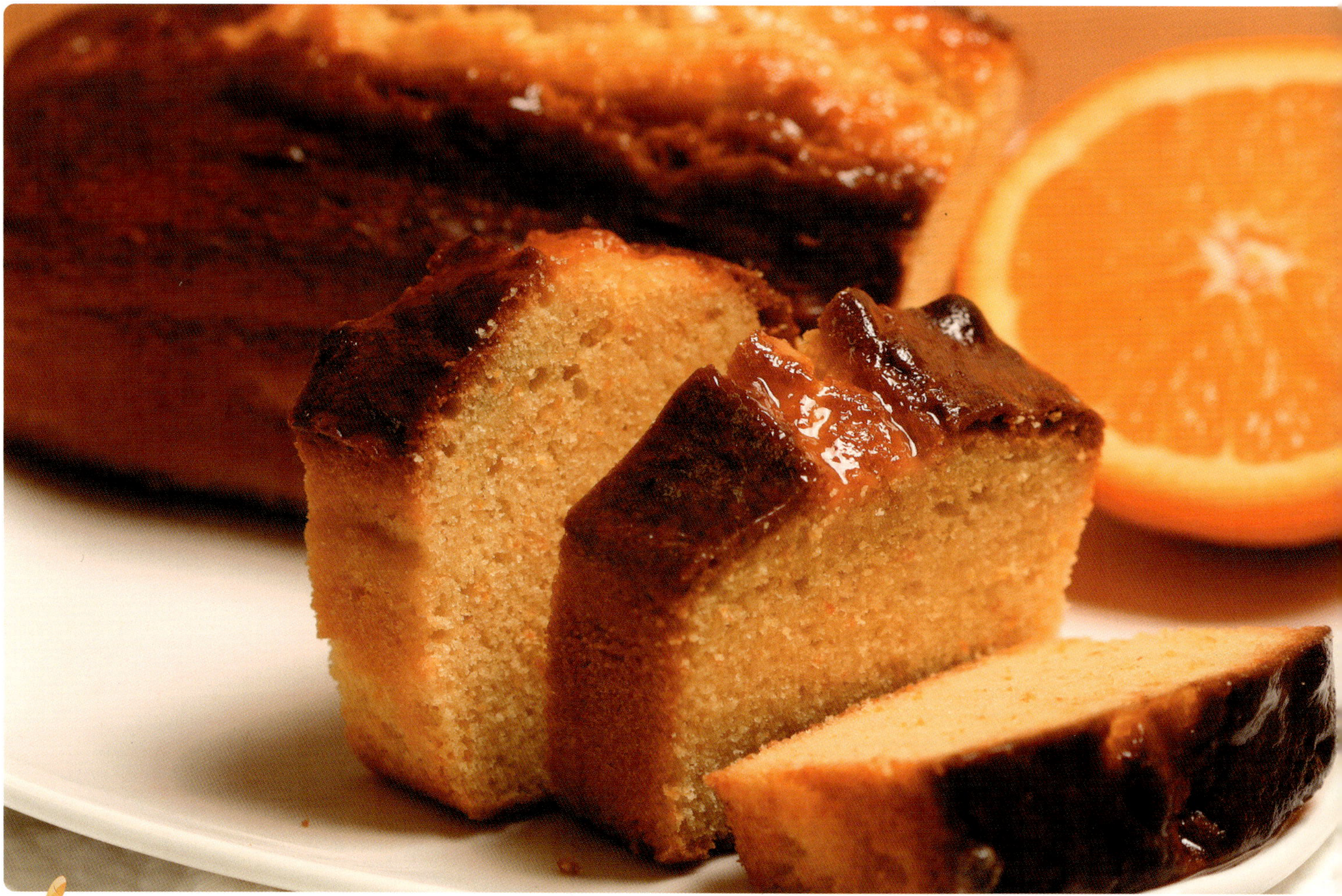

제작포인트

- 오렌지나 레몬은 소량의 식초와 소금물에 담근 후 씻어서 사용한다.
- 오렌지나 레몬 제스트를 만들 때는 껍질만 강판에 갈도록 한다. 껍질 속 하얀 부분이 들어가면 떫은 맛과 쓴 맛이 날 수 있기 때문이다.

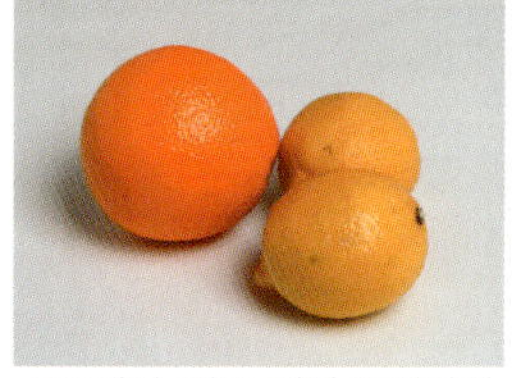

▲오렌지, 레몬 씻어 준비하기

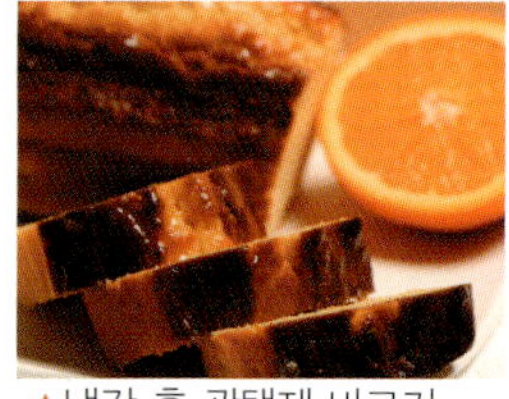

▲냉각 후 광택제 바르기

- **만들 개수** : 파운드 틀 1개　■ **굽는 시간** : 30~35분
- **필요 재료** : 박력분 200g, 버터 160g, 설탕 176g, 달걀 3개, 소금 4g, 베이킹파우더 4g, 분유 4g, 오렌지 제스트 1개, 레몬 제스트 1개
- **장식 재료** : 에프리코혼당(살구잼)
- **필요 도구** : 휘퍼, 고무주걱, 강판, 파운드 틀

작업 준비
- 오렌지와 레몬의 껍질을 강판에 갈아 제스트 만들기
- 파운드 틀에 종이 깔기
- 오븐을 160도로 예열하기

이렇게 만들어요

1 제스트 만들기 잘 씻은 오렌지와 레몬의 껍질 부분만 갈아지도록 주의하여 강판에 간다.

2 버터 크림화하기 볼에 버터를 휘퍼로 부드럽게 풀어준다.

3 달걀 혼합하기 소금, 설탕을 넣어 부드러운 크림 상태로 만든 후 달걀을 넣고 달걀이 완전히 섞일 때까지 휘퍼로 휘핑한다.

4 가루재료 혼합하기 체에 거른 박력분, 베이킹파우더, 분유를 3의 크림화한 달걀 반죽에 넣고 가루재료가 보이지 않을 때까지 혼합한다.

5 제스트 혼합하기 혼합된 반죽에 레몬과 오렌지 제스트를 넣고 고무주걱으로 잘 섞는다.

6 틀 채우기 & 굽기 제스트를 섞은 반죽을 파운드 틀에 채운 후 예열한 오븐에 넣어 굽는다.

Tip&Tip 열전도를 고르게 하려면

열전도를 고르게 하고, 바닥이 두꺼워지는 것을 방지하기 위해 평철판 위에 파운드 틀을 올려 이중팬으로 굽는다.

광택제 만들기

동량의 에프리코혼당과 물을 살짝 끓인 후, 냉각된 파운드케이크 윗면에 붓으로 발라주면 저장기간이 연장되고 맛도 좋아진다.

체리타르트

체리를 이용해 만든 타르트에 딸기와 장미로 장식하여 일반적인 타르트 모양에서 벗어난 독특한 모양의 타르트를 만들어 친구들이나 가족들에게 선물해보자.

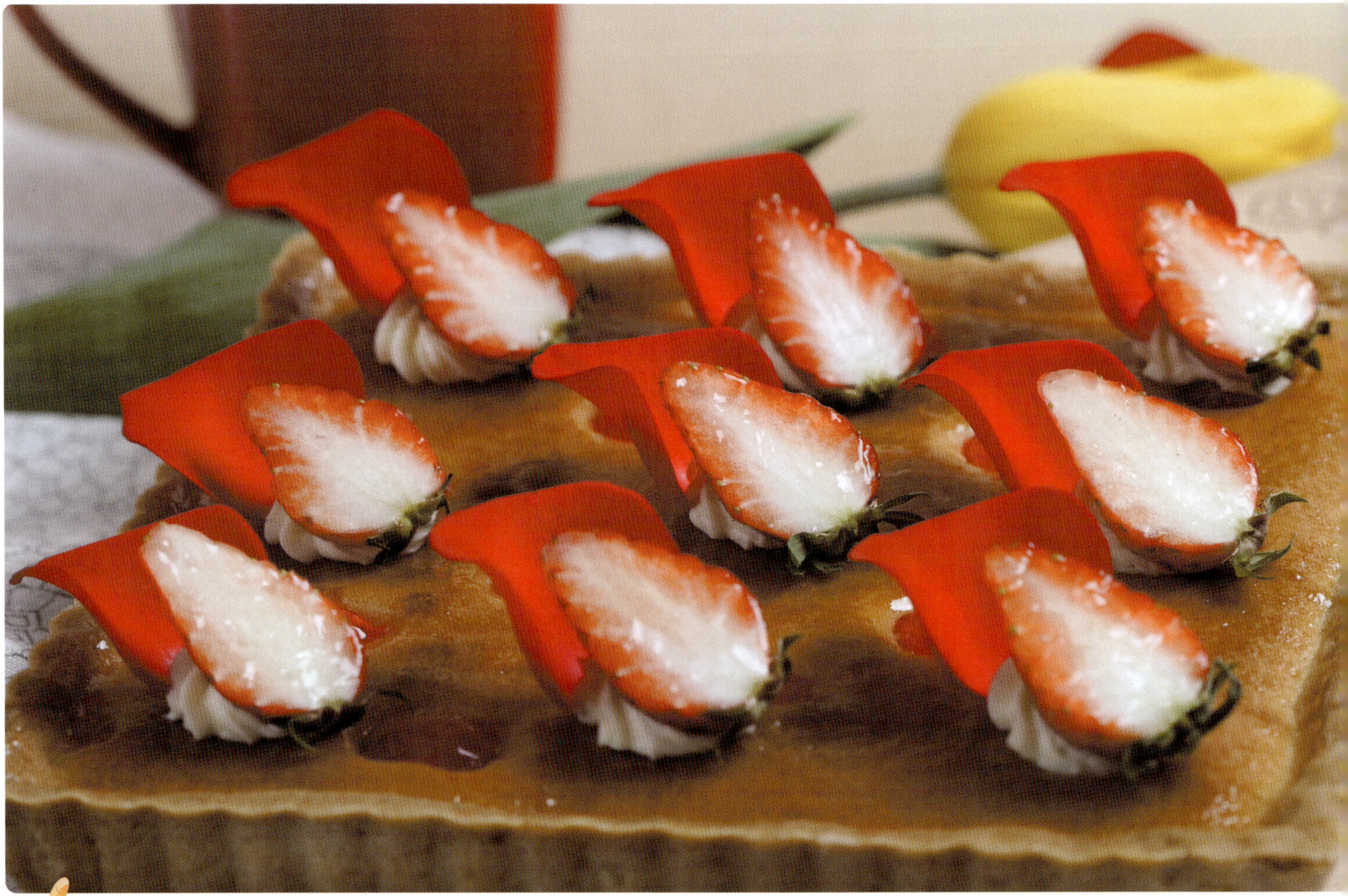

제작포인트

□ 굽기할 때 충분히 구워야 생밀가루 냄새가 나지 않으며 고소한 맛이 난다.

▲ 아몬드크림에 체리 올리기

▲ 생크림 짠 후 장식하기

- **만들 개수** : 3호 원형 또는 사각타르트 1개 ■ **굽는 시간** : 35~40분
- **필요 재료** : 빠뜨쉬크레 300g, 아몬드크림 200g, 체리 100g
- **필요 도구** : 밀대, 3호 타르트 틀, 짤주머니, 원형 깍지, 고무주걱
- **장식 재료** : 딸기, 에프리코혼당(살구잼), 장미

작업 준비

- 빠뜨쉬크레 만들기(권말부록 참고)
- 아몬드크림 만들기(권말부록 참고)
- 장식물 준비하기
- 타르트 틀을 전처리하여 준비하고 오븐을 160도로 예열하기

이렇게 만들어요

1 **틀 준비하기** 타르트 틀에 쇼트닝을 고루 바른 후 밀가루를 살짝 입힌다.

2 **반죽 밀어 펴기** 빠뜨쉬크레 반죽을 2~3mm로 밀어 편다.

3 **반죽 씌우기** 밀어 편 빠뜨쉬크레 반죽을 타르트 틀에 씌운다.

4 **남은 반죽 자르기** 타르트 틀에 덧씌운 반죽을 밀대로 밀어 남은 반죽을 잘라 낸다.

5 **크림 충전하기** 아몬드크림을 주걱으로 고루 펴 바른다.

6 **마무리하기** 체리를 올리고 구워낸 후 식으면 에프리코혼당(살구잼)을 바르고 딸기와 장미로 장식한다.

Tip&Tip 체리 대신 자두나 포도 사용

체리타르트는 충분히 구워야 바닥까지 익는다. 또한 체리 대신 건조자두나 포도를 이용하면 색다른 제품을 만들 수 있다.

찜만주

찜만주는 선물용이나 아이들 간식용으로 좋은 제품이다. 사랑하는 연인을 위해서 간편하게 만들 수 있는 찜만주를 만들어보자.

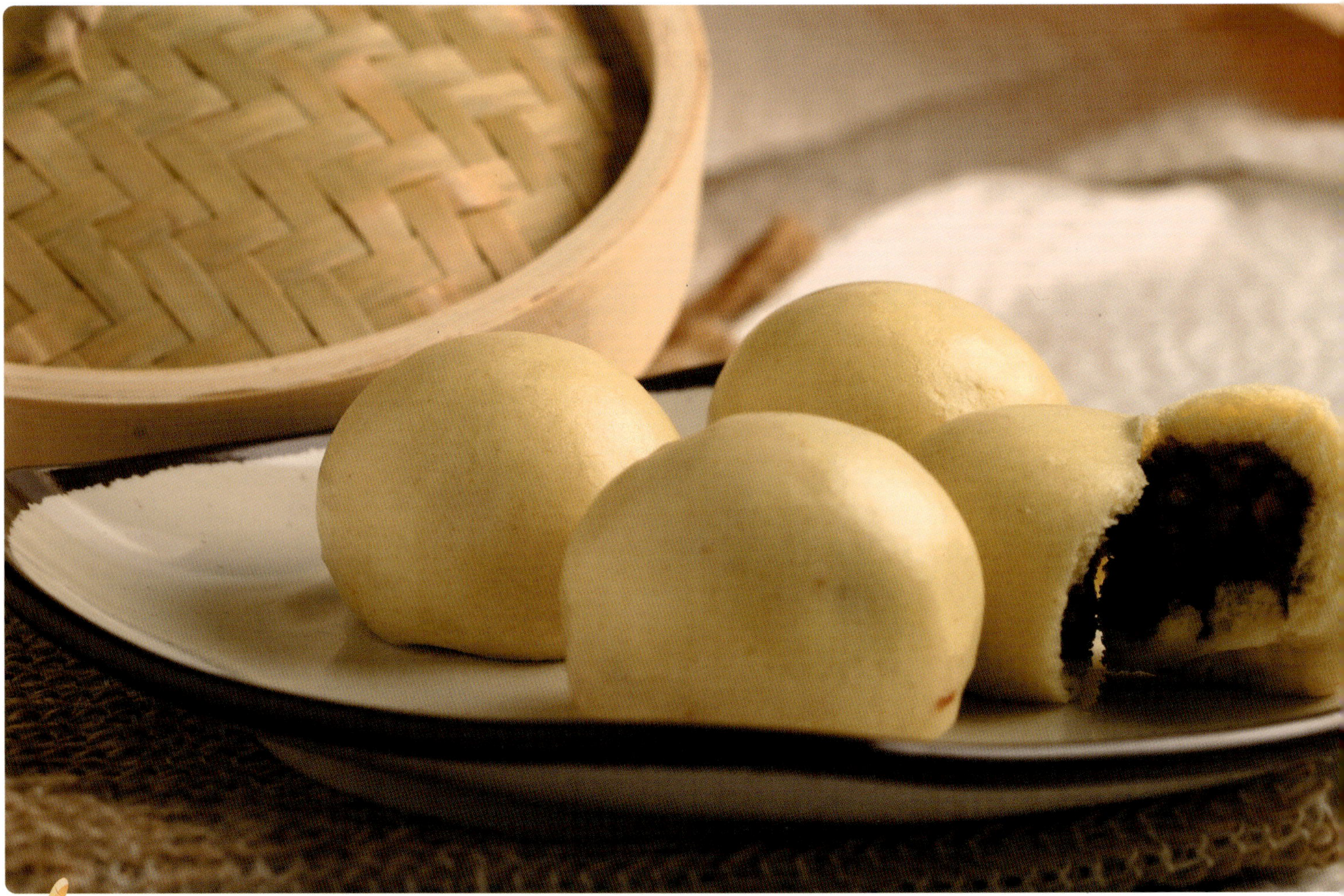

제작 포인트

- ☐ 찌기 전에 물을 분무하여 덧가루를 제거한다.
- ☐ 너무 오래 찌면 색이 진하게 변할 우려가 있다.

▲찜통에 넣기

▲찐 후 냉각시키기

- 만들 개수 : 20개   ■ 찌는 시간 : 5~7분
- 필요 재료 : 박력분 100g, 우유 10g, 소다 1g, 베이킹파우더 1g, 설탕 60g, 달걀 1개, 물 4g, 소금 1.5g, 내용물(적앙금 300g, 전처리한 호두분태 90g)
- 필요 도구 : 고무주걱, 휘퍼, 헤라

작업 준비 
- 내용물 혼합하기(권말부록 참고)
- 찜통에 물을 미리 끓이기

이렇게 만들어요

1 **달걀 풀기** 달걀을 푼 후 소금, 설탕을 혼합하여 중탕으로 용해한다.

2 **가루재료 혼합하기** 중탕된 달걀이 냉각되면 체친 박력분, 베이킹파우더, 소다를 혼합한다.

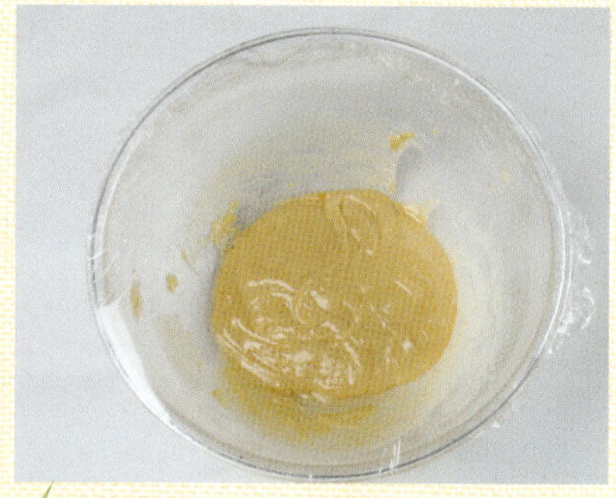

3 **휴지시키기** 혼합된 반죽을 랩으로 씌워 냉장고에 30분 정도 휴지시킨다.

4 **분할하기** 휴지시킨 반죽에 덧가루를 뿌려가며 치대어 앙금만큼 되기를 조절한 후 20g씩 분할한다.

5 **내용물 싸기** 반죽에 적앙금과 전처리한 호두분태 등의 내용물 20g을 넣고 싼다.

6 **성형하기** 손에서 둥글려 모양을 만들고 찜통에 넣어 5~7분 정도 찐다.

Tip&Tip 희끗희끗한 덧가루를 없애려면

찜만주를 찌기 전에 약간의 물을 분무하여 덧가루를 제거한 후 쪄야 희끗희끗한 얼룩을 없앨 수 있다.

Home baking

035

백앙금파이

여러 가지 모양이나 그림을 넣어 만들 수 있기 때문에 자신만의 파이를 만들 수 있을 뿐만 아니라 고소함 또한 다른 파이와는 비교가 되지 않는다.

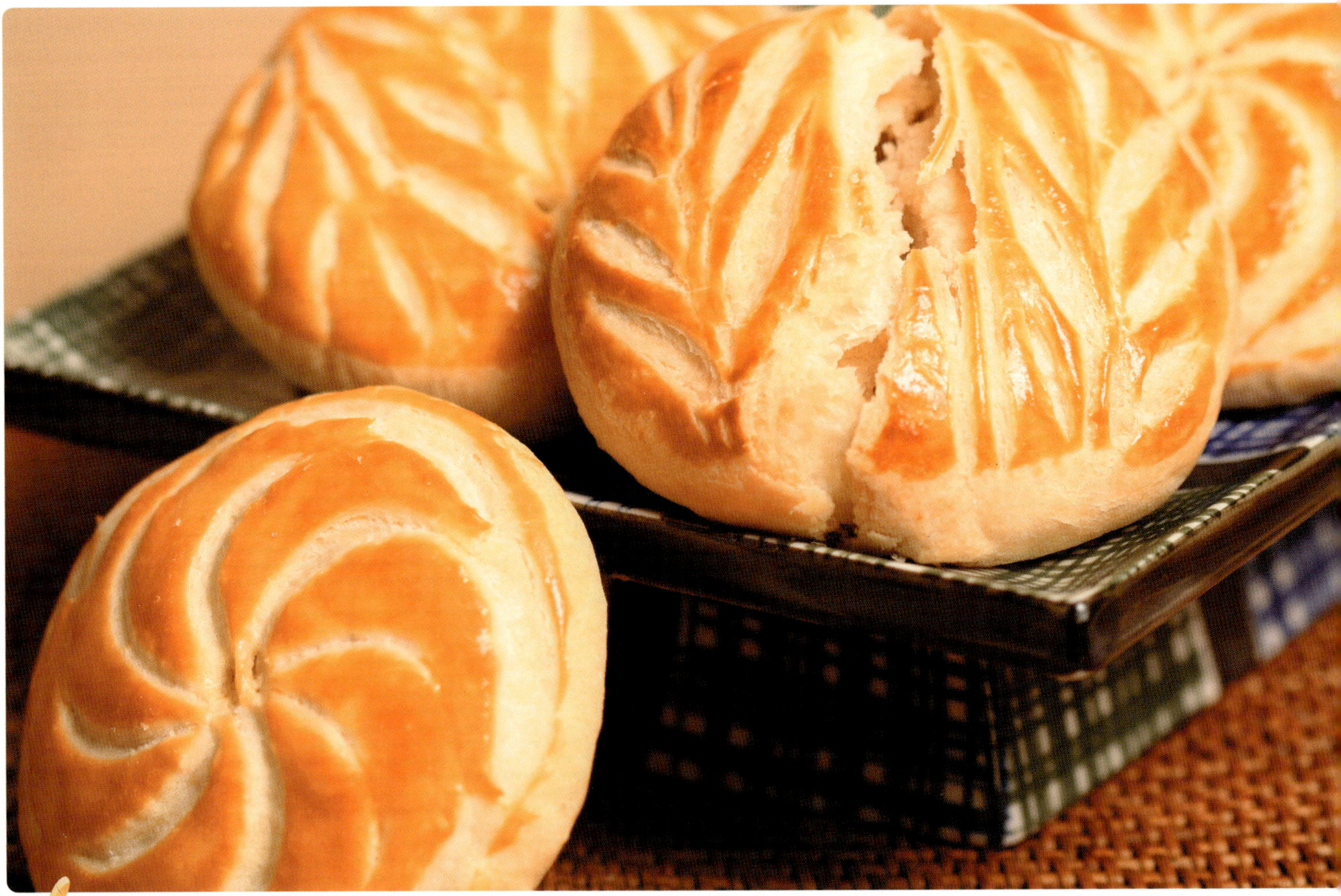

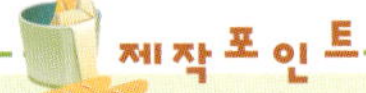

제작 포인트

- □ 성형할 때 되도록 납작하게 누른다.
- □ 칼로 무늬를 너무 깊이 내면, 앙금이 터지므로 주의한다.

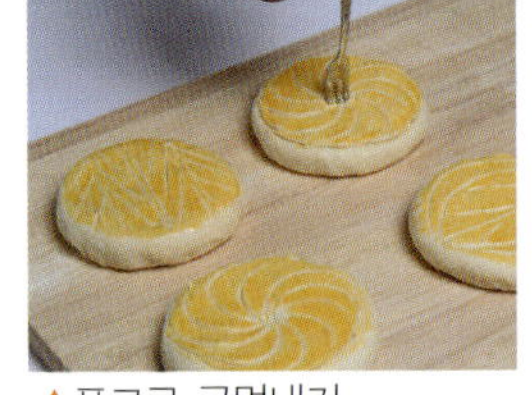

▲포크로 구멍내기

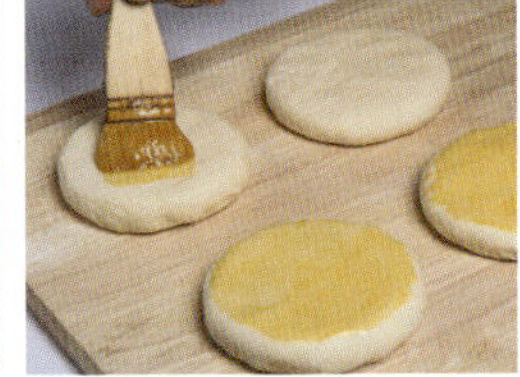

▲노른자 칠하기

- 만들 개수 : 12개   ■ 굽는 시간 : 40~50분
- 필요 재료 : 파이 반죽(중력분 200g, 파이용 마가린 100g, 소금 4g, 설탕 8g, 물엿 4g, 달걀 1개, 찬물 100g), 내용물(백앙금 450g)
- 필요 도구 : 실리콘페이퍼, 휘퍼, 스크래퍼, 헤라, 칼

작업 준비
- 내용물(백앙금) 손으로 치대기
- 파이 반죽 만들기
- 평철판을 준비하고 오븐을 160도로 예열하기

이렇게 만들어요

1 **가루재료와 쇼트닝 혼합하기** 체에 거른 중력분과 분유, 쇼트닝을 스크래퍼로 콩알 크기만 하게 다진다.

2 **달걀 혼합하기** 볼에 달걀, 소금, 물엿을 잘 섞어 찬물과 함께 혼합한다.

3 **반죽하기** 앞서 준비한 1과 2를 중심 부분부터 바깥쪽으로 혼합한다.

4 **휴지시키기** 반죽이 뭉치면 살짝 치대 비닐에 싸서 30분~1시간 정도 냉장 휴지시킨다.

5 **성형하기** 휴지된 반죽 40g, 앙금 40g으로 분할하고 반죽으로 앙금을 싼다.

6 **무늬내기** 손바닥으로 납작하게 누른 후 달걀 노른자를 칠하고 칼로 무늬낸 후 굽는다. 이때 칼로 무늬를 너무 깊이 내면 앙금이 터지므로 주의한다.

Tip&Tip 백앙금 만드는 방법
강낭콩을 물에 불려 껍질을 벗겨낸 후 찜통에 쪄서 으깬다. 강낭콩 : 설탕 : 물을 6 : 4 : 1 비율로 넣고 팥죽을 만드는 것처럼 약한 불에 조린다.

체리베리머핀

체리향이 달콤한 머핀을 간편하게 만들 수 있다. 오래 두고 먹으려면 냉동보관 해야 하며, 먹기 1시간 전에 상온에 꺼내놓으면 된다.

제작포인트

☐ 달걀을 충분히 크림화하지 않으면 설탕이 녹지 않으므로 주의한다.

· 필요 재료 : 박력분 300g, 버터 180g, 달걀 3개, 설탕 210g, 소금 6g, 베이킹파우더 9g, 체리베리 필링 105g, 토핑용 소보로 90g
· 필요 도구 : 휘퍼, 고무주걱, 짤주머니, 머핀 틀, 머핀 유산지

작업 준비 
· 소보로 만들기(권말부록 참고)
· 머핀 틀에 머핀 유산지를 끼우고 오븐을 160도로 예열하기

이렇게 만들어요

1 **버터 크림화하기** 볼에 버터를 넣고 휘퍼로 휘핑하여 부드럽게 풀어준 후 소금과 설탕을 넣고 휘핑한다.

2 **달걀 혼합하기** 크림화된 버터에 달걀을 몇 번에 나눠 휘핑하고, 설탕과 소금이 충분히 녹을 때까지 혼합한다.

3 **가루재료 혼합하기** 크림화된 반죽에 체친 박력분, 베이킹파우더를 넣고 잘 혼합한다.

4 **내용물 혼합하기** 혼합된 반죽에 다진 체리베리를 넣고 고무주걱으로 부드럽게 혼합한다.

5 **팬닝하기** 성형된 반죽을 머핀 틀에 80% 정도로 팬닝한 후 소보로와 체리필링을 올려 굽는다.

6 **굽기** 머핀 가운데 터진 부분이 갈색으로 보일 때까지 굽는다.

Tip&Tip 체리를 다지지 않으면
체리를 다지지 않으면 머핀 틀에 팬닝한 후 가라앉는다.

로즈 생크림케이크

손쉽게 구할 수 있는 장미로 간단하면서도 화사한 케이크를 만들어보자. 티스푼을 이용해 장식하기 때문에 어렵지 않게 만들 수 있다.

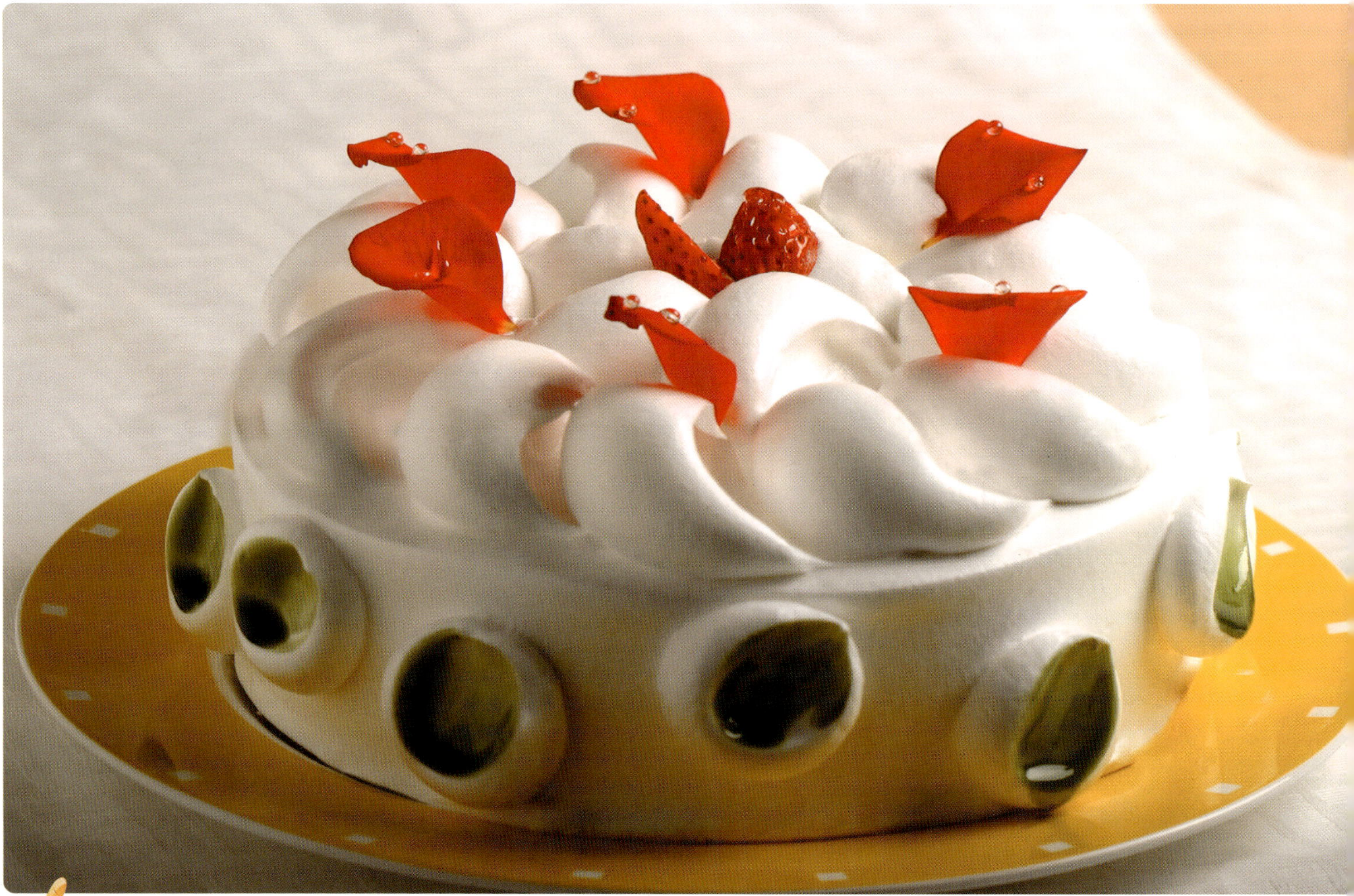

제작포인트

☐ 생크림을 너무 많이 휘핑하면 스푼으로 정교하게 모양내기가 어렵다.
☐ 녹차 미로와는 흐르지 않게 적당히 농도를 조절한다.

▲ 옆면 아이싱하기

▲ 윗면 아이싱하기

- 만들 개수 : 3호 1개   ■ 굽는 시간 : 15분
- 필요 재료 : 스펀지케이크 1개, 휘핑한 생크림 400g, 럼 12g, 시럽(설탕시럽 100g, 럼 6g), 충전용 황도, 딸기
- 필요 도구 : 턴테이블, 스패출러, 고무주걱, 티스푼, 원형 깍지
- 장식 재료 : 딸기, 생크림, 미로와, 녹차시럽, 장미

작업 준비

- 스펀지케이크 3등분으로 슬라이스하기
- 생크림 휘핑하기(권말부록 참고)
- 시럽 만들기
- 과일, 장미 준비하기

이렇게 만들어요

1 **케이크시트 샌드하기** 케이크시트에 시럽을 바른 후 생크림을 바르고 준비된 충전용 과일을 올린다.

2 **아이싱하기** 케이크시트를 1장 더 올리고 1을 반복한 후, 마지막 시트를 올리고 아이싱한다.

3 **옆면 장식하기** 아이싱된 케이크 옆면에 원형 깍지로 생크림을 원뿔모양으로 장식한다.

4 **색 넣기** 미로와에 녹차시럽을 혼합한 후 티스푼에 묻혀 원뿔에 모양을 낸다.

5 **윗면 장식하기** 티스푼으로 생크림을 둥글게 떠서 사진과 같이 케이크 윗면을 장식한다.

6 **마무리하기** 케이크 윗면을 딸기와 장미로 장식한다.

Tip&Tip 생크림 장식

생크림 위를 장식할 때는 흰 바탕에 어울리는 색감 있는 과일이 잘 어울린다. 장미 대신 생화를 올려 독특한 케이크를 만들 수도 있다.

쁘띠타르트

여러 가지 계절 과일을 올려 장식하기 때문에 언제든지 만들어 선물하기 좋고 한입에 쏙 들어갈 것 같은 크기 때문에 부담없이 즐길 수 있다.

제작포인트

□ 계절 과일에 따라 장식용 과일에 변화를 주어 제품의 특징을 살린다.

 **재료&도구**

- **만들 개수** : 20개　■ **굽는 시간** : 25~30분
- **필요 재료** : 빠뜨쉬크레 300g, 아몬드크림 200g
- **필요 도구** : 밀대, 쁘띠타르트 틀, 짤주머니, 원형 깍지, 고무주걱, 알루미늄 추
- **장식 재료** : 카스타드크림 100g, 통조림 밀감, 딸기, 키위, 청포도, 호두, 황도, 바나나

작업 준비

- 빠뜨쉬크레 만들기(권말부록 참고)
- 아몬드크림 만들기(권말부록 참고)
- 카스타드 만들기(권말부록 참고)
- 타르트 틀을 전처리하여 준비하고 오븐을 160도로 예열하기

이렇게 만들어요

1 **반죽 틀에 넣기** 타르트 틀에 빠뜨쉬크레 반죽을 2~3mm로 밀어 펴 깐다.

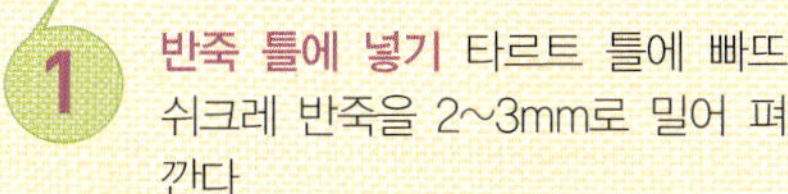

2 **크림 넣어 굽기** 아몬드크림을 짜준 후 160도에서 35~40분 정도 굽는다.

3 **장식하기** 냉각한 후 광택제를 바르고, 카스타드 크림을 짠 다음 과일로 장식한다.

 **Tip&Tip** 아몬드크림 짜기

아몬드크림을 틀 높이보다 높이 짜면 넘칠 수 있으므로 절반만 짜준다.

Chapter 6

1월부터 시작하는 14일의 기념일들이
6월에는 한결 더 멋진 의미로 다가온다.
5월 로즈데이까지를 무난히 치러낸 연인들이라면
키스는 당연한 순서이다.
멋진 장소와 분위기 그리고
달콤한 타르트와 함께라면 6월도 성공이다.

6월

SUN	MON	TUE	WED	THU	FRI	SAT

039 소보로머핀

040 모카 롤케이크

041 이탈리안크로켓

042 도넛

043 아몬드튀일

044 생크림 롤케이크

045 호두파이

046 단호박타르트

소보로머핀

머핀은 토핑을 무엇으로 했느냐에 따라 다양하게 만들 수 있다. 여기서는 고소한 소보로를 토핑하여 소보로머핀을 만들어보자. 소보로란 실타레를 풀어해친 모양을 뜻하는 일본어다.

제작포인트

☐ 달걀을 충분히 크림화하지 않으면 설탕이 녹지 않으므로 주의한다. 소보로를 충분히 뿌리고 구워야 고소한 제품을 만들 수 있다.

재료&도구
- **만들 개수** : 20개
- **굽는 시간** : 25~30분
- **필요 재료** : 박력분 300g, 버터 225g, 달걀 4개, 설탕 210g, 소금 6g, 베이킹파우더 9g, 토핑용 소보로 220g
- **필요 도구** : 휘퍼, 고무주걱, 짤주머니, 원형 깍지, 머핀 틀, 머핀 유산지

작업 준비
- 소보로 만들기
- 머핀 틀에 머핀 유산지를 끼우고 오븐을 160도로 예열하기

이렇게 만들어요

1 **버터 크림화하기** 볼에 버터를 넣고 휘퍼로 휘핑하여 부드럽게 풀어준다. 소금, 설탕을 넣고 휘핑하여 부드러운 크림을 만든다.

2 **달걀 넣기** 1에 달걀을 넣고 휘핑하여 달걀이 완전히 섞일 때까지 휘핑한다.

3 **가루재료 혼합하기** 2에 체친 박력분, 베이킹파우더를 주걱으로 가루재료가 보이지 않을 때까지 혼합한다.

4 **짤주머니에 원형 깍지 끼우기** 짤주머니에 준비된 원형 깍지를 끼운 후 앞서 혼합한 반죽을 짤주머니에 담는다.

5 **팬닝하기** 짤주머니를 이용하여 머핀 틀에 80% 정도 팬닝하고 소보로를 고르게 뿌린다.

6 **굽기** 160도로 예열된 오븐에서 25~30분간 굽는다.

Tip&Tip 소보로가 잘 붙지 않으면

소보로가 잘 붙지 않을 때엔 분무기로 물을 조금 뿌려 소보로를 촉촉하게 만든다.

모카 롤케이크

커피를 좋아하는 사람들은 누구나 좋아할 만한 롤케이크이다. 부드럽고 커피향이 향긋한 모카 롤케이크를 슬라이스아
몬드로 장식한다.

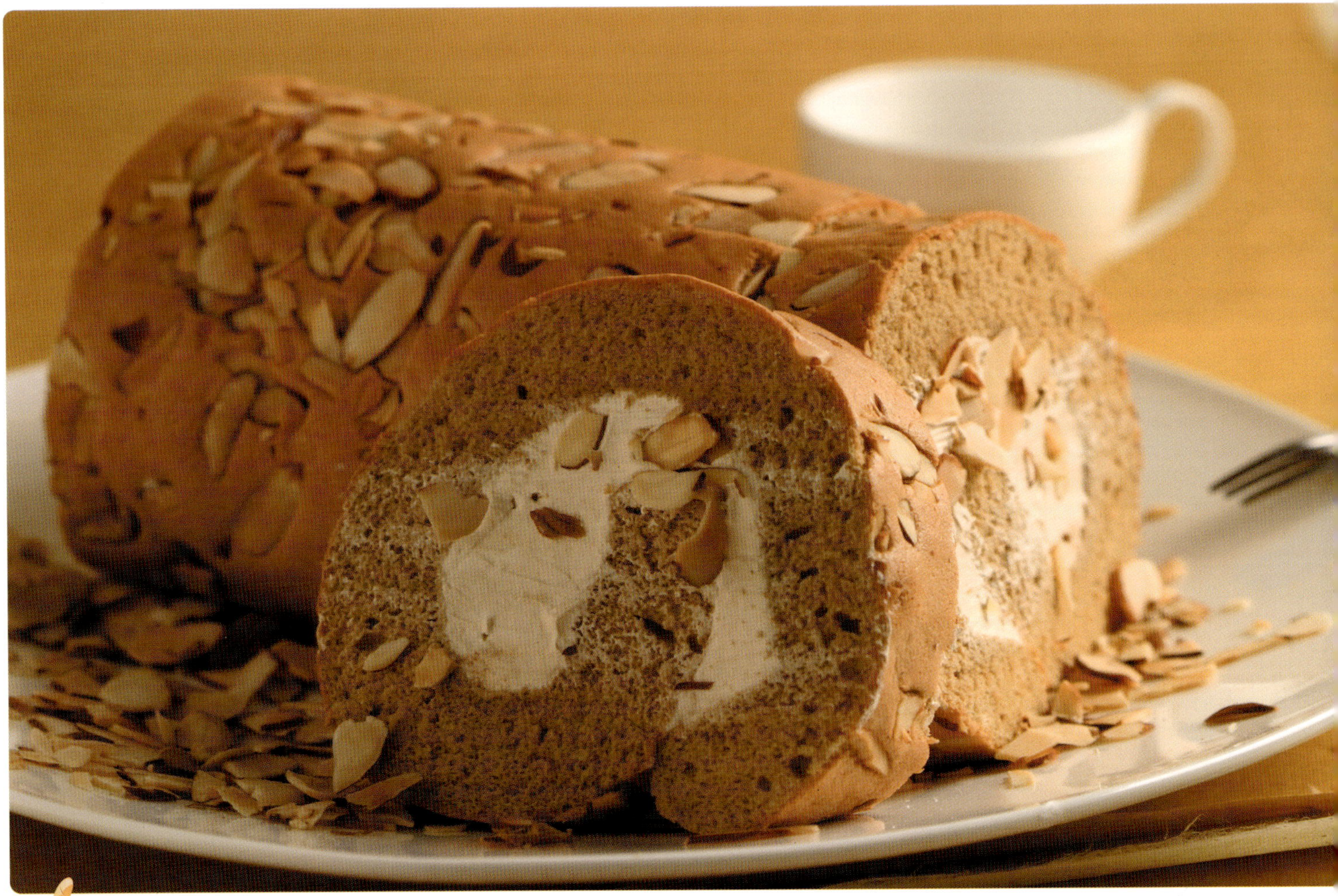

제작포인트

□ 롤을 말은 후에 바로 손을 떼면 벌어질 수 있으므로 잠깐 동안 눌러서 모
양을 잡아줘야 한다.

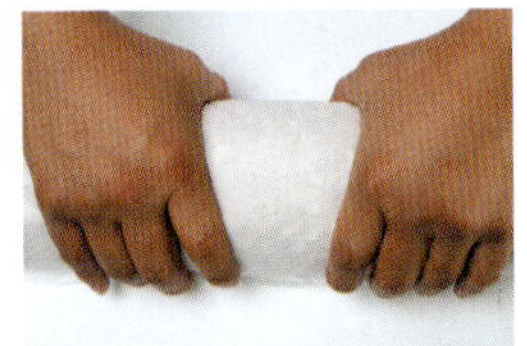

▲ 롤 말기

▲ 모카 생크림 펴 바르기

- 만들 개수 : 2개
- 굽는 시간 : 20~25분
- 필요 재료 : 박력분 200g, 식용유 50g, 베이킹파우더 2g, 노른자 8개, 흰자 8개, 물 20g, 설탕A 120g, 설탕B 152g, 커피 8g, 럼(술) 8g, 슬라이스아몬드 180g, 커피시럽(인스턴트커피 8g, 시럽 100g, 럼(술) 8g), 모카 생크림(샌드용 생크림 250g, 커피 6g, 럼(술) 8g)
- 필요 도구 : 스패츌러, 평철판, 고무주걱, 핸드믹서, 휘퍼

작업 준비

- 모카 생크림 만들기
- 모카시럽 만들기
- 머랭 만들기(권말부록 참고)
- 평철판에 종이를 깔고 오븐 160도로 예열하기

이렇게 만들어요

1 노른자 풀어주기 달걀 노른자를 휘퍼로 풀어준 후 설탕A와 물을 넣고 최대한 휘퍼로 휘핑한다.

2 머랭 혼합하기 달걀 흰자와 설탕B를 혼합하여 90% 머랭을 제조한다. 머랭의 절반을 1에 혼합한다.

3 가루재료 혼합하기 2에 체친 박력분, 베이킹파우더를 혼합한 후 그 일부를 럼에 녹인 인스턴트커피와 식용유에 혼합한다.

4 머랭 혼합하기 3의 커피 반죽을 본반죽에 넣고 혼합 후 나머지 머랭을 넣어 혼합한다.

5 팬닝하기 완성된 반죽을 평철판에 팬닝한 후 슬라이스아몬드를 뿌린다.

6 굽기 160도 오븐에서 20~25분 굽는다. 구운 후 냉각시켜 시럽과 모카 생크림을 바른 후 말아준다.

Tip&Tip 롤에 종이가 붙는 경우
냉각되지 않았을 때 롤을 말면 종이가 붙을 수 있다. 이때 분무기로 종이에 물을 살짝 뿌려주면 잘 떨어진다.

모카 생크림 만들기
휘핑한 생크림에 커피와, 럼, 혼합물을 넣고 고무주걱으로 가볍게 혼합한다.

모카시럽 만들기
인스턴트커피와 럼, 혼합물을 시럽과 혼합한다.

이탈리안크로켓

고로케로 알려진 크로켓은 여러 가지 야채와 재료들을 이용하여 만든다. 사과와 야채가 들어 있어 느끼하지 않고
상큼한 이탈리안크로켓을 만들어보자.

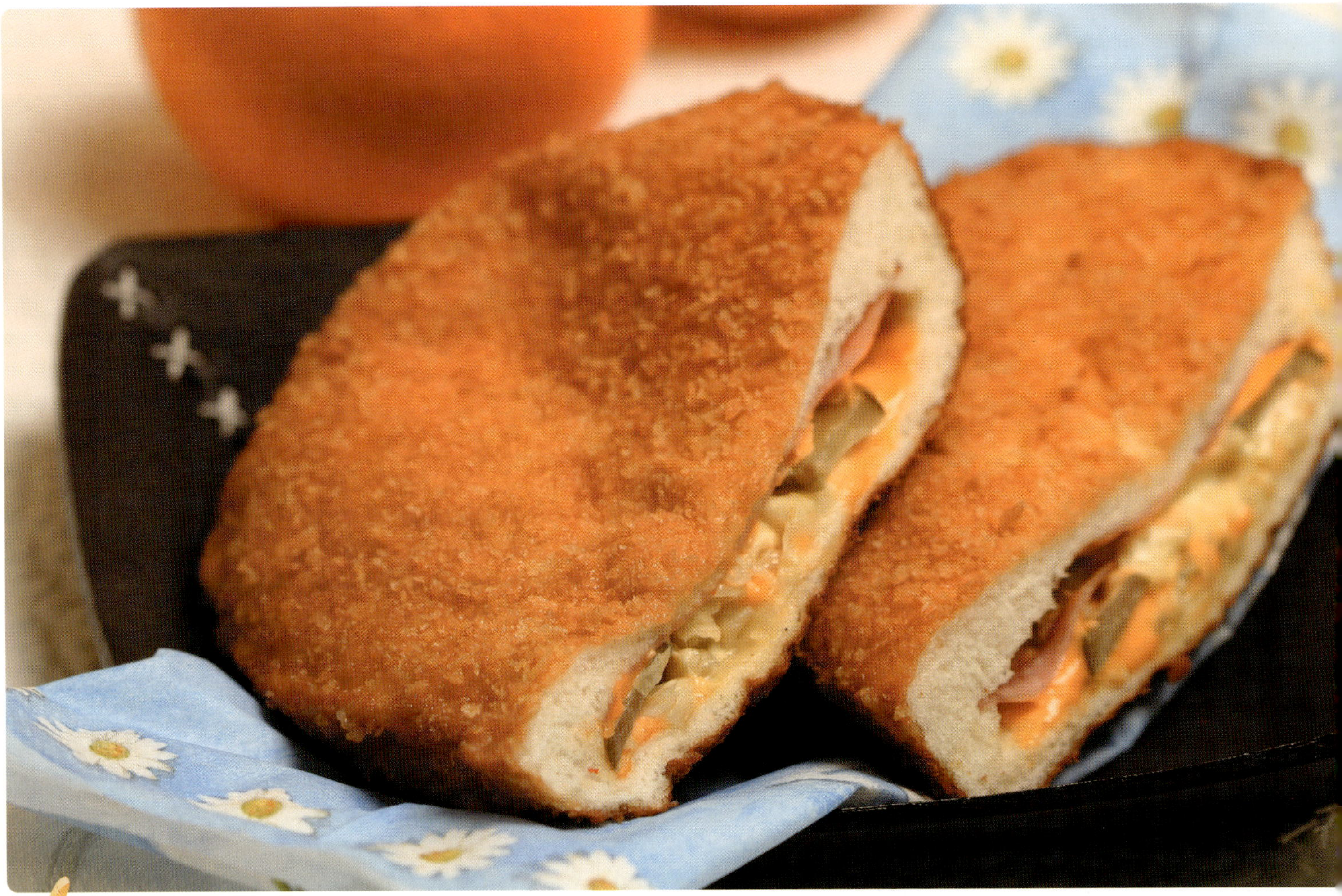

제작포인트

- ☐ 1차 발효는 처음 부피의 3배가 부풀었을 때 완료한다.
- ☐ 1차 발효는 덧가루를 묻힌 손가락으로 눌러 손가락 자국이 남을 때까지
  한다.
- ☐ 빵 반죽은 충분히 반죽해야 원하는 부피와 식감을 기대할 수 있다.
- ☐ 2차 발효는 짧게 하고 상온에서 살짝 건조한 후 튀긴다.

▲빵가루 묻히기

▲튀기기

■ 만들 개수 : 4개 ■ 튀기는 시간 : 7~10분
■ 필요 재료 : 강력분 300g, 물 135g, 이스트 12g, 소금 5.4g, 설탕 36g, 달걀 1개, 분유 6g, 버터 30g, 개량제 3g, 슬라이스햄 8장, 슬라이스치즈 8장, 피클 8개, 내용물(머스터드 12g, 마요네즈 120g, 소금 2g, 후추 1g, 양파 150g, 오이 100g, 사과 150g, 피망 1개, 삶은 달걀 4개, 맛살 2개, 슬라이스햄 2장)
■ 필요 도구 : 스크래퍼, 저울, 튀김채, 젓가락, 도마, 칼, 포크

 작업 준비

■ 기본 반죽 만들기(권말부록 참고)
■ 내용물은 미리 다져서 머스터드, 마요네즈, 소금, 후추로 버무리기
■ 평철판에 기름칠한 후 튀김 기름을 180도로 예열하기

 이렇게 만들어요

1 반죽하기 버터를 제외한 준비된 모든 재료를 넣고 반죽을 한다. 반죽이 매끈해지면 버터를 넣고 치댄다. 반죽한 지 12~15분이 지나면 완성된다.

2 분할하기 반죽을 볼에 담고 비닐을 덮어 1시간 정도 1차 발효시킨 후 150g으로 분할하여 둥글려서 상온에 10~20분 정도 놔둔다.

3 밀대로 밀기 밀대로 밀어 가스를 제거하고 직사각모양으로 만든 후 슬라이스햄, 슬라이스치즈, 피클 순으로 올린다.

4 내용물 올리기 미리 다져둔 내용물을 3 위에 올린다.

5 성형하기 4 위에 반죽을 올리고 내용물이 새지 않게 옆면을 봉합한다.

6 튀기기 물을 조금 칠한 후 빵가루를 묻혀 평철판에 팬닝하여 2차 발효시킨다. 2차 발효되면 포크로 구멍을 내고 180도에서 7~10분 정도 튀긴다.

 **Tip&Tip** 크로켓을 맛있게 먹으려면

반죽 믹싱이 부족하면 내용물을 올려 봉합할 때 찢어질 우려가 있으므로 주의해야 하고, 튀긴 후 접시에 담을 때는 대각선으로 단면이 보이도록 자르면 더욱 먹음직스러워 보인다.

Home baking

042

도넛

도넛은 dough and nuts의 약자로 dough는 생지(반죽)를 의미하고 nuts는 견과류를 의미한다. 즉 견과류를 넣거나 묻혀서 튀긴 빵을 도넛이라고 하는 것이다.

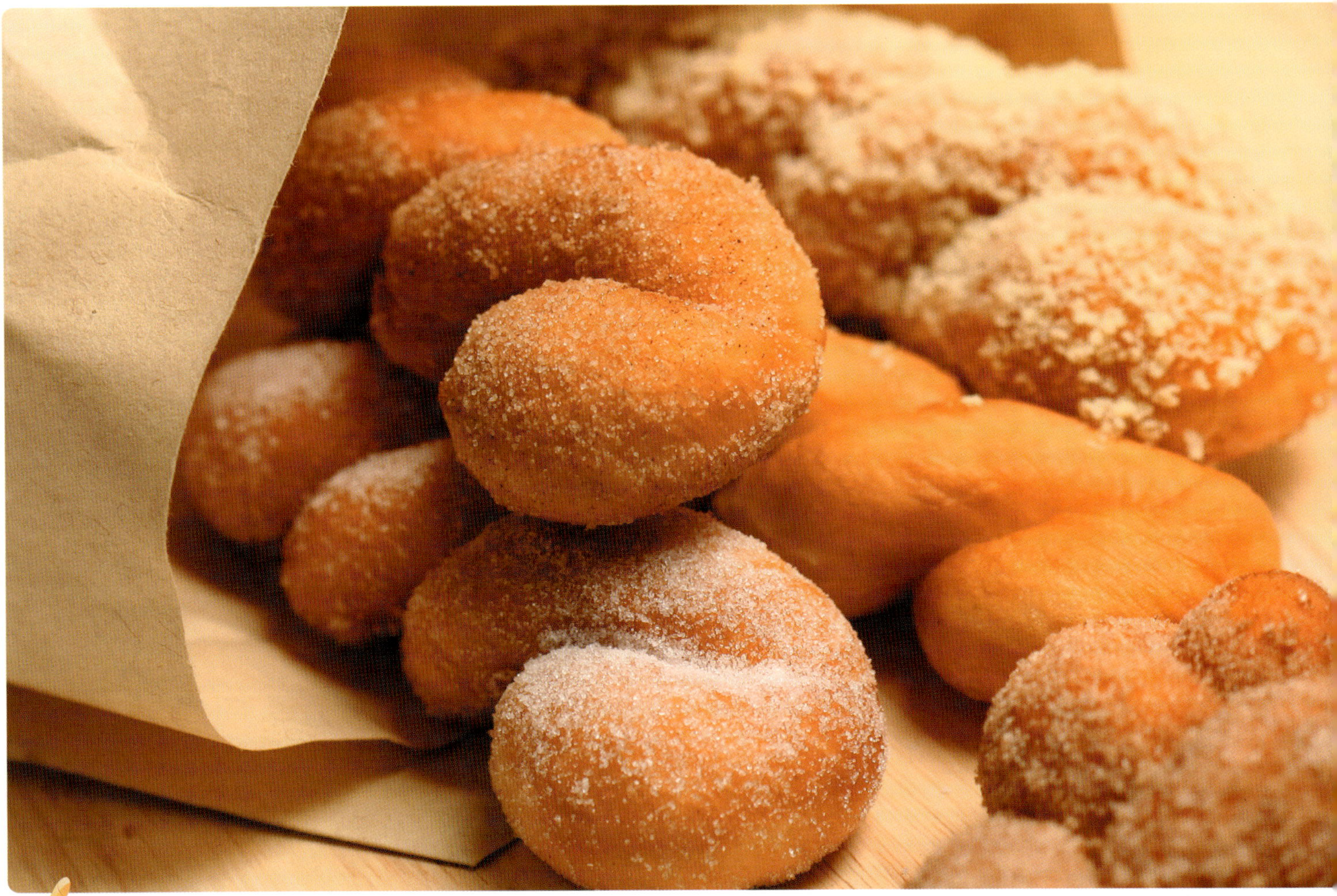

제작포인트

- 튀길 때 여러 번 뒤집으면 기름을 많이 흡수하므로 되도록 한 번만 뒤집는다.
- 온도가 너무 높으면 속까지 익지 않고, 낮으면 기름을 많이 먹기 때문에 튀김온도에 유의한다.

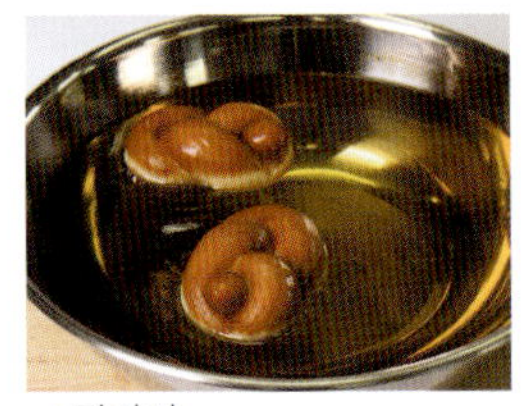

▲튀기기

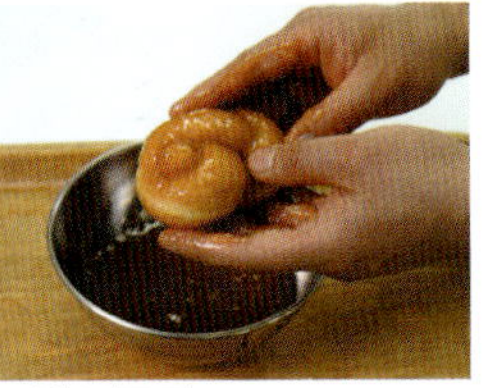

▲잼 바르기

■ **재료&도구** 
- **만들 개수** : 10개　　■ **튀기는 시간** : 7~10분
- **필요 재료** : 중력분 200g, 옥수수 분말 20g, 물 88g, 이스트 6g, 소금 3g, 설탕 18g, 달걀 1개, 분유 8g, 버터 22g, 넛맥 1g, 토핑물(케이크크럼 200g, 살구잼, 계피설탕, 설탕)
- **필요 도구** : 스크래퍼, 저울, 튀김채, 젓가락, 포크

■ **작업 준비** 
- 기본 반죽 만들기(권말부록 참고)
- 케이크크럼 만들기
- 튀김기름 예열하기
- 평철판에 기름칠한 후 튀김기름을 180도로 예열하기

이렇게 만들어요

1 **반죽하기** 버터를 제외한 모든 재료를 넣고 반죽을 한다. 반죽이 매끈해지면 버터를 넣고 치댄다. 반죽한 지 12~15분 지나면 완성된다.

2 **분할하기** 반죽을 볼에 담고 비닐을 덮어 1시간 정도 1차 발효시킨 후 40g으로 분할한 후 둥글려 상온에서 10~20분 정도 휴지시킨다.

3 **8자형 성형하기** 손으로 20cm 정도 늘려 사진과 같이 8자 모양이 되도록 성형한다.

4 **꽈배기형 성형하기** 손으로 20cm 정도 늘려 사진과 같이 꽈배기모양으로 성형한다.

5 **팬닝하기** 8자형과 꽈배기형을 만들어 평철판에 팬닝한다.

6 **튀기기** 2차 발효되면 건발효시킨 후 180도에서 7~10분 튀긴다. 냉각시켜 잼을 바른 후 케이크크럼 또는 계피설탕, 설탕을 묻힌다.

Tip&Tip 발효시점

1차 발효는 덧가루를 묻힌 손가락으로 눌러 손가락 자국이 남을 때까지 한다. 2차 발효는 짧게 하고 상온에서 살짝 건조 후 튀긴다. 참고로 설탕은 한 김 빠진 후 묻혀야 설탕이 많이 묻지 않고 고루 붙는다.

아몬드튀일

튀일은 '기와' 라는 뜻의 불어로 구운 후 밀대에 올려 모양을 잡아줘야 한다. 건강에 좋은 아몬드로 간단하게 먹을 수 있는 아몬드튀일을 만들어보자.

제작포인트

☐ 포크에 물을 묻혀 누르면 반죽이 달라붙지 않는다. 최대한 얇게 팬닝 한다.

☐ 같은 두께로 팬닝해야 색이 고르게 난다.

 **재료&도구** ■ 만들 개수 : 25개　■ 굽는 시간 : 10~12분
■ 필요 재료 : 박력분 24g, 버터 70g, 슬라이스아몬드 200g, 설탕 100g, 슈거
파우더 20g, 바닐라향 1g, 달걀 흰자 2개
■ 필요 도구 : 고무주걱, 실리콘페이퍼, 밀대, 포크

 **작업 준비** ■ 오븐 예열하기
■ 평철판에 실리콘페이퍼를 깔고 오븐을 170도로 예열하기

 ## 이렇게 만들어요

1　재료 혼합하기 볼에 체친 박력분, 슈거파우더, 바닐라향, 슬라이스아몬드, 설탕 등을 넣고 주걱으로 섞는다.

2　달걀흰자 혼합하기 잘 섞인 재료에 달걀 흰자를 넣고 주걱으로 혼합한다.

3　버터 혼합하기 미리 준비한 녹인 버터를 **2**에 혼합한다.

4　분할하기 실리콘페이퍼에 20g씩 분할하여 포크로 눌러 모양을 낸다.

5　굽기 170도로 예열한 오븐에서 10~12분간 구워낸다.

 **Tip&Tip** 여러 가지 튀일 원료
아몬드 대신 슬라이스코코넛, 땅콩, 깨 등을 이용하여 튀일을 만들기도 한다.

Home baking

044

생크림 롤케이크

생크림을 샌드한 롤케이크에 과일로 장식한 케이크이다.

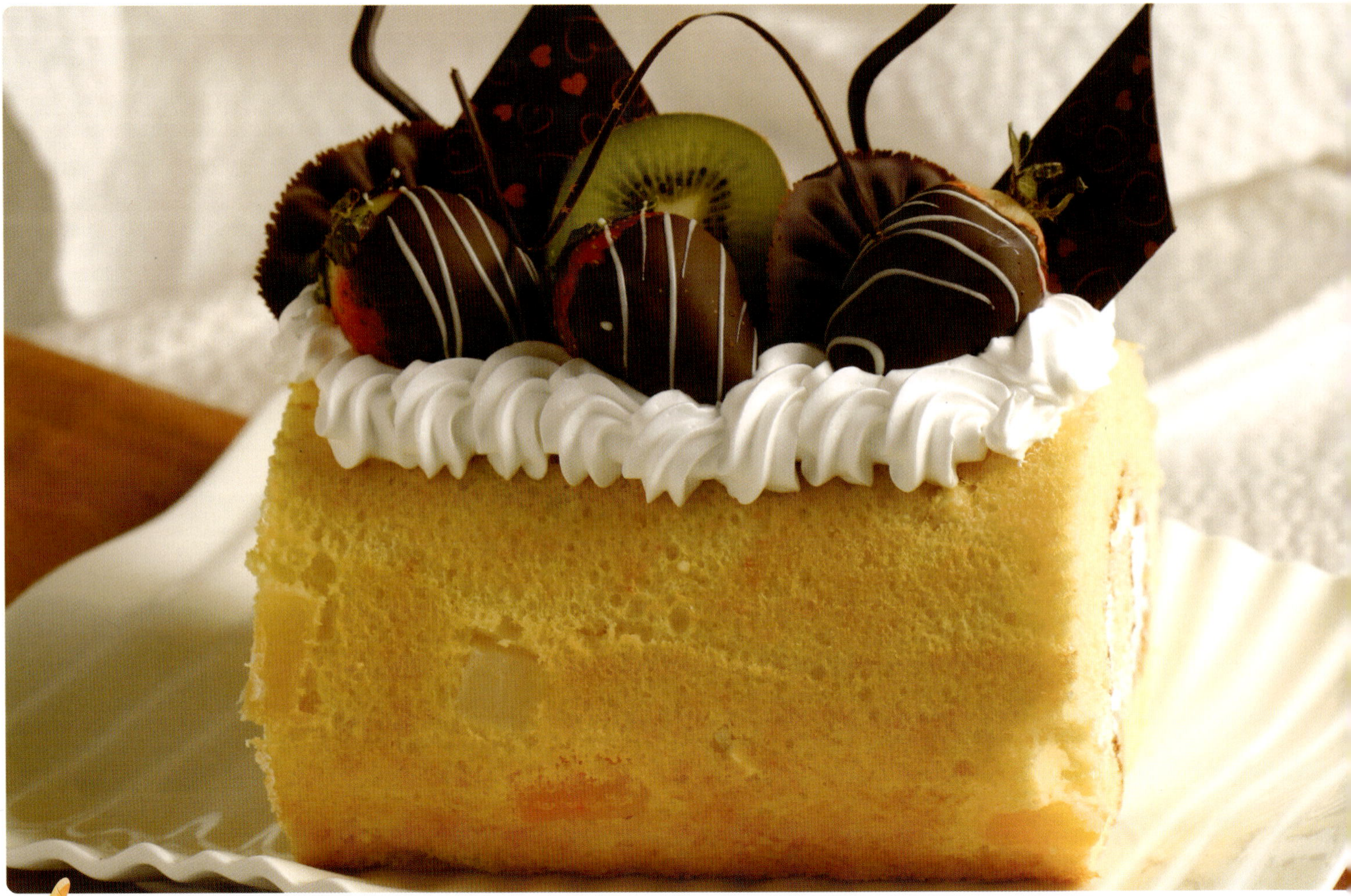

제작 포인트

□ 롤을 말아준 후 바로 풀면 옆면이 갈라질 수 있으므로 잠시 모양을 손으로 눌러 잡아준다.

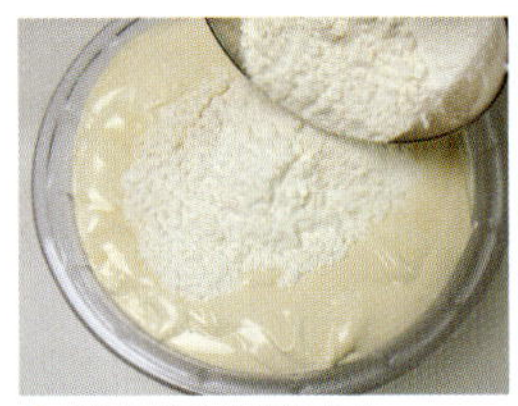

▲가루재료 혼합하기

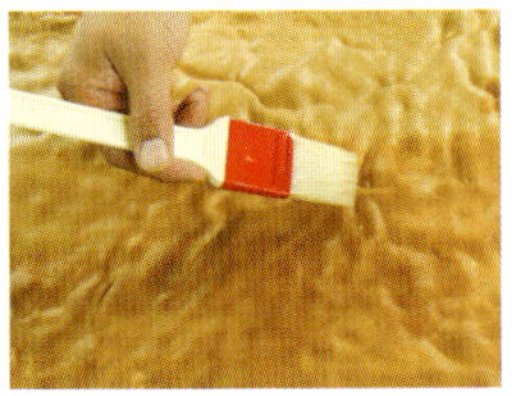

▲시럽 바르기

- **만들 개수** : 2개   **굽는 시간** : 25~30분
- **필요 재료** : 박력분 150g, 전분 150g, 버터 100g, 설탕 400g, 달걀 12개, 유화제 40g, 베이킹파우더 6g, 바닐라향 4g
- **필요 도구** : 고무주걱, 핸드믹서, 붓, 평철판
- **장식 재료** : 딸기, 키위, 장식용 초콜릿

- 생크림 휘핑하기(권말부록 참고)
- 장식물 만들기(권말부록 참고)
- 평철판에 종이를 깔고 오븐을 160도로 예열하기

이렇게 만들어요

1 **달걀 내용물 휘핑하기** 달걀을 풀어준 후 설탕, 유화제를 넣고 6~8분 정도 최대한 휘핑한다.

2 **가루재료 혼합 & 용해버터 혼합하기** 1에 체친 박력분, 전분, 베이킹파우더를 혼합한 후 용해된 버터를 혼합한다.

3 **과일 팬닝** 종이를 깐 평철판에 과일을 고루 뿌린다.

4 **반죽 팬닝** 혼합된 반죽을 평철판에 팬닝한다.

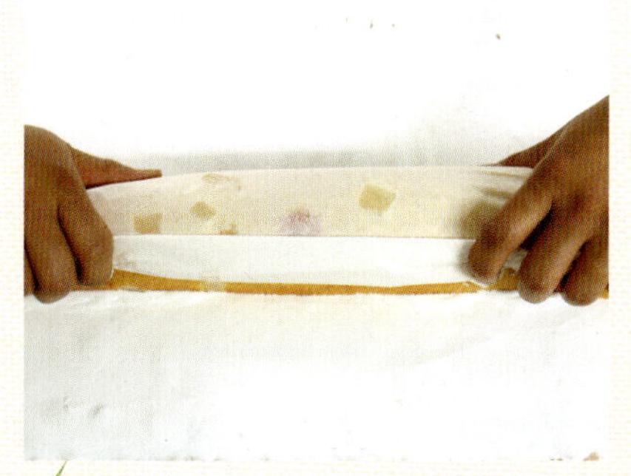

5 **굽기 & 냉각 후 생크림 샌드** 160도 오븐에서 25~30분 굽는다. 냉각되면 과일이 없는 쪽에 시럽을 칠한 후 생크림을 바르고 롤을 말아준다.

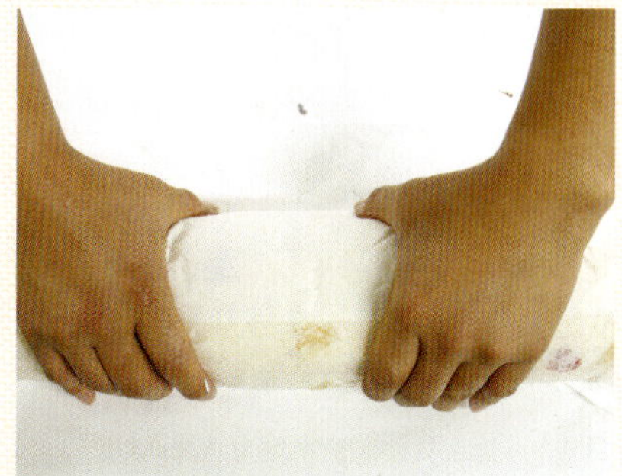

6 **롤 말기** 롤을 말아준 후 1분 정도 손으로 잡고 있다가 잘라 장식한다.

Tip&Tip 롤케이크 보관

생크림을 사용하면 장기간 보관하여 먹는 데 무리가 있다. 이 때는 생크림 대신 잼을 바르면 좀 더 오래 보관할 수 있다.

Home baking

045

호두파이

호두는 불포화지방이 많아 동맥경화 및 고혈압 예방에 좋고, 노화방지와 두뇌발달에도 도움을 준다. 또 호두는 고소함 때문에 견과를 좋아하는 사람은 누구나 좋아한다.

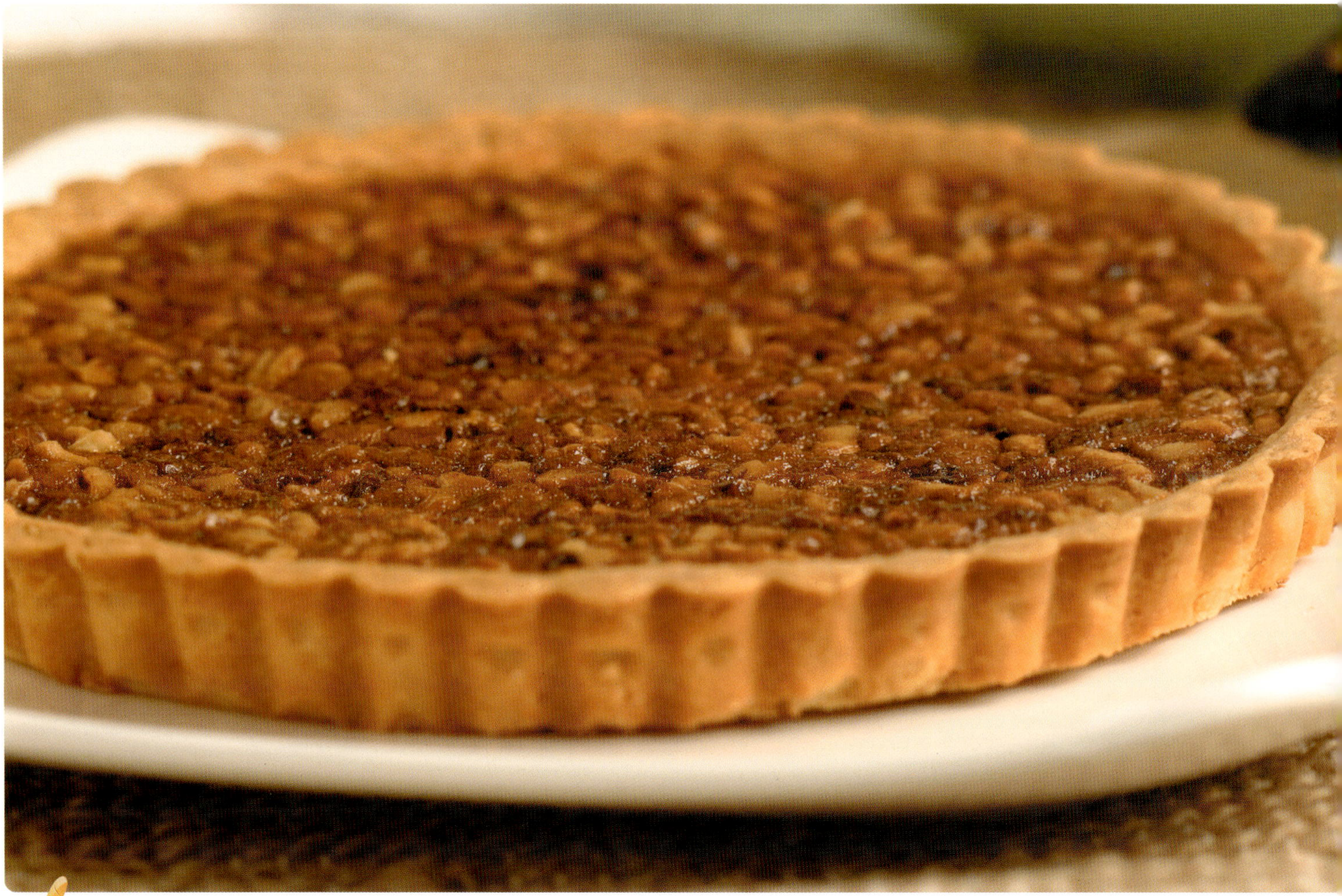

제작포인트

□ 냉장 휴지를 충분히 시켜야 반죽의 수축을 예방할 수 있고, 밀어 펴기가 쉬어진다.

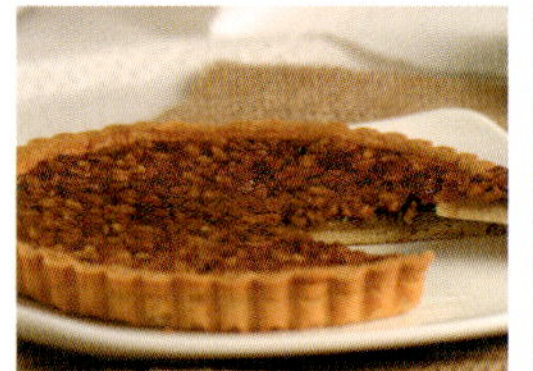

▲냉각 후 자르기

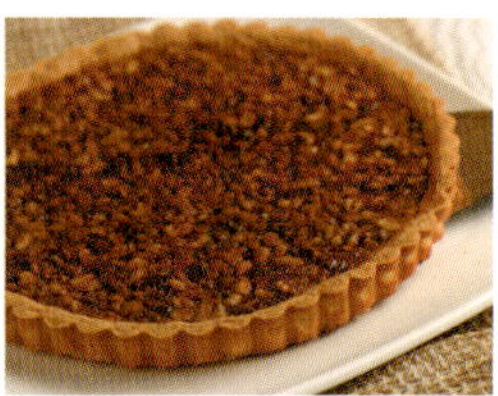

▲충분히 굽기

- **만들 개수** : 3호 타르트 1개   ■ **굽는 시간** : 35~40분
- **필요 재료** : 빠뜨쉬크레 300g, 설탕 100g, 물엿 40g, 버터 30g, 달걀 3개, 물 20g, 호두 40g
- **필요 도구** : 밀대, 타르트 틀 3호, 고무주걱, 피켓
- **장식 재료** : 에프리코혼당(살구잼)

작업 준비

- 빠뜨쉬크레 만들기(권말 부록 참고)
- 호두 다지기
- 타르트 틀 전처리하기
- 오븐을 160도로 예열하기

이렇게 만들어요

1 내용물 혼합하기 볼에 호두를 제외한 모든 재료(설탕, 물엿, 버터, 달걀, 물)를 넣고 주걱이나 휘퍼로 혼합한다.

2 중탕하기 혼합된 내용물 중 설탕, 물엿이 녹을 때까지 중탕으로 녹인 후 체에 거른다.

3 밀어 펴기 & 피케하기 빠뜨쉬크레 반죽에 덧가루를 뿌리고 밀대로 2~3mm의 두께로 밀어 편 후 피켓을 이용해 피켓한다.

4 틀 모양잡기 반죽을 타르트 틀에 깐다. 이때 밀대를 이용하여 틀 밖의 반죽은 깨끗하게 제거한다.

5 호두 넣기 빠뜨쉬크레 반죽 안에 호두를 고르게 깔아둔다.

6 내용물 넣기 & 굽기 앞서 준비한 내용물을 붓고, 예열한 오븐에 넣어 충분히 굽는다. 냉각 후 광택제를 발라 마무리한다.

Tip&Tip 호두파이를 더욱 맛있게

호두파이는 충분히 구워야 바닥까지 익는다. 또한 냉장 보관해야 촉촉한 맛을 유지할 수 있다.

단호박타르트

단호박은 노폐물 배출과 이뇨작용을 돕고 체내 지방축척을 억제하는 기능이 있으며, 단호박의 당분은 소화 흡수를 도와준다. 맛있는 단호박으로 달콤한 타르트를 만들어보자.

제작포인트

☐ 빠뜨쉬크레는 미리 만들어 휴지를 충분히 시켜야만, 밀어 펴기 할 때 수
축하는 것을 막을 수 있다.

- **만들 개수** : 직사각형 타르트 1개   ■ **굽는 시간** : 35~40분
- **필요 재료** : 빠뜨쉬크레 300g, 아몬드크림 200g, 단호박 200g, 설탕 100g, 물 200g
- **장식 재료** : 버터크림 또는 휘핑 생크림 150g
- **필요 도구** : 밀대, 타르트 틀 3호, 짤주머니, 별모양 깍지, 고무주걱

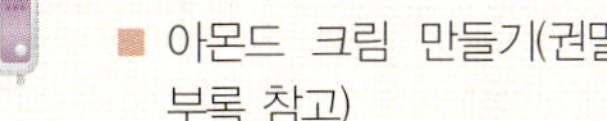

작업 준비

- 빠뜨쉬크레 만들기(권말 부록 참고)
- 아몬드 크림 만들기(권말 부록 참고)
- 별모양 깍지 끼운 짤주머 니 준비하기
- 타르트 틀 전처리하기
- 오븐 160도로 예열하기

이렇게 만들어요

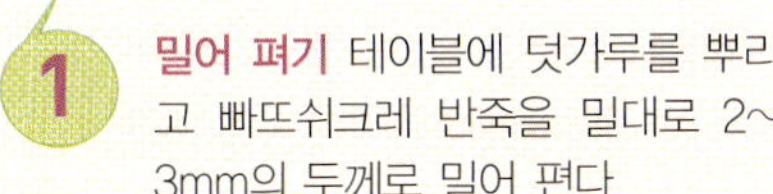

1 **밀어 펴기** 테이블에 덧가루를 뿌리 고 빠뜨쉬크레 반죽을 밀대로 2~ 3mm의 두께로 밀어 편다.

2 **틀에 반죽 깔기** 반죽을 피켓한 후 전처리한 틀에 깐다. 이때 밀대를 이용하여 틀 밖의 반죽을 제거한다.

3 **아몬드크림 넣기 & 굽기** 틀 안에 아몬드크림을 짠 후 예열한 오븐에 넣어 굽는다.

4 **버터크림 짜기 & 장식하기** 짤주머 니에 별모양 깍지를 끼운 후 버터 크림을 넣고 타르트가 냉각되면 버 터크림을 짠 후 토핑용 단호박을 올려 장식한다.

Tip&Tip 토핑용 단호박 만들기

1. 설탕시럽 만들기
설탕 100g과 물 200g을 끓여 설탕시럽을 만든다. 설탕시럽이 끓으면 잘라둔 단호박 200g을 넣는다.

2 장식물 만들기
단호박이 투명해지면 나무주걱을 이용해 설탕시럽에서 건져내 고 냉각 후 사용한다.

Chapter 7

JULY

이곳저곳에서 즐거운 축제의 달

7월

7월은 가히 축제의 달이라 불러도 손색이 없다. 각 지방에서 여러 가지 다양한 행사가 많은 달이다. 축제의 달을 맞이하여 집에서만 보내던 주말에 활력을 불어넣어 보자. 직접 만든 빵이나 쿠키를 싸들고 축제의 장으로 나서서 주인공이 되어보자.

7월

SUN
MON
TUE
WED
THU
FRI
SAT
047 양배타르트
048 호밀만주
049 치즈케이크
050 오랑쥬
051 크림치즈 호두빵
052 샤브레쿠키
053 점보브레드
054 망고젤리
055 오렌지젤리
056 풀만식빵
057 베이컨낍슈

양배타르트

양배타르트는 서양배를 이용하여 만든다. 양배는 통조림에서 꺼내 시럽을 제거한 후 사용하면 된다.
아몬드크림을 사용하므로 부드럽고 고소한 맛을 즐길 수 있다.

제작포인트

☐ 오븐에서 충분히 구워야 바닥이 익는다.

☐ 빠뜨쉬크레 반죽에 설탕 대신 슈거파우더를 넣어 반죽하면 부드러운 타
르트를 만들 수 있다.

☐ 냉장 휴지를 충분히 시켜야 한다. 냉장 휴지가 덜되면 구운 후 딱딱해지
고 크기가 줄어든다.

■ **만들 개수** : 직사각형 타르트 1개　　■ **굽는 시간** : 35~40분
■ **필요 재료** : 빠뜨쉬크레 300g, 아몬드크림 200g, 양배 200g, 생크림 120g
■ **필요 도구** : 밀대, 직사각 타르트 틀, 짤주머니, 원형 깍지, 고무주걱
■ **장식 재료** : 양배

작업 준비
■ 생크림 휘핑하기(권말부록 참고)
■ 빠뜨쉬크레 만들기(권말부록참고)
■ 아몬드크림 만들기(권말부록참고)
■ 양배 슬라이스하기
■ 오븐을 160도로 예열하기

이렇게 만들어요

1 **반죽 밀어 펴기** 냉장 휴지한 빠뜨쉬크레 반죽을 밀대로 2~3mm 두께가 되도록 밀어 편다.

2 **피켓하기** 밀어 편 반죽을 피켓을 이용하여 구멍을 낸다.

3 **틀에 넣기** 피켓한 반죽을 밀대로 말아 전처리한 타르트 틀 위에 깐다.

4 **남은 반죽 자르기** 타르트 틀 위를 밀대로 밀어 깔고 남은 반죽을 잘라낸다.

5 **굽기** 4에 아몬드크림을 지그재그로 짜서 채운 후 예열된 오븐에 굽는다.

6 **장식하기** 다 구운 타르트를 냉각한 후 생크림을 짜준 다음 양배로 장식한다.

Tip&Tip 타르트 반죽

사용하고 남은 타르트 반죽은 냉장이나 냉동시켜놓고 필요할 때 해동시켜서 언제든지 사용할 수 있다.

호밀만주

호밀은 웰빙 식단을 더욱 풍성하게 만드는 식재료이다. 호밀만을 가지고 반죽하면 반죽도 잘 안되고 호밀 특유의 맛이 있기 때문에 적당량의 박력분을 함께 사용하여 반죽하는 것이 좋다.

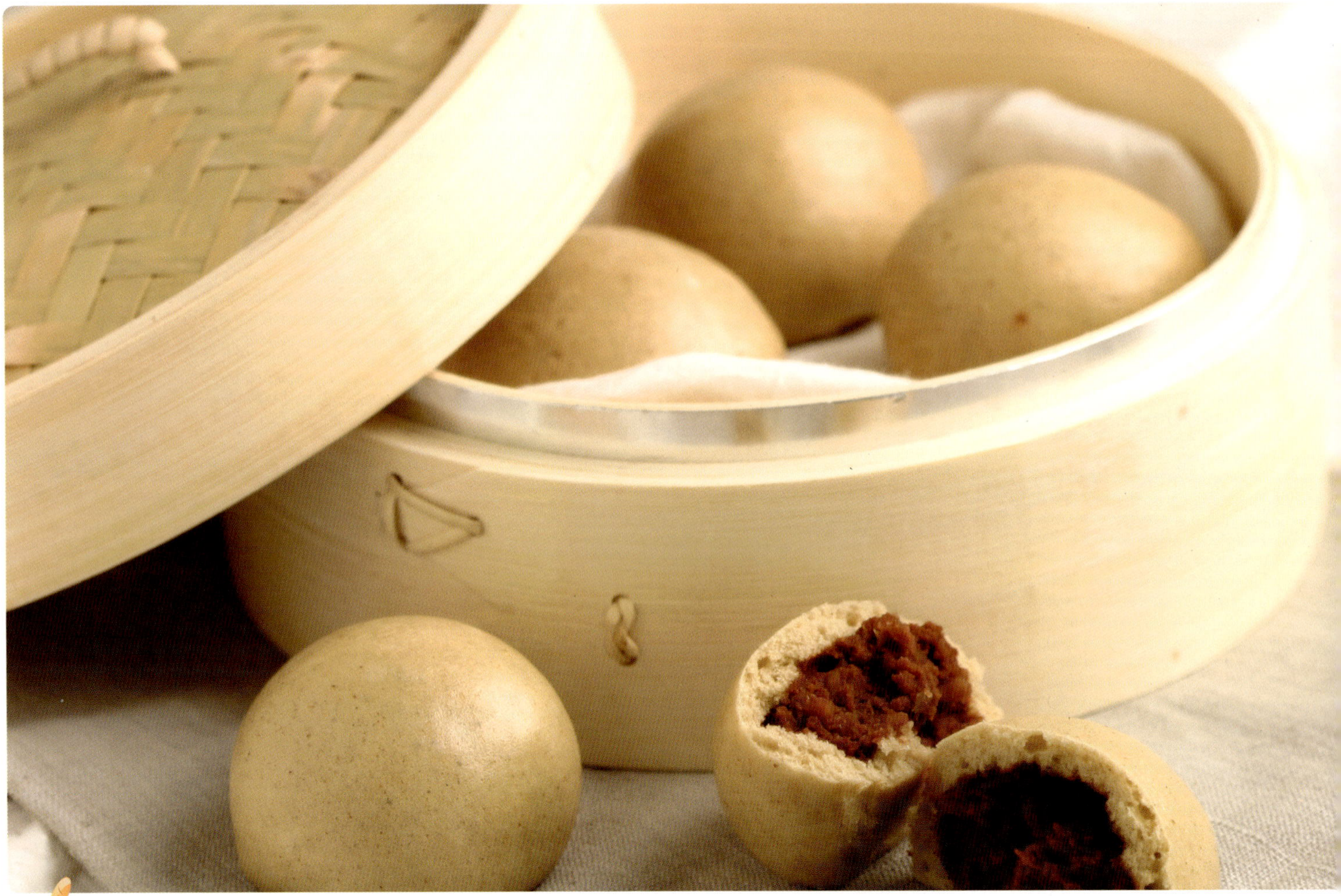

제작포인트

☐ 찌기 전에 물을 분무하여 덧가루를 제거한다.
☐ 반죽이 질면 손에 달라붙으므로 덧가루를 충분히 사용한다.

▲앙금 싸기

▲이음매 봉하기

재료 준비
- **만들 개수** : 14개　■ **찌는 시간** : 5~7분
- **필요 재료** : 박력분 100g, 호밀가루 15g, 소다 1g, 베이킹파우더 1g, 물엿 8g, 설탕 48g, 달걀 1개, 물 4g, 소금 1.5g, 내용물(적앙금 300g, 전처리한 호두분태 90g)
- **필요 도구** : 고무주걱, 휘퍼, 헤라

작업 준비
- 충전용 앙금 만들기(권말 부록 참고)
- 찜통에 물을 미리 끓이기

이렇게 만들어요

1 **달걀 중탕하기** 달걀을 풀어준 후 소금, 설탕, 물엿 등과 혼합하여 중탕으로 용해한다.

2 **가루재료 혼합하기** 1이 냉각되면 체친 박력분, 베이킹파우더, 호밀가루, 물, 소다를 혼합하여 1에 넣는다.

3 **휴지시키기** 혼합된 반죽을 랩으로 씌워 냉장고에 30분간 휴지시킨다.

4 **반죽의 되기 조절하기** 3에 덧가루를 뿌려가며 치대어 앙금의 되기만큼 반죽의 되기를 조절한다.

5 **분할하기 & 앙금싸기** 반죽을 20g씩 분할하여 둥글린 후 둥글린 반죽에 내용물 20g 넣고 싼다.

6 **찌기** 내용물이 터지지 않게 이음매를 잘 봉합하고 반죽을 찜통에 넣고 찐다.

Tip&Tip 덧가루의 선택

덧가루는 반죽의 수분을 덜 흡수하는 강력분이 적합하다.

치즈케이크

단백질과 유지방이 풍부한 치즈를 이용하여 만든 제품으로 맛이 부드럽고 달지 않아 영양 간식으로 인기가 좋다.

제작 포인트

- ☐ 머랭을 충분히 올린다.
- ☐ 굽는 중간에 오븐을 열어 수분을 충분히 빼야 터지거나 주저앉지 않는다.
- ☐ 물을 반 정도 채운 평철판에 3호 팬을 넣어 중탕으로 굽는다.

재료 준비 
- 만들 개수 : 3호 1개 ■ 굽는 시간 : 60~90분
- **필요 재료** : 박력분 30g, 버터 80g, 우유 20g, 생크림 20g, 크림치즈 100g, 레몬즙 4g, 옥수수전분 6g, 설탕A 50g, 노른자 4개, 흰자 4개, 설탕B 150g
- **필요 도구** : 3호 팬 1개, 스패츌러, 고무주걱, 휘퍼
- **장식 재료** : 과일, 휘핑한 생크림

작업 준비
- 머랭 만들기(권말부록 참고)
- 생크림 휘핑하기(권말부록 참고)
- 스펀지케이크 3등분하기
- 3호 틀에 종이를 깔고 오븐을 160도로 예열하기

이렇게 만들어요

1 포마드화하기 크림치즈에 버터를 넣고 휘퍼로 잘 풀어준다.

2 노른자 혼합하기 1에 설탕A와 달걀 노른자를 넣고 휘퍼로 혼합한다.

3 액체재료 혼합하기 2에 데운 생크림을 넣고 우유와 레몬즙을 같이 혼합한다.

4 가루재료 혼합하기 3에 체친 박력분과 전분을 걸쭉한 상태가 되도록 혼합한다.

5 머랭 혼합하기 4에 90% 휘핑한 머랭을 혼합한다.

6 팬닝 & 굽기 3호 틀에 스펀지케이크 1장을 넣고 반죽을 80% 팬닝하여 중탕으로 구워준다.

Tip&Tip 별미 치즈케이크
치즈케이크를 만드는 과정에 떠먹는 플레인요구르트를 첨가하면 별미의 치즈케이크를 만들 수 있다.
크림치즈를 풀어주는 과정에 플레인요구르트 60g 정도를 혼합하면 된다.

오랑쥬

오랑쥬는 불어로 오렌지(Orange)라는 뜻이며, 프랑스의 지명이기도 하다. 오렌지향이 상큼한 빵을 오렌지필을 이용하여 만들어보자.

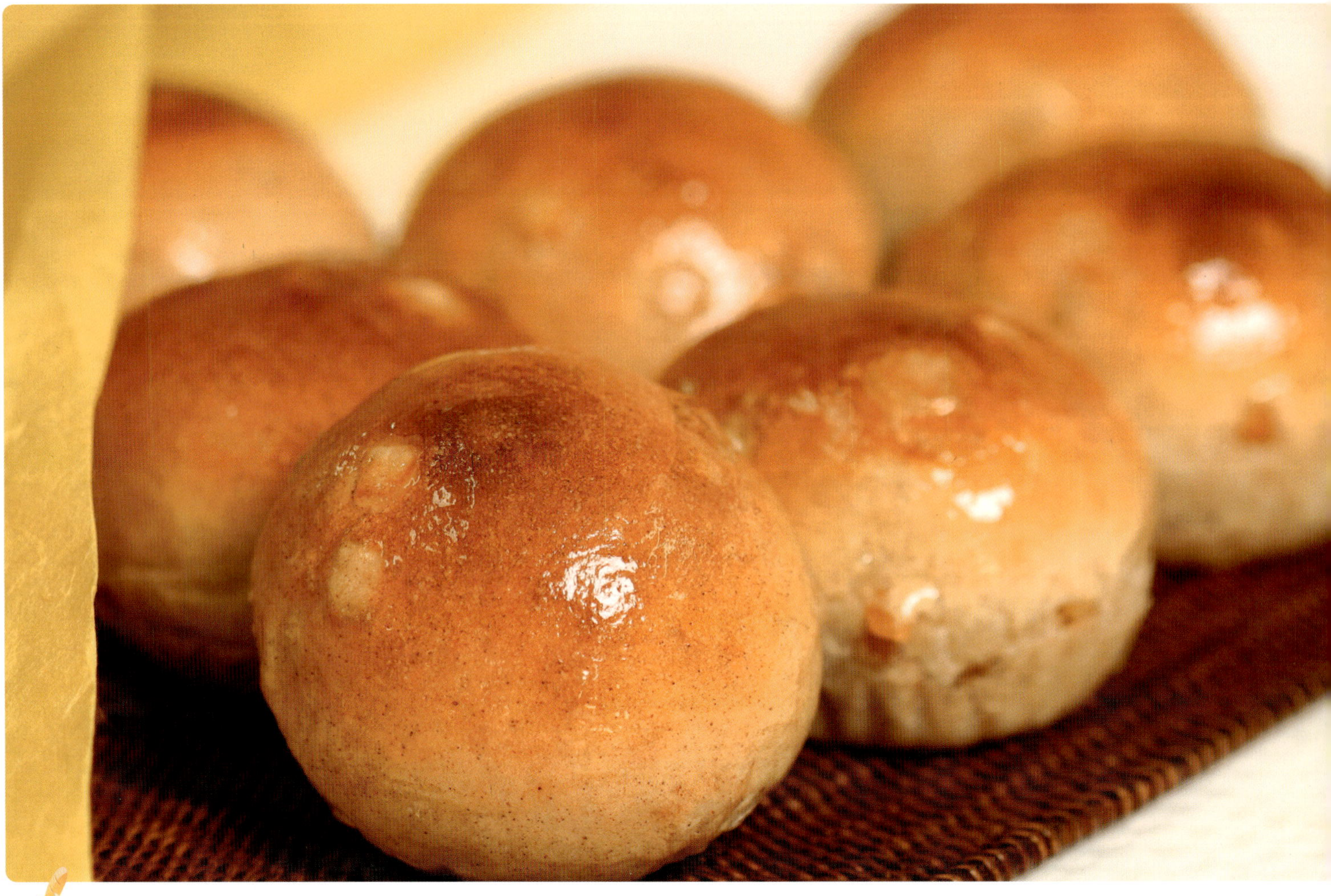

제작포인트

- 오렌지필 혼합 시 반죽과 골고루 혼합해야 크기와 모양을 균일하게 만들 수 있다.
- 2차 발효는 팬닝한 부피를 잘 살펴서 1.5~2배 부풀면 굽기 한다.

▲시럽 바르기

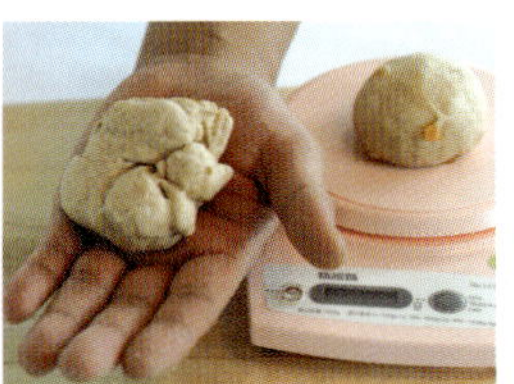

▲손 둥글리기

- 만들 개수 : 9개　　■ 굽는 시간 : 15~18분
- 필요 재료 : 강력분 300g, 물 170g, 이스트 9g, 소금 6g, 설탕 12g, 달걀 1개, 분유 6g, 버터 18g, 내용물(오렌지필 60g, 계피 3g)
- 필요 도구 : 스크래퍼, 저울

작업 준비
- 기본 반죽 만들기(권말부록 참고)
- 계피, 오렌지필 혼합하기
- 평철판에 베이킹 컵을 준비한 후 오븐을 170도로 예열하기

이렇게 만들어요

1 **반죽하기** 버터를 제외한 모든 재료를 넣고 반죽한 후 반죽이 매끈해지면 버터를 넣고 치댄다. 반죽한 지 12~15분 정도 지나면 완성된다.

2 **내용물 혼합하기** 완성된 반죽 안에 오렌지필과 계피를 넣고 살짝 치댄다.

3 **1차 발효 & 분할 & 성형** 반죽을 볼에 담고 비닐을 덮어 1시간 정도 1차 발효시킨 후 80g 정도로 분할하여 둥글려 성형한다.

4 **팬닝하기** 베이킹 컵에 둥글려 성형한 반죽을 팬닝한다.

5 **2차 발효** 팬닝한 반죽이 본래 크기의 1.5~2배가 될 때까지(30~40분) 기다려 2차 발효를 완료한다.

6 **굽기** 2차 발효가 완료된 반죽을 170도로 예열한 오븐에서 15~18분 구워낸다.

Tip&Tip 오렌지필

오렌지필은 오렌지를 씻은 후 껍질 안에 있는 흰 부분을 깨끗이 손질하고 설탕에 담 절임한 후 사용한다. 집에서 만들려면 무척 번거롭기 때문에 가공된 제품을 구입하여 사용하면 편리하다. 참고로 기호에 따라 오렌지필 대신 레몬필이나 믹스드필을 사용해도 좋다.

Home baking

051

크림치즈 호두빵

누구나 좋아하는 크림치즈에 영양만점인 호두를 첨가해 만든 빵이다. 건강에도 좋고 달지 않아 부담 없이 즐길 수 있는 부드러운 빵을 만들어보자.

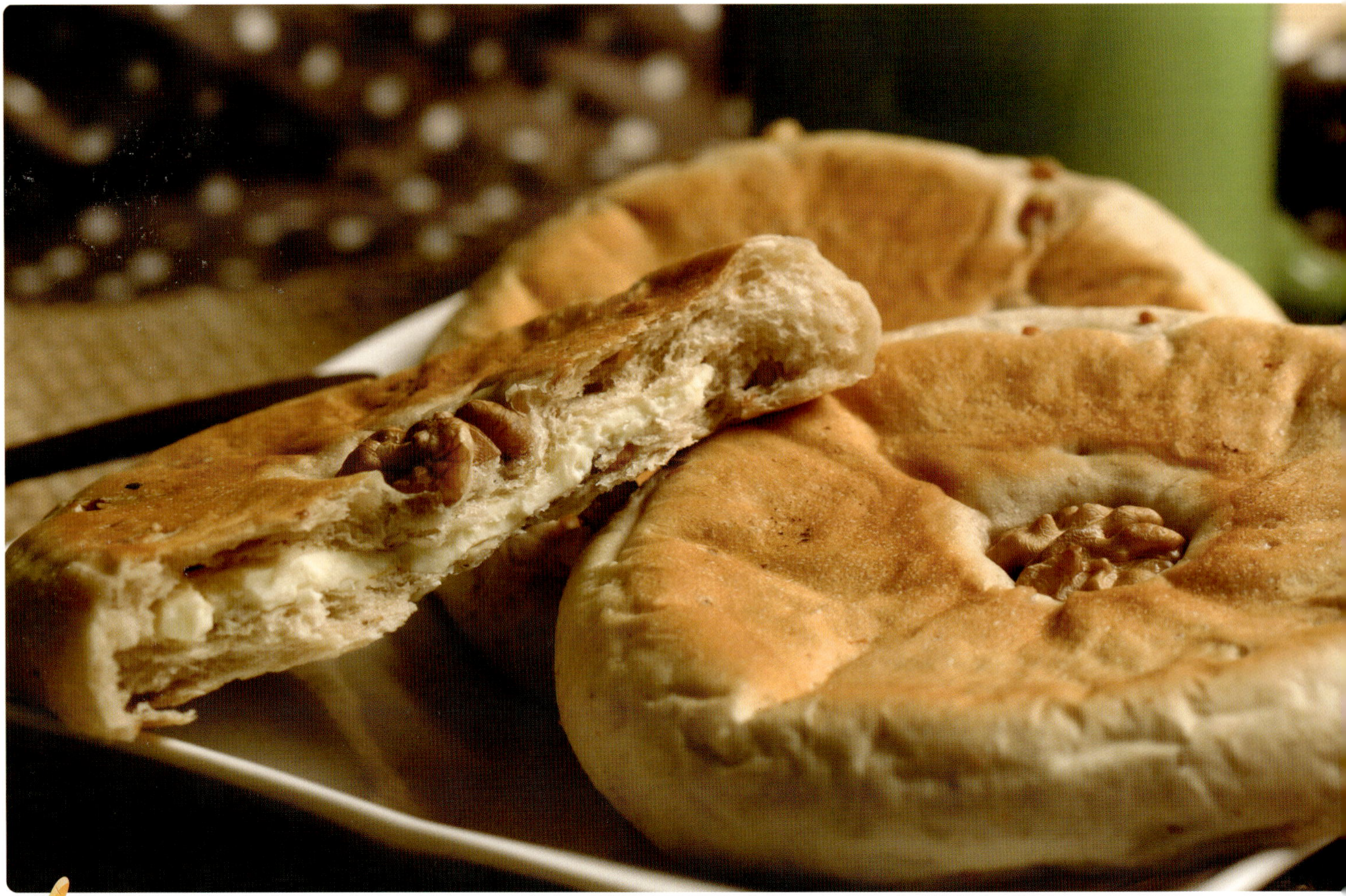

제작포인트

- 크림치즈를 짠 후 납작하게 눌러야 빵 모양을 잡기 쉬우며, 크림치즈가 골고루 퍼진다.
- 반죽에 넣는 호두는 반드시 전처리해야 비린내가 나지 않는다.

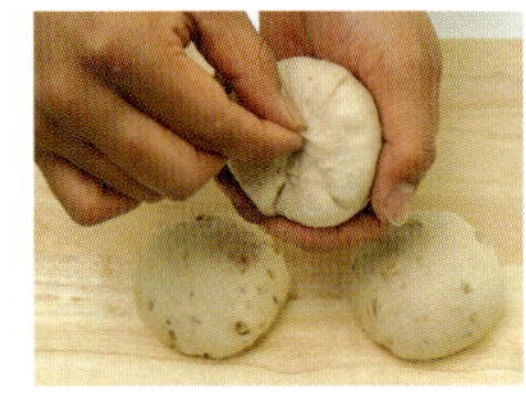

▲이음매 봉하기

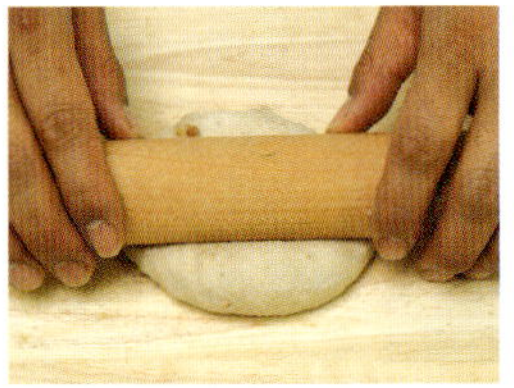

▲밀대로 밀기

재료 준비
- 만들 개수 : 6개
- 굽는 시간 : 15~18분
- 필요 재료 : 강력분 300g, 호밀 30g, 물 195g, 이스트 9g, 소금 5.4g, 설탕 36g, 분유 9g, 버터 18g, 호두반태 45g, 내용물(크림치즈 150g)
- 필요 도구 : 스크래퍼, 저울, 브리오슈 틀, 헤라

작업 준비
- 기본 반죽 만들기(권말부록 참고)
- 평철판 2장 준비하기(철판 모서리 네 부분에 두께 2cm 정도 되는 틀을 받친다. 그 위에 철판 1장을 덮는다.)
- 오븐을 170도로 예열하기

이렇게 만들어요

1 반죽하기 버터를 제외한 모든 재료를 넣고 반죽한다. 반죽이 매끈해 지면 버터를 넣고 치댄다. 반죽한 지 12~15분 정도 지나면 완성된다.

2 반죽 치대기 반죽이 완성되면 전처리한 호두를 넣고 골고루 혼합되게 살짝 치댄다.

3 1차 발효하기 반죽을 볼에 담고 마르지 않게 비닐을 덮어 1시간 정도 1차 발효시킨다.

4 분할하기 1차 발효된 반죽을 100g 정도로 분할하여 둥글린다.

5 크림치즈 싸기 4의 반죽을 밀대로 균일하게 밀어 편 후 크림치즈를 넣고 싼다.

6 성형하기 5를 납작하게 눌러 가운데 부분에 호두반태를 끼운 후 2차 발효시킨다. 170도로 예열한 오븐에서 15~18분 굽는다.

Tip&Tip 호두 비린내 없애기

호두는 예열된 오븐에 5~7분 정도 구워 전처리한 후 사용해야 호두 특유의 비린내를 없앨 수 있다.

샤브레쿠키

샤브레(Sable)는 프랑스 노르망디 샤브레 지방에서 유래된 바삭바삭한 과자로 잘 부서지는 것이 특징이다.

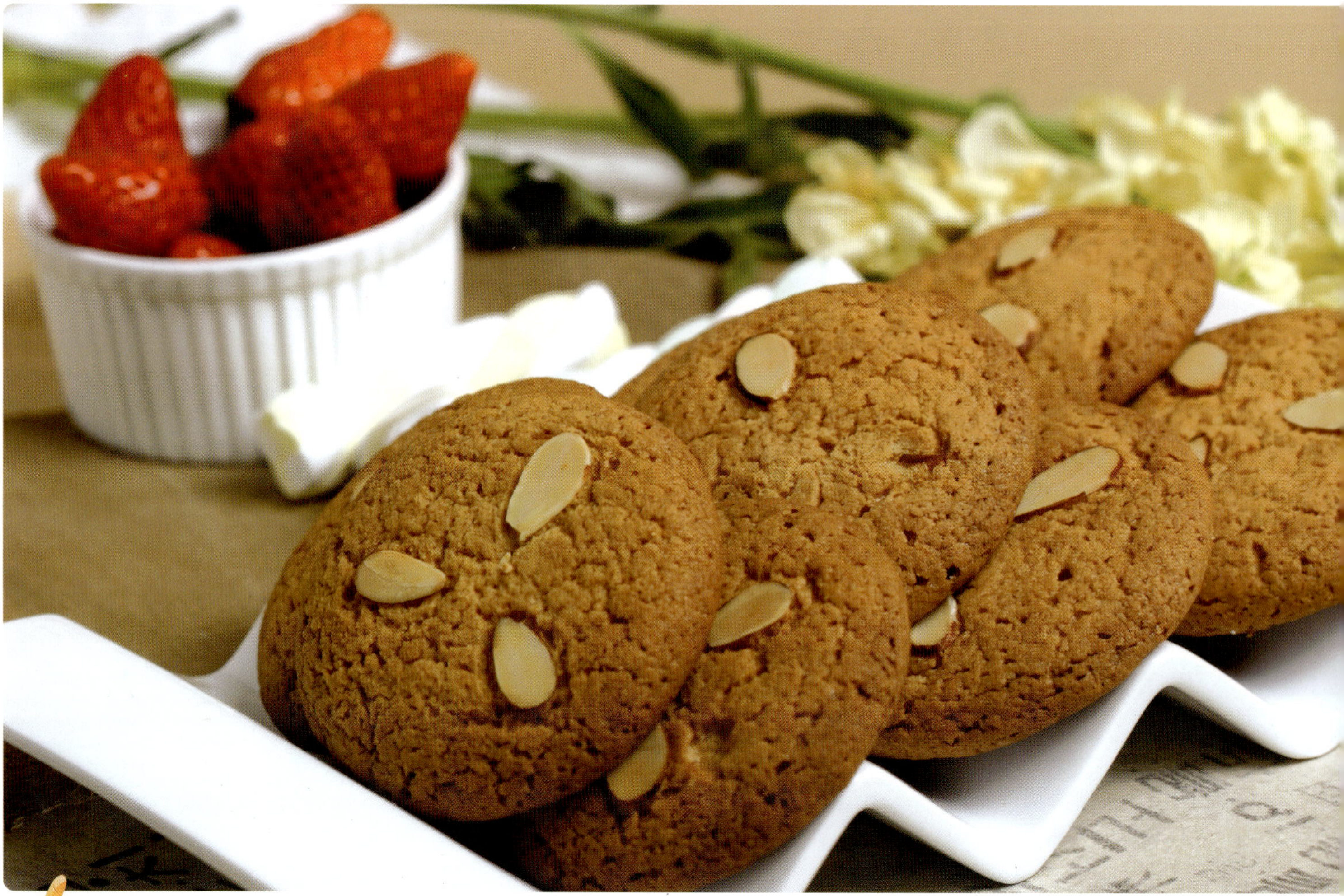

제작포인트

- ☐ 납작하게 팬닝해야 색이 고르게 난다.

▲비닐 싸서 냉장 휴지시키기

▲냉각 시키기

■ 만들 개수 : 25개　■ 굽는 시간 : 15분

■ 필요 재료 : 박력분 200g, 땅콩버터 20g, 설탕 80g, 황설탕 60g, 달걀 2개,
　　　　　　소다 2g, 베이킹파우더 4g, 물엿 20g, 버터 100g

■ 필요 도구 : 휘퍼, 고무주걱, 실리콘페이퍼

■ 장식 재료 : 아몬드슬라이스

■ 작업 준비

■ 장식용 아몬드 준비

■ 평철판을 준비하고 오븐
　을 170도로 예열하기

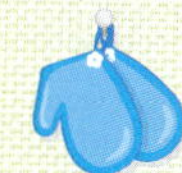

이렇게 만들어요

1 **버터 크림화하기** 버터를 휘퍼로 부드럽게 풀어준 후 설탕, 물엿, 황설탕, 땅콩버터를 섞어 크림화한다.

2 **달걀 혼합하기** 크림화된 버터에 달걀을 휘퍼로 잘 저어 혼합한다.

3 **가루재료 혼합하기** 2에 체친 박력분, 베이킹파우더, 소다를 혼합하여 반죽한다.

4 **냉장 휴지시키기** 완성된 반죽을 비닐에 싸서 30분간 냉장 휴지시킨다.

5 **성형하기** 4를 20g씩 분할하여 납작하게 누른 후 아몬드슬라이스를 장식한다.

6 **굽기** 170도로 예열된 오븐에서 15분 정도 구워낸다.

Tip&Tip 쿠키 팬닝하기

쿠키는 굽는 과정에서 퍼질 수 있으므로 적당한 간격을 두고 팬닝하는 것이 좋다.

점보브레드

'거대하다'라는 뜻을 가진 빵으로 그 생김새가 호기심을 자극한다.
풀만 식빵을 이용하여 점보브레드를 만들어보자.

재료&도구

- **만들 개수** : 1개
- **필요 재료** : 풀만식빵 1/4조각, 버터크림 50g, 휘핑한 생크림 50g
- **굽는 시간** : 20~25분
- **필요 도구** : 빵칼, 스패출러, 칼, 도마, 스푼

작업 준비

- 풀만식빵 4등분하기
- 버터크림 만들기
- 생크림 휘핑하기
- 평철판 준비하기
- 오븐을 160도로 예열하기

제작포인트

- 버터크림을 충분히 사용해야 촉촉한 맛을 느낄 수 있다.

이렇게 만들어요

1 **식빵 썰기** 빵칼을 이용하여 준비한 풀만식빵을 4등분 한다(여기서는 풀만식빵의 한 조각만 사용하여 만든다).

2 **칼질하기** 풀만식빵 한 조각의 중앙을 깊이 5cm 정도의 열십자로 자른다. 이렇게 칼집을 넣어 주어야 버터크림이 스며들어 부드럽게 된다.

3 **생크림 장식하기** 중앙에 버터크림을 올려놓은 후 예열한 오븐에 넣어 굽는다. 식으면 토핑용 생크림으로 장식한다.

Home baking 054 망고젤리

눈에 좋은 비타민 A와 카로틴이 함유되어 있는 망고로 만든 젤리이다(만드는 방법은 와인젤리 제조법을 참고).

재료&도구 

- **만들 개수** : 3개 ■ **냉장 시간** : 30~40분
- **필요 재료** : 망고주스 200g, 설탕 20g, 물엿 10g, 판젤라틴 4장, 럼 4g
- **필요 도구** : 고무주걱, 손체, 용기
- **장식 재료** : 생크림, 해바라기씨

작업 준비

- 젤라틴 찬물에 불리기
- 중탕할 물 올리기

제작 포인트

- ☐ 젤라틴은 미리 찬물에 불려둔다.
- ☐ 약간의 리큐르를 혼합하여 만들면 더욱 향긋한 젤리를 만들 수 있다.

 **이렇게 만들어요**

1 **중탕하기** 망고주스, 설탕, 물엿을 중탕한다. 이때 주걱이나 휘퍼로 저어가며 설탕, 물엿이 완전히 녹을 때까지 중탕한다.

2 **젤라틴 & 럼 혼합하기** 찬물에 불린 젤라틴의 물기를 제거하고 중탕으로 녹인 후 1과 섞는다. 그 다음 럼을 넣는다.

3 **냉장 & 장식하기** 2를 체에 거른 후 용기에 붓고, 냉장고에서 굳힌다. 생크림과 해바라기씨를 이용하여 장식한다.

Home baking 055 오렌지젤리

오렌지는 비타민 A, 비타민 C가 풍부해 감기예방과 피로회복, 피부미용에 탁월한 효과가 있다(만드는 방법은 와인젤리 제조법을 참고).

재료&도구 

- **만들 개수** : 3개 ■ **냉장 시간** : 30~40분
- **필요 재료** : 오렌지주스 200g, 설탕 20g, 물엿 10g, 판젤라틴 4장, 쿠엥트로(오렌지술) 4g
- **필요 도구** : 고무주걱, 손체, 용기
- **장식 재료** : 생크림, 호박씨

작업 준비

- 젤라틴 찬물에 불리기
- 중탕할 물 올리기

제작 포인트 

- ☐ 완성한 젤리를 빨리 굳게 하려면, 냉장 대신 냉동시킨다.

 **이렇게 만들어요**

1 **중탕하기** 오렌지주스, 설탕, 물엿을 중탕한다. 이때 주걱이나 휘퍼로 저어가며 설탕, 물엿이 완전히 녹을 때까지 중탕한다.

2 **젤라틴 & 쿠엥트로 혼합하기** 찬물에 불린 젤라틴의 물기를 제거하고 중탕으로 녹인 후 1과 섞는다. 그 다음 구엥드로(오렌지술)를 넣는다.

3 **냉장 & 장식하기** 2를 체에 거른 후 용기에 붓고, 냉장고에서 굳힌다. 생크림과 호박씨를 이용하여 장식한다.

Home baking 056

풀만식빵

풀만식빵은 미국의 '조지 풀만(G. Pullman)' 이란 사람이 기차모양으로 고안하여 만든 틀로 구웠다하여 붙여진 이름이다.

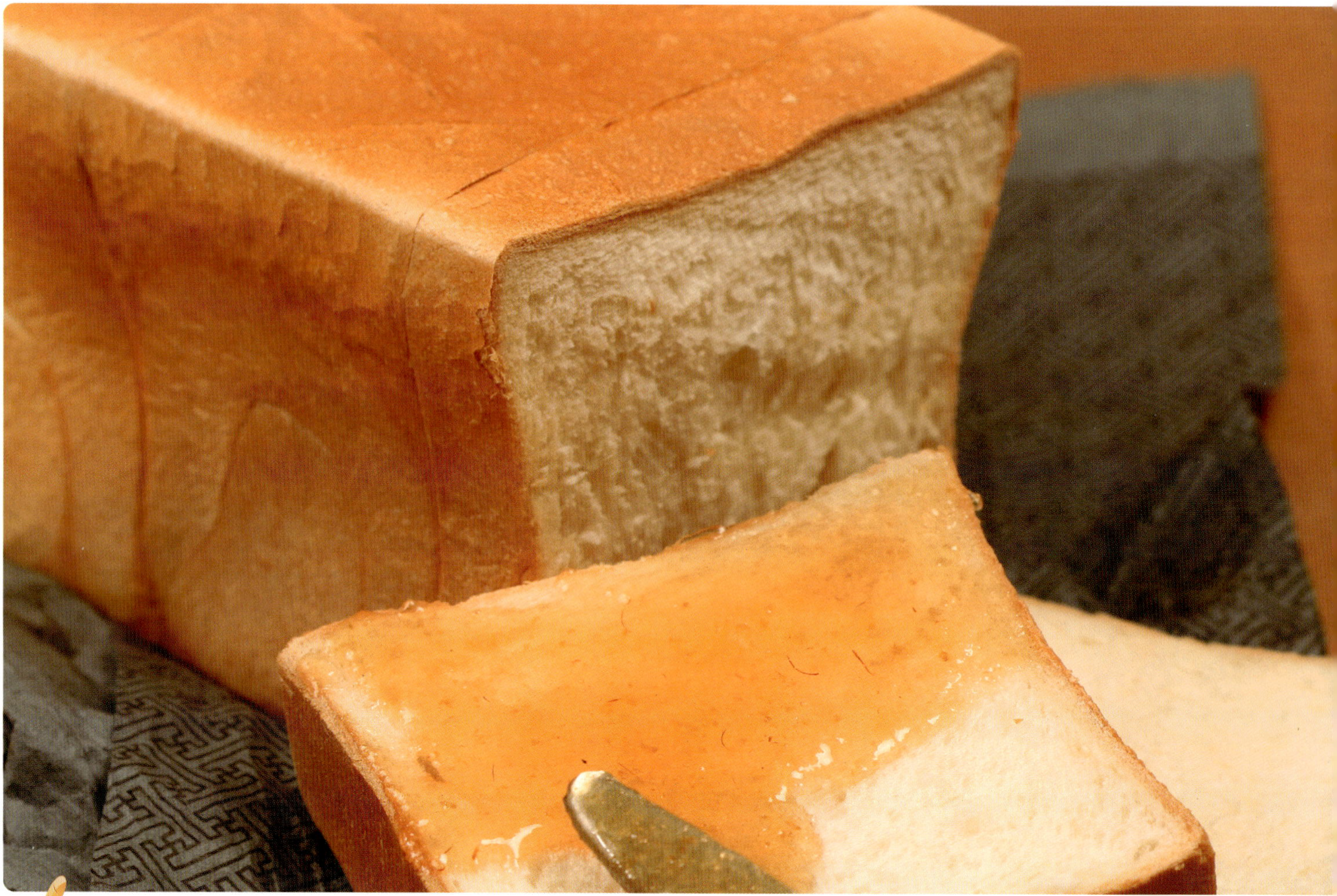

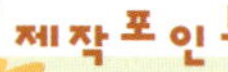

제작포인트

- □2차 발효가 틀 높이보다 높게 되면 뚜껑을 덮기 어렵고 모양이 찌그러진다.
- □충분히 반죽해야 원하는 부피와 식감을 기대할 수 있다.
- □발효는 시간보다 부피 정도로 판단하는 것이 좋다.

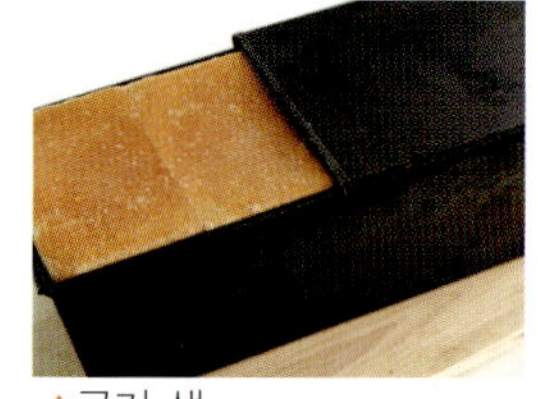

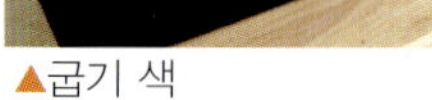

▲굽기 색

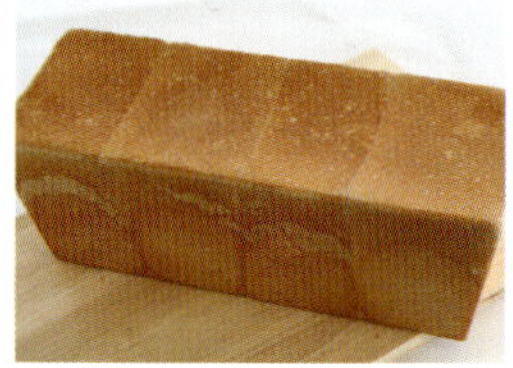

▲냉각시키기

- **만들 개수** : 풀만식빵 틀 1개
- **굽는 시간** : 40~50분
- **필요 재료** : 강력분 700g, 물 400g, 이스트 40g, 소금 14g, 설탕 46g, 달걀 1개, 분유 20g, 버터 40g
- **필요 도구** : 스크래퍼, 저울, 풀만식빵 틀

작업 준비

- 기본 반죽 만들기(권말부록 참고)
- 풀만식빵 틀에 기름칠한 후 오븐을 170도로 예열하기

이렇게 만들어요

1 **1차 발효 & 분할하기** 반죽이 완성되면 볼에 담고 반죽이 마르지 않게 비닐을 덮어 1시간 정도 1차 발효시킨 후 300g으로 분할하여 둥글리기 한다.

2 **중간 발효 & 밀어 펴기** 10~20분 중간 발효시킨 후(반죽을 비닐로 덮어 상온에서 휴지시킨다.) 밀대로 밀어 가스를 제거하고 뒤집어서 접어준다.

3 **말기** 밀대로 민 반죽을 말아준다.

4 **성형하기** 이음매가 아래를 향하게 말아준다.

5 **팬닝하기** 풀만식빵 틀에 높이가 일정하게 팬닝한다.

6 **2차 발효 & 굽기** 식빵 틀 높이보다 1cm 낮게 2차 발효시킨 후 뚜껑을 덮어 굽는다. 구운 후 뚜껑을 제거하고 뒤집어 냉각한다.

Tip&Tip 풀만식빵의 활용

풀만식빵을 활용하여 라스크, 샌드위치, 달걀토스트, 마늘빵, 피자빵 등 다양한 제품을 만들 수 있다.

베이컨끽슈

돼지고기를 소금에 절여 훈제한 베이컨은 담백한 맛이 일품이다. 이 베이컨을 이용하여
고소한 맛이 나는 끽슈를 만들어보자.

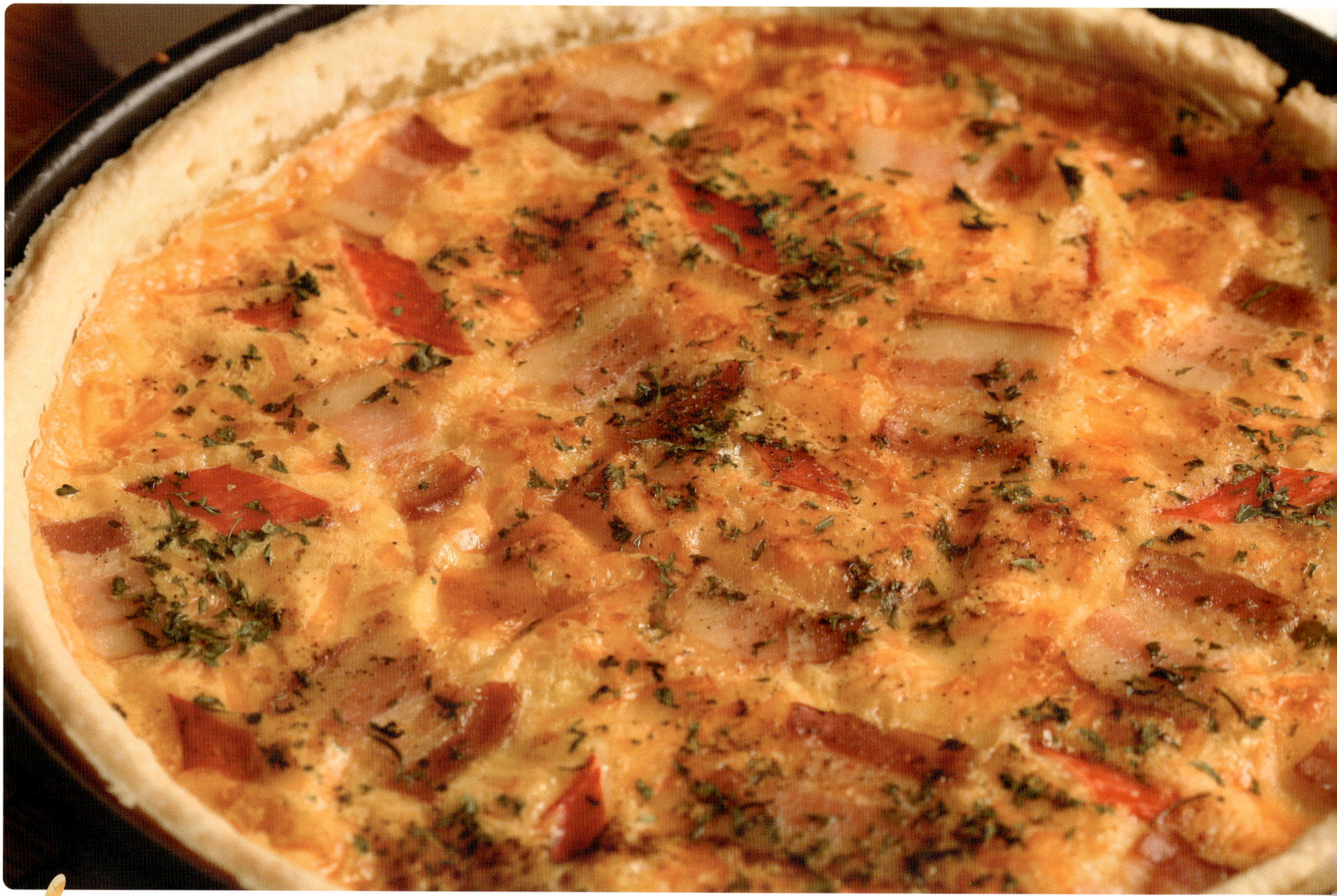

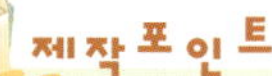

제작포인트

□ 내용물은 미리 만들어 놓았다가 냉장 휴지시켜 사용하면 좋다.
□ 구울 때 충분히 구워야 빠따퐁세 반죽이 익는다.

▲토핑물

▲파슬리 토핑하기

■ **만들 개수** : 타르트 틀 1개   ■ **굽는 시간** : 45~50분
■ **필요 재료** : 빠따퐁세 300g, 내용물(달걀 4개, 생크림 100g, 우유 60g, 소금 2.5g, 박력분 30g), 토핑물(맛살 100g, 베이컨 100g, 파슬리 3g, 후추 1g, 피자치즈 200g, 슬라이스햄 2장, 슬라이스치즈 3장)
■ **필요 도구** : 밀대, 고무주걱, 피켓, 타르트 틀, 칼

■ 빠따퐁세 만들기(권말부록 참고)
■ 전처리한 타르트 틀을 준비하고 오븐을 160도로 예열하기

이렇게 만들어요

1 **내용물 혼합하기** 달걀을 풀어준 후 소금을 넣고, 우유, 생크림과 혼합한다.

2 **가루재료 혼합 & 냉장 휴지** 1에 체 친 박력분, 후추를 혼합한 후 냉장고에서 40~45분간 휴지시킨다.

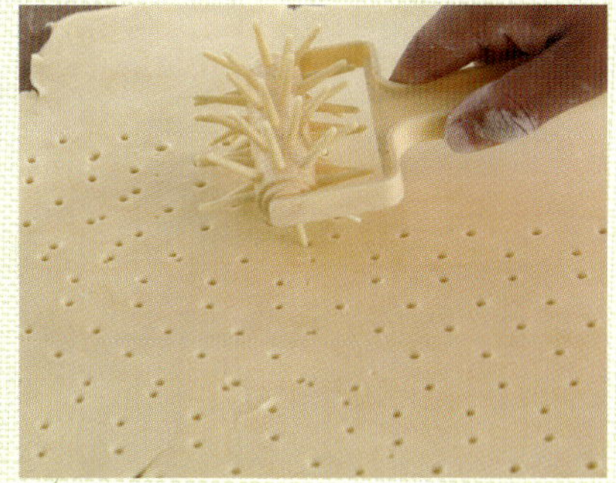

3 **밀어 펴기** 빠따퐁세 반죽을 밀대를 이용하여 두께 3mm로 밀어 피켓한다.

4 **틀에 깔기** 준비된 타르트 틀에 빠따퐁세 반죽을 깐다.

5 **내용물 붓기** 4에 내용물을 붓는다.

6 **토핑 & 굽기** 5에 피자치즈, 맛살, 베이컨, 파슬리, 후추 순으로 토핑한 후 160도 오븐에서 45~50분간 굽는다.

Tip&Tip 베이컨이 준비되지 않았다면

베이컨이 준비되지 않았다면 삼겹살을 이용하여 끽슈를 만들 수도 있다.

8월 14일은 그린데이이다.
무더운 여름 시원한 산을 찾아 연인들이 손잡고 걸어 오르면서
삼림욕을 즐기는 날이다.
굳이 삼림욕이 아니어도 8월은 산과 바다가 부르는 달이다.
무더위를 이겨낼 수 있는 건강을 생각한 양파빵 등을
만들어 먹으면서 즐기는 여름휴가는 더욱 특별할 것이다.

8월

SUN	MON	TUE	WED	THU	FRI	SAT
	058 녹차 파운드케이크			059 쑥만주		
060 녹차 생크림케이크			061 양파빵			
	062 베이컨빵				063 디아몽쿠키	
		064 마카롱쿠키				

Home baking

058

녹차 파운드케이크

건강에 좋다고 알려진 녹차는 불소가 함유되어 있어 충치를 예방하고 구취를 없애준다. 이렇게 건강에 좋은 녹차를 이용하여 파운드케이크를 만들어보자.

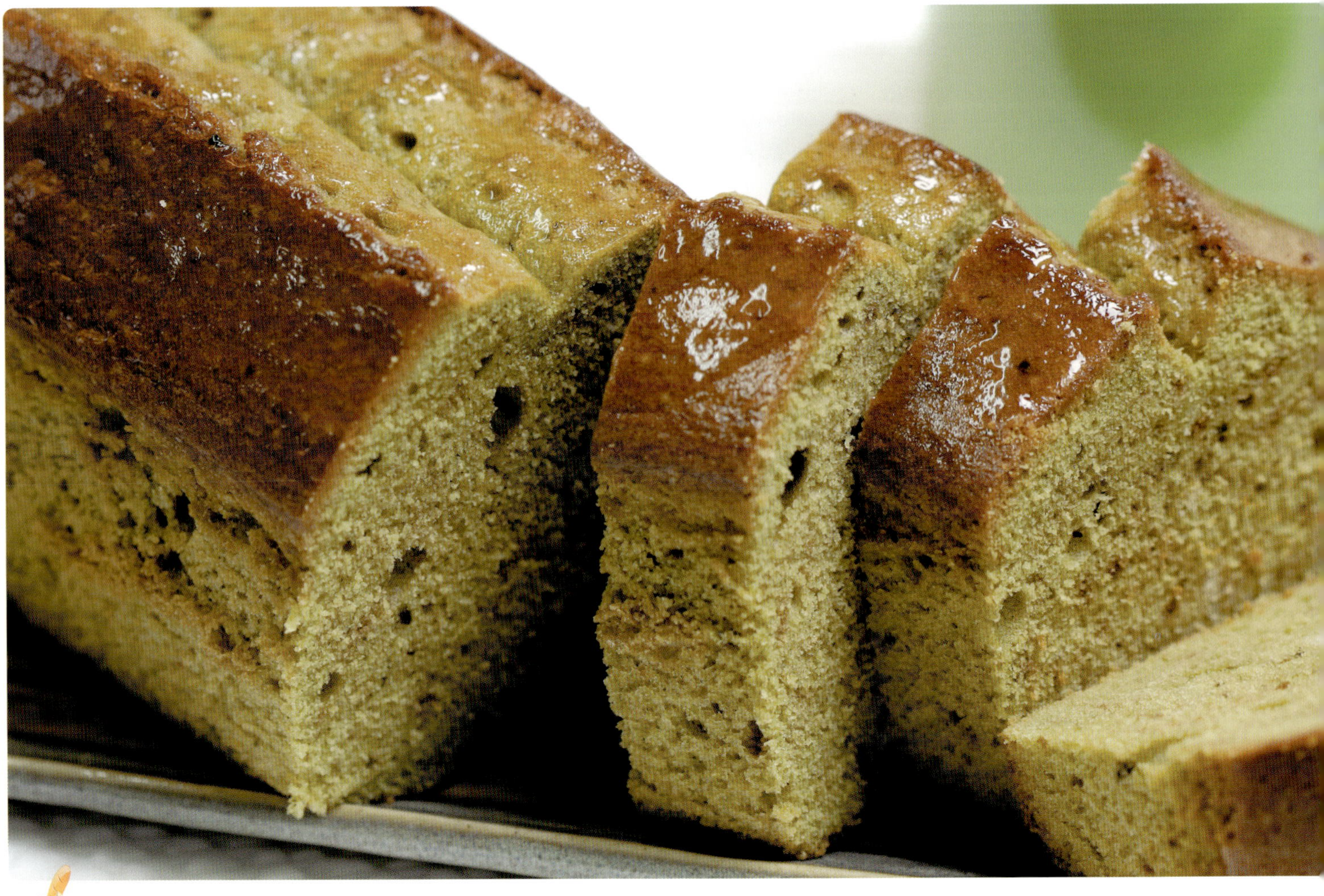

제작 포인트

□ 열전도를 고르게 하고 바닥이 두꺼워지는 것을 방지하기 위해 평철판 위에 파운드 틀을 올려 이중팬으로 굽는다.

□ 15분 정도 구운 후 식용유를 묻힌 칼로 파운드케이크 가운데에 칼집을 넣어주면 터짐이 고르게 난다.

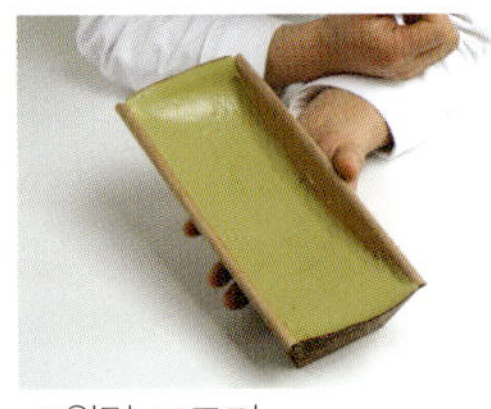

▲윗면 고르기

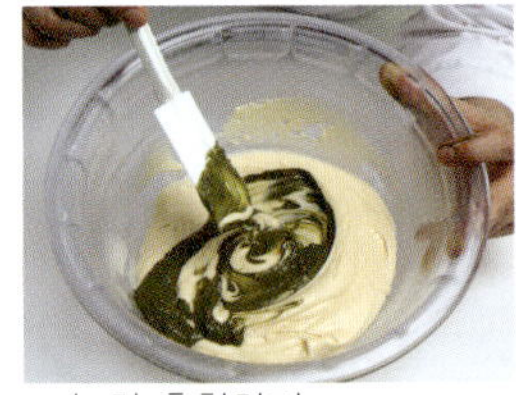

▲녹차 혼합하기

- **만들 개수** : 파운드 틀 1개　■ **굽는 시간** : 40∼50분
- **필요 재료** : 박력분 200g, 버터 168g, 설탕 180g, 달걀 3개, 소금 2g, 베이킹파우더 2g, 녹차 분말 10g, 우유 24g
- **필요 도구** : 휘퍼, 고무주걱
- **장식 재료** : 에프리코혼당(살구잼)

작업 준비
- 파운드 틀에 종이를 깔고 오븐을 160도로 예열하기

이렇게 만들어요

1 **우유와 녹차 혼합하기** 따뜻하게 데운 우유에 녹차 분말을 혼합하여 잘 섞어준다.

2 **버터 크림화하기** 볼에 버터를 넣고 휘퍼로 휘핑하여 풀어준다. 소금, 설탕을 넣고 다시 휘핑하여 크림화한다.

3 **달걀 혼합하기** 2에 달걀을 두 번에 나눠 넣으며 휘퍼로 휘핑한다.

4 **가루재료 혼합하기** 3에 체친 박력분, 베이킹파우더를 넣고 주걱으로 가루재료가 보이지 않을 때까지 혼합한다.

5 **반죽 섞기** 완성된 반죽에 앞서 만든 우유와 녹차 혼합물을 넣고 주걱으로 색이 고르게 될 때까지 혼합한다.

6 **팬닝 & 굽기** 파운드 틀에 혼합된 반죽을 80% 정도로 팬닝한 후 160도 오븐에서 40∼50분 정도 굽는다.

Tip & Tip 녹차 대신 홍차

홍차 분말과 건포도를 이용해 색과 모양이 독특한 파운드케이크를 만들어 먹어도 좋다.

광택제 만들기

동량의 에프리코혼당과 물을 살짝 끓인 후, 냉각된 파운드케이크 윗면에 붓으로 발라주면 저장기간이 연장되고 맛도 좋아진다.

Home baking

059

쑥만주

쑥은 우리나라 단군신화에 등장할 정도로 우리 민족과 역사를 함께한 음식이다. 입맛이 없을 때 독특한 향의 쑥으로 만주를 만들어 식욕을 자극해보자.

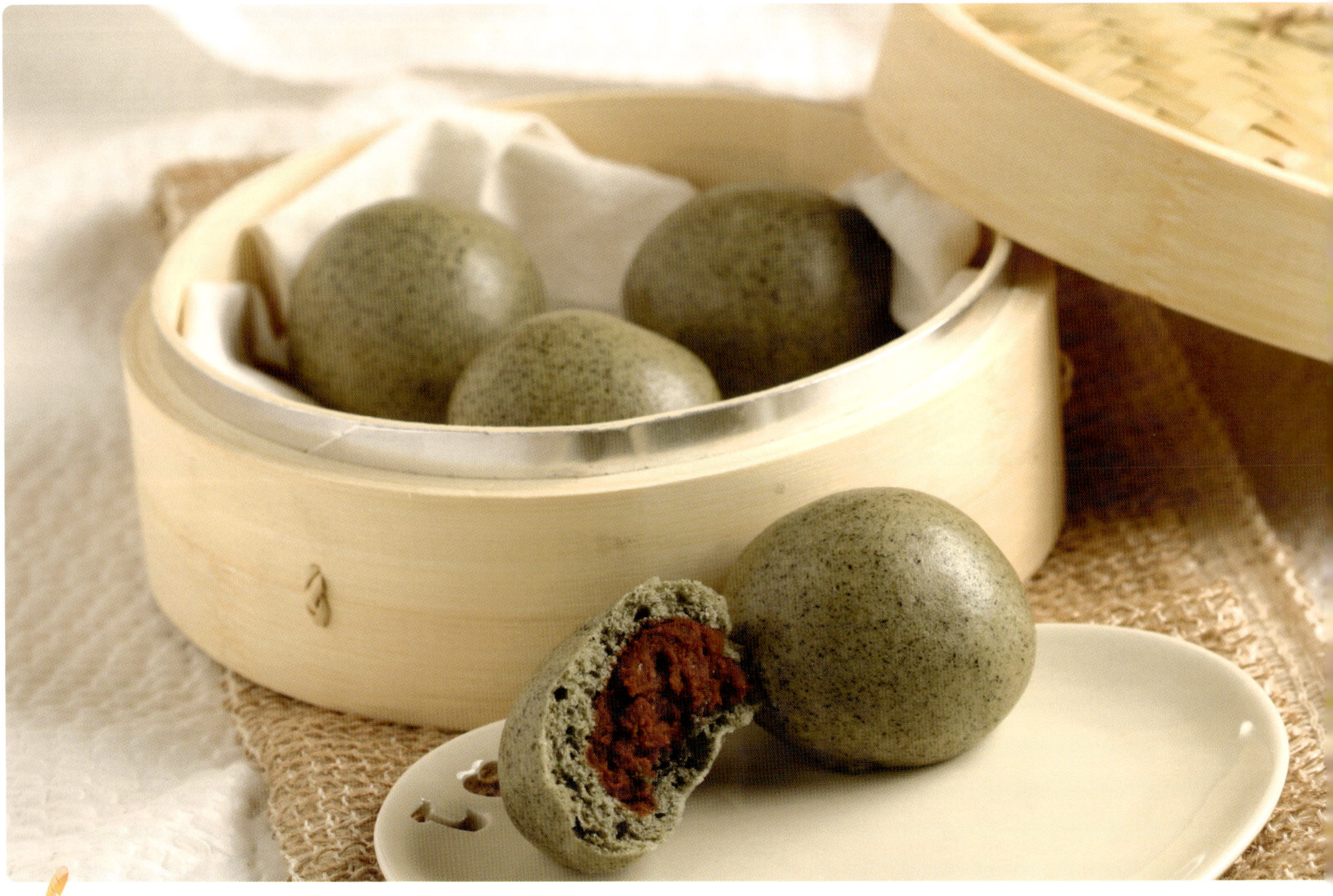

제작포인트

- □ 찌기 전에 물을 분무하여 덧가루를 제거한다.
- □ 반죽이 질면 손에 달라붙으므로 덧가루를 충분히 사용한다.
- □ 찌는 시간이 너무 길면 색이 갈색으로 변할 수 있다.

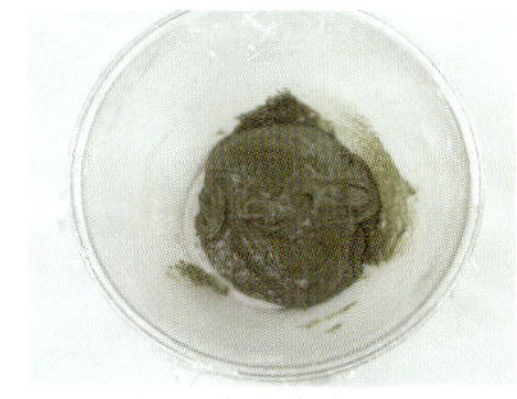

▲냉장 휴지시키기

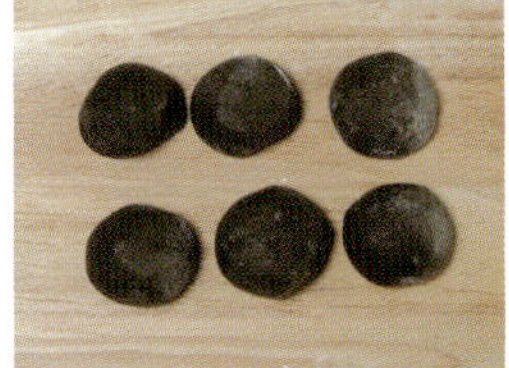

▲분할하기

이렇게 만들어요

1 **달걀 중탕하기** 달걀을 고무주걱이나 휘퍼로 풀어준 후 소금, 설탕, 물엿을 혼합한 후 중탕으로 용해한다.

2 **냉각하기** 중탕된 달걀에 찬물을 받쳐 온기가 없어질 때까지 냉각한다.

3 **가루재료 혼합하기** **2**가 냉각되면 체친 박력분, 베이킹파우더, 물, 쑥 분말, 소다를 넣고 주걱으로 섞는다.

4 **냉장 휴지시키기** 랩을 씌워 냉장고에 30분간 휴지시킨 후 덧가루를 뿌려가며 치대어 앙금 되기로 되기를 조절한다.

5 **앙금 싸기** 혼합된 반죽을 20g씩 분할하여 준비된 내용물 20g을 넣고 싼다.

6 **찌기** 찜통에 넣고 5~7분 정도 쩌준다.

Tip&Tip 깔끔한 모양을 원한다면
덧가루 등이 보기 싫게 묻어 있으면 찌기 전에 물을 분무하여 덧가루를 제거한 후 찐다.

녹차 생크림케이크

건강에 좋은 녹차 분말을 이용해 나만의 독특한 생크림케이크를 만들어보자.

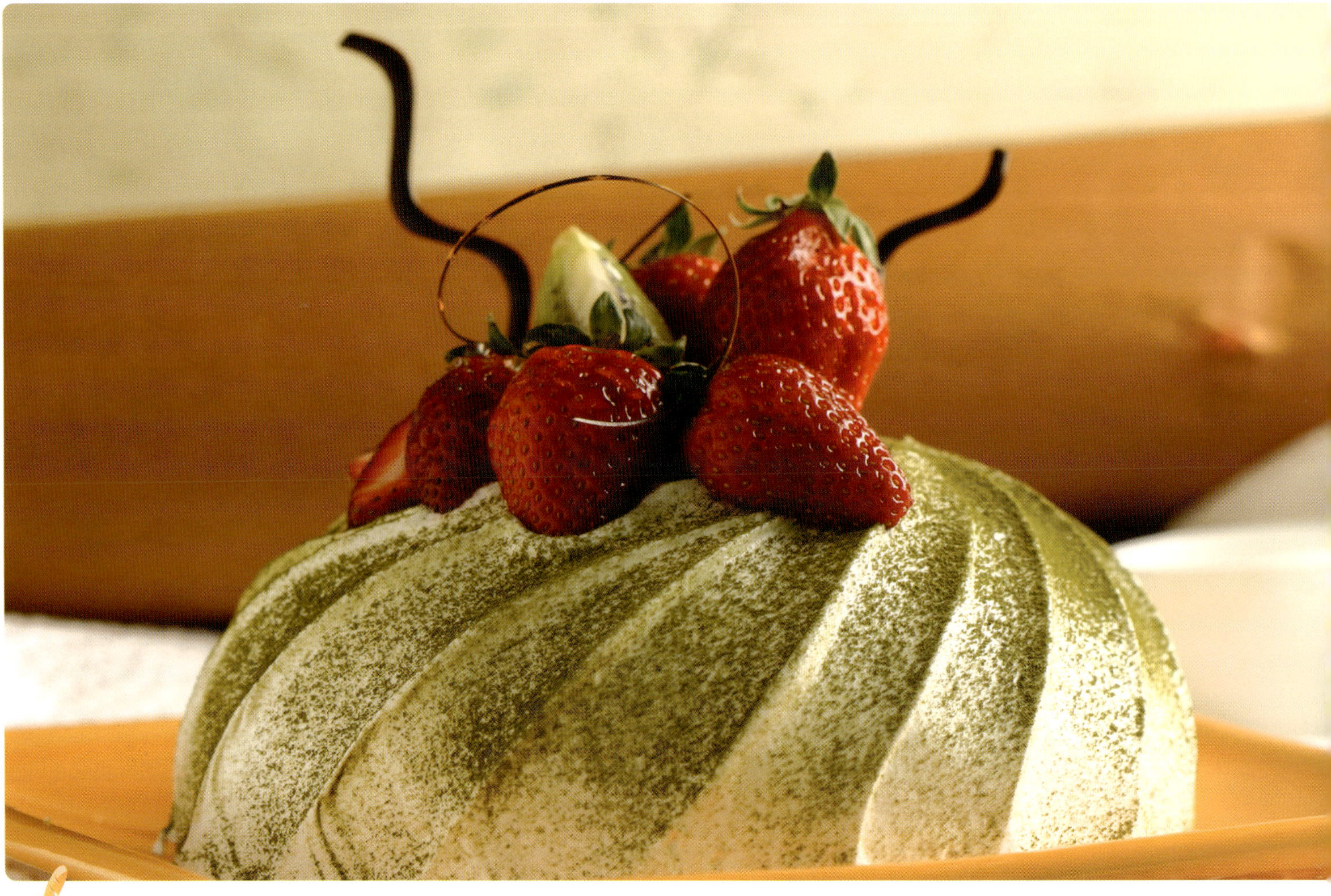

제작포인트

☐ 생크림을 너무 많이 휘핑하면 스패출러로 정교하게 모양내기 어려우므
로 주의한다. 스패출러로 모양을 쉽게 내기 위해 아이싱은 비교적 고르
게 한다.

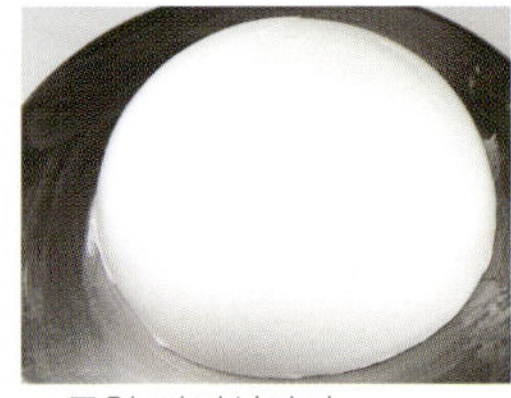

▲ 돔형 아이싱하기

▲ 과일 장식하기

재료 준비

- **만들 개수** : 3호 1개
- **필요 재료** : 스펀지케이크 1개, 휘핑한 생크림 400g, 럼 12g, 시럽(설탕시럽 100g, 럼 6g), 충전용 과일
- **필요 도구** : 턴테이블, 스패출러, 고무주걱, 플라스틱 필름, 손체
- **장식 재료** : 딸기, 키위, 장식용 초콜릿, 미로와, 녹차 분말

작업 준비

- 초콜릿 장식을 만들기(권말부록 참고)
- 스펀지케이크를 3등분으로 슬라이스하기
- 시럽 만들기
- 생크림 휘핑하기(권말부록 참고)
- 장식용 과일 준비하기

이렇게 만들어요

1 시트 자르기 스펀지케이크를 3등분으로 슬라이스한 후 돔형이 되도록 다듬는다.

2 샌드하기 스펀지케이크 1장에 시럽을 바르고 생크림을 바른 후 과일을 올린다.

3 시럽 바르기 2를 반복하고, 마지막 스펀지케이크를 올린 후 시럽을 바른다.

4 돔형 아이싱하기 3을 생크림으로 아이싱한 후 플라스틱 필름을 활용하여 돔형으로 다듬는다.

5 무늬내기 4를 스패출러를 이용해 사선으로 올리면서 무늬를 낸다.

6 장식하기 5의 윗면에 녹차 분말을 체친 후 과일과 초콜릿으로 장식한다.

Tip&Tip 팥배기 녹차 스펀지케이크
스펀지케이크를 구울 때 녹차 분말과 팥배기를 넣고 구워도 잘 어울린다.

Home baking

061

양파빵

양파는 각종 비타민과 칼슘, 인산 등의 무기질이 풍부하여 혈액 속의 유해 물질을 제거하는 작용을 한다. 손쉽게 구할 수 있는 양파를 이용하여 색다른 빵을 만들어보자.

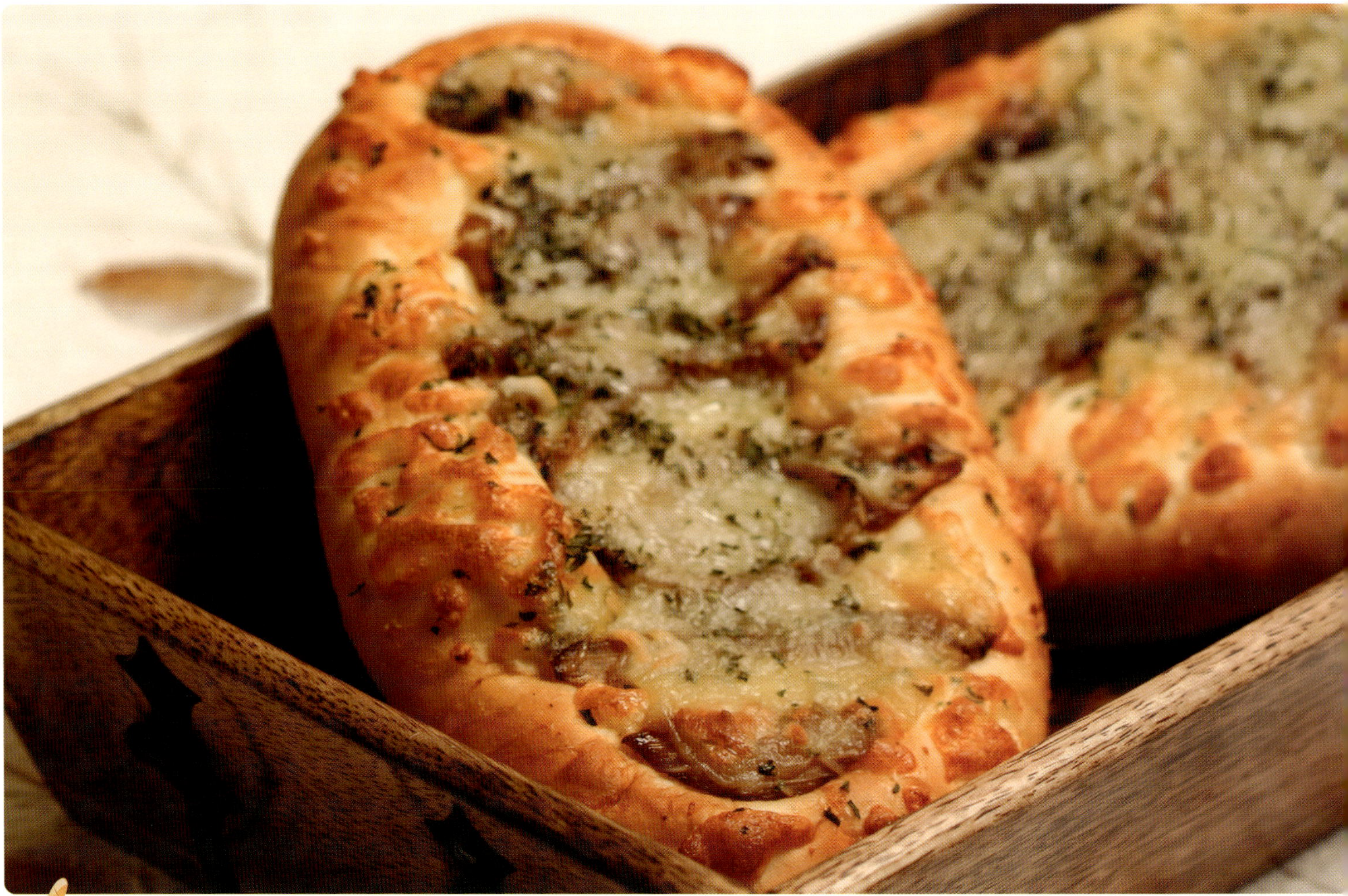

제작포인트

□ 양파와 간장을 볶을 경우 너무 강한 불에서 조리하면 타기 쉬우므로 약한 불에서 양파의 숨이 죽을 정도만 볶는다.

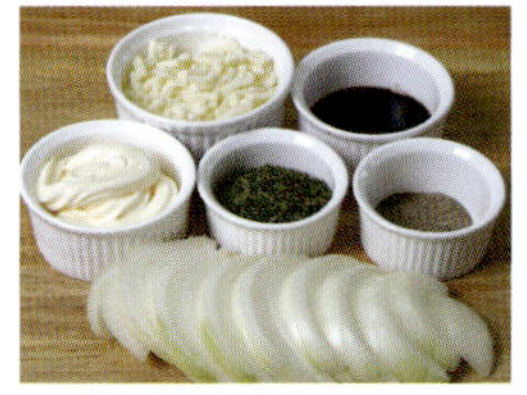

▲재료 준비하기

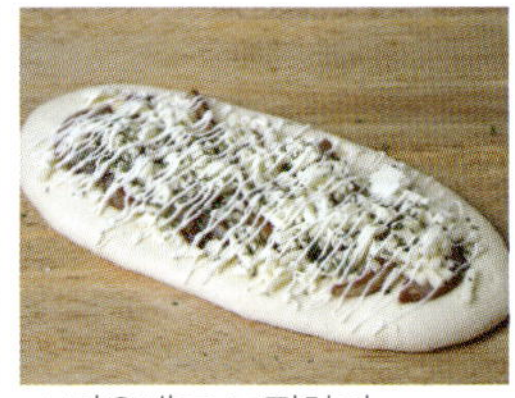

▲마요네즈 토핑하기

- 만들 개수 : 2개　　■ 굽는 시간 : 20~25분
- 필요 재료 : 강력분 200g, 우유 100g, 이스트 8g, 소금 4g, 설탕 30g, 달걀 1개, 버터 24g, 토핑물(간장 10g, 슬라이스한 양파 150g, 피자치즈 300g, 파슬리 10g, 마요네즈 60g, 후추 소량)
- 필요 도구 : 스크래퍼, 저울, 밀대, 나무주걱

작업 준비

- 기본 반죽 만들기(권말부록 참고)
- 양파 썰어두기
- 평철판을 준비한 후 오븐을 170도로 예열하기

이렇게 만들어요

1 **양파 조리기** 볼에 기름을 두른 후 양파와 간장을 넣고 직화로 양파의 숨이 죽을 정도까지 졸인다.

2 **성형하기** 준비된 1차 발효 반죽을 200g으로 분할한다. 10분 정도 중간 발효시킨 후 밀대로 밀어 타원형으로 성형한다.

3 **토핑하기** 타원형으로 밀은 반죽에 간장으로 졸인 양파를 올린다.

4 **피자치즈 뿌리기** 3 위에 피자치즈, 파슬리, 후추를 뿌린다.

5 **마요네즈 짜기** 마지막으로 마요네즈를 토핑된 반죽에 고르게 짜준다.

6 **굽기** 170도로 예열된 오븐에서 20~25분 구워낸다.

Tip&Tip 이색적인 빵

아이들이 싫어하는 피망이나 파, 부추 등을 양파와 같이 간장에 졸여서 토핑하여 구워내면 특유의 향이 많이 희석되어 아이들도 맛있게 먹는다.

베이컨빵

돼지고기를 소금에 절여 훈제한 베이컨의 담백한 맛은 빵과 아주 잘 어울린다. 베이컨을 이용하여 간단하게 베이컨빵을 만들어보자.

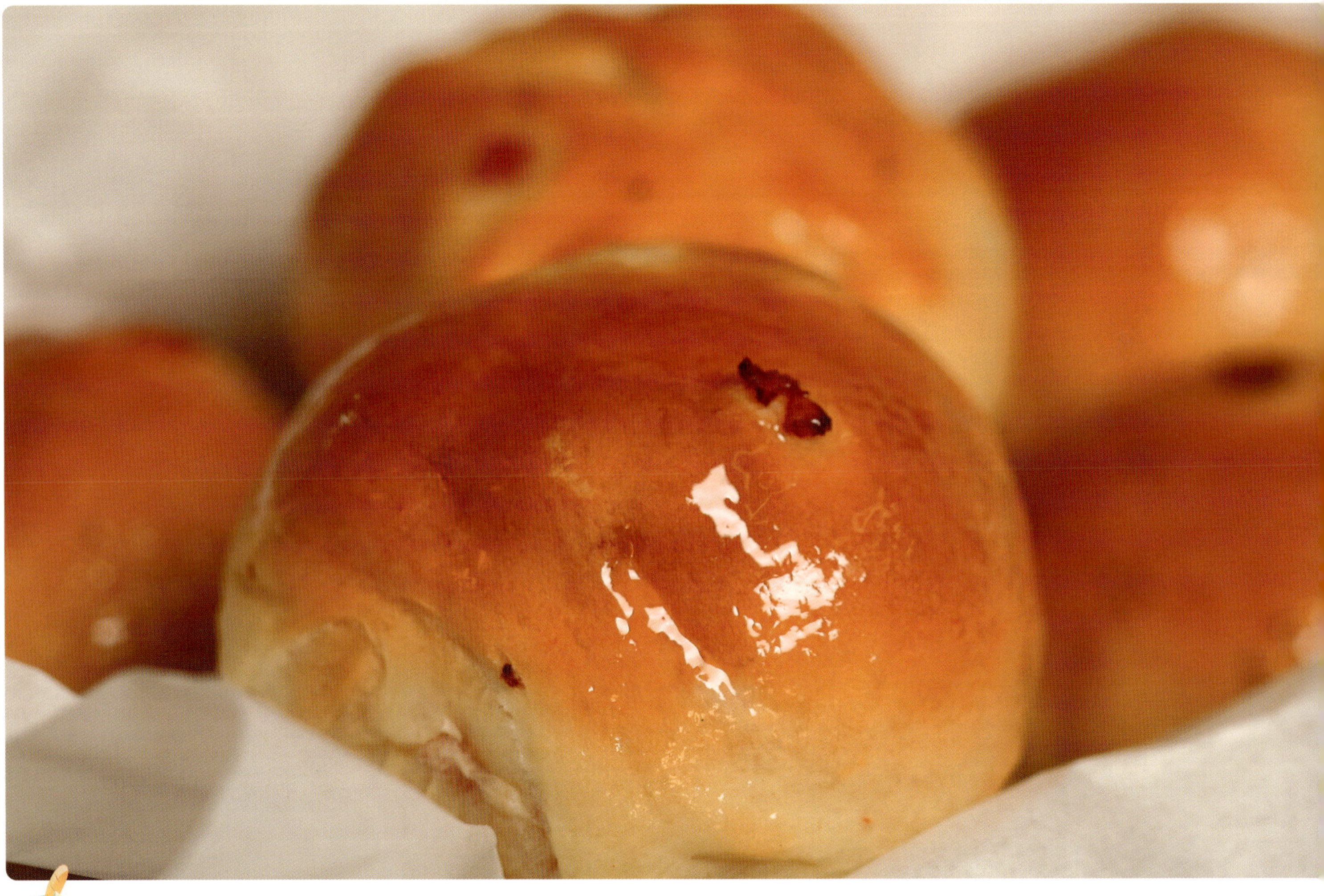

 **제작포인트**

□ 베이컨은 반죽과 잘 섞이지 않으므로 손으로 잘 치대서 혼합한다.

▲손 반죽하기

▲둥글리기 하기

 재료 준비

- 만들 개수 : 7개　　■ 굽는 시간 : 15~18분
- 필요 재료 : 강력분 300g, 물 110g, 이스트 12g, 소금 5.4g, 설탕 39g, 달걀 1개, 버터 39g, 개량제 3g, 베이컨 60g
- 필요 도구 : 스크래퍼, 저울

 작업 준비

- 기본 반죽 만들기(권말부록 참고)
- 베이컨 썰기
- 평철판을 준비한 후 오븐을 170도로 예열하기

이렇게 만들어요

1 반죽하기 버터를 제외한 모든 재료를 넣고 반죽을 한다. 반죽이 매끈해지면 버터를 넣고 치댄다. 12~15분 정도 지나면 반죽이 완성된다.

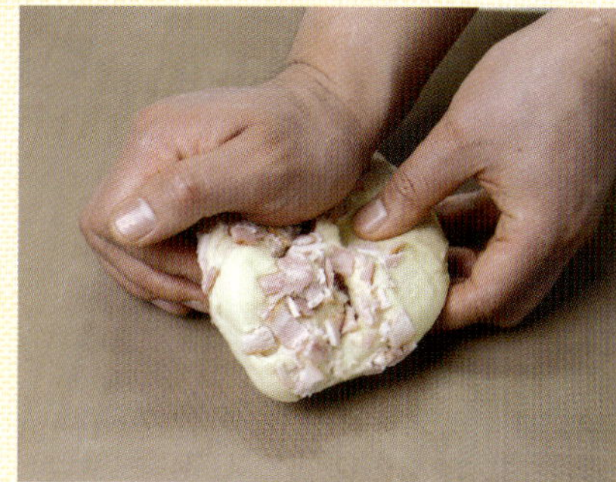

2 베이컨 혼합하기 완성된 반죽 안에 베이컨을 넣고 치댄 후 반죽을 볼에 담고 비닐을 덮어 1시간 정도 1차 발효시킨다.

3 분할하기 1차 발효된 반죽을 80g으로 분할한 후 중간 발효를 시킨다.

4 성형하기 손으로 둥글리기하여 원형으로 성형한다.

5 2차 발효하기 팬닝한 크기의 1.5배로 부풀 때까지 기다려 2차 발효를 마친다.

6 굽기 170도로 예열한 오븐에서 15~18분 구워낸다.

 **Tip&Tip** 마요네즈 토핑

베이컨과 혼합된 반죽을 2차 발효 후 굽기 전에 마요네즈를 토핑하여 구워내면 더욱 맛있는 빵을 만들 수 있다.

디아몽쿠키

디아몽은 불어로 '다이아몬드(Diamond)'를 뜻한다. 디아몽쿠키는 기본 재료만으로 간단하게 만들 수 있는 쿠키이다.

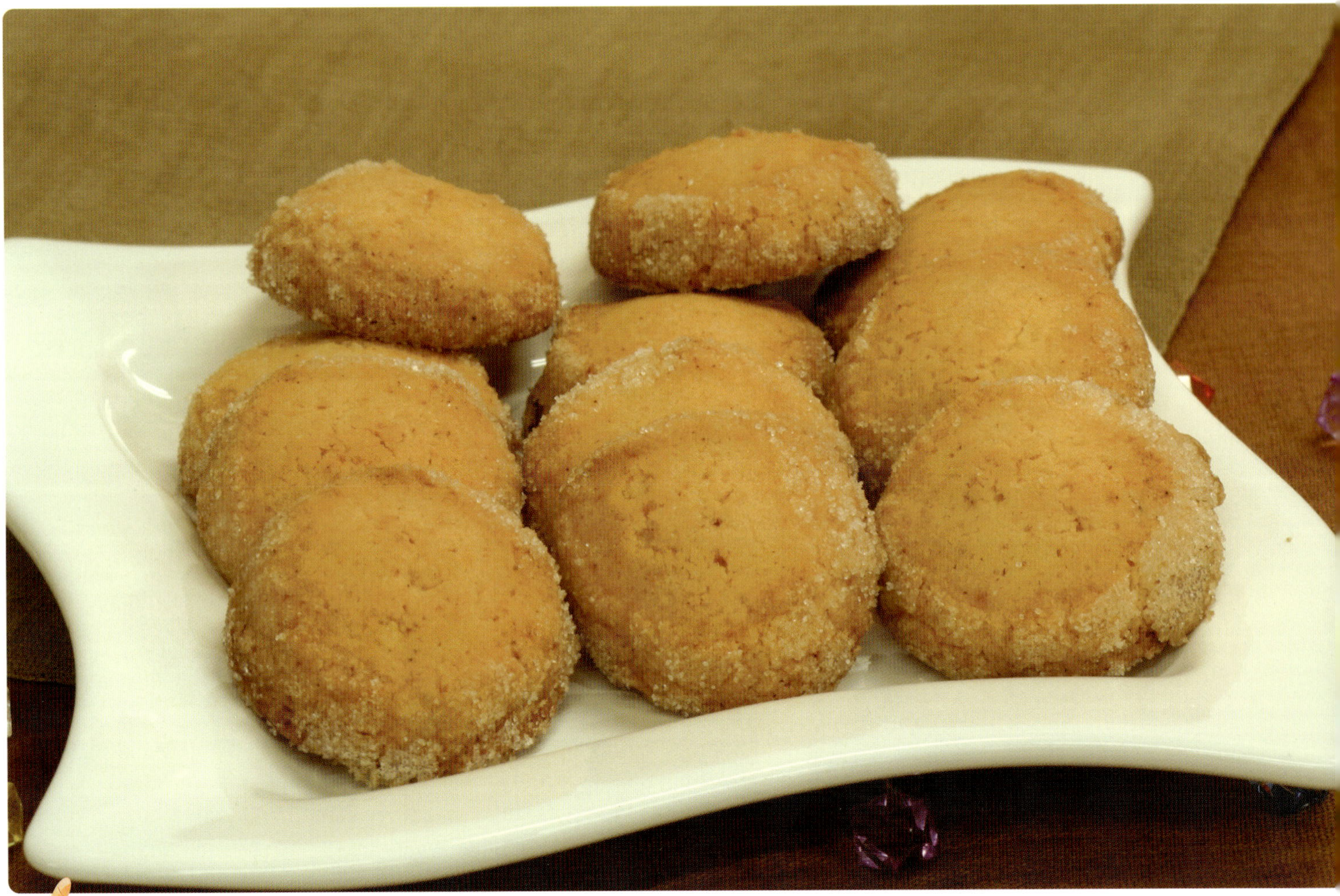

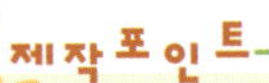

제작포인트

□ 반죽을 자르기 할 때 크기와 두께가 일정하도록 신경을 써야 색이 고르게 난다.

▲반죽 펴기

▲노른자 칠하기

- 만들 개수 : 25개 ■ 굽는 시간 : 15분
- 필요 재료 : 박력분 200g, 버터 160g, 슈거파우더 70g, 베이킹파우더 2g, 노른자 3개, 바닐라향 1g
- 필요 도구 : 휘퍼, 고무주걱, 붓, 칼
- 장식 재료 : 토핑용 설탕

작업 준비

- 노른자 2개 준비
- 평철판을 준비하고 오븐을 170도로 예열하기

이렇게 만들어요

1 **버터 크림화하기** 볼에 버터를 넣고 휘퍼로 휘핑하여 풀어준다. 슈거파우더를 넣고 2~3분 정도 휘핑하여 크림화한다.

2 **노른자 혼합하기** 크림화된 버터에 달걀 노른자를 넣고 휘핑한다.

3 **가루재료 혼합하기** 2에 체친 박력분, 베이킹파우더, 바닐라향을 주걱으로 가루재료가 보이지 않을 때까지 혼합한다.

4 **냉장 휴지시키기** 비닐에 싸서 30분간 냉장 휴지시킨 후 덧가루를 뿌리고 살짝 치댄다.

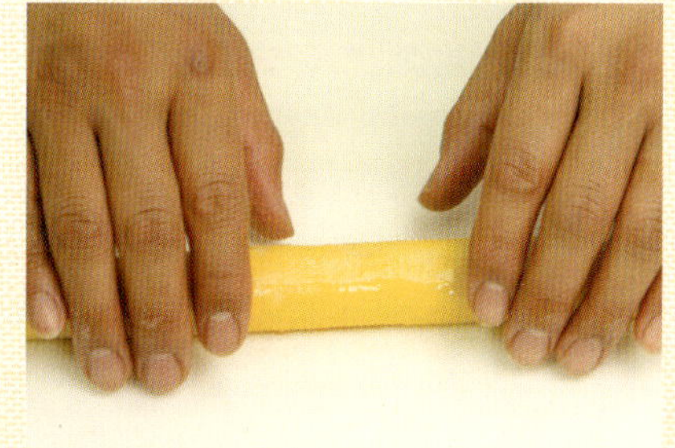

5 **설탕 입히기** 냉장 휴지된 반죽을 2등분하여 길이 30cm로 늘인 후 윗면에 노른자를 칠하고 설탕에 굴린다.

6 **굽기** 1cm 간격으로 자른 후 평철판에 서로 붙지 않게 팬닝하여 170도로 예열한 오븐에서 15분간 굽는다.

Tip&Tip **설탕은 굵어야 좋다**

달걀 노른자를 칠한 후 옆면에 붙이는 설탕은 입자가 굵은 것을 사용해야 더욱 보기 좋아진다.

Home baking

064

마카롱쿠키

프랑스 전통 쿠키로 알려진 마카롱쿠키는 아몬드 분말과 머랭을 이용한 쿠키이다. 여러 가지 재료로 다양한 색을 내면 더욱 맛있게 보일 수 있다.

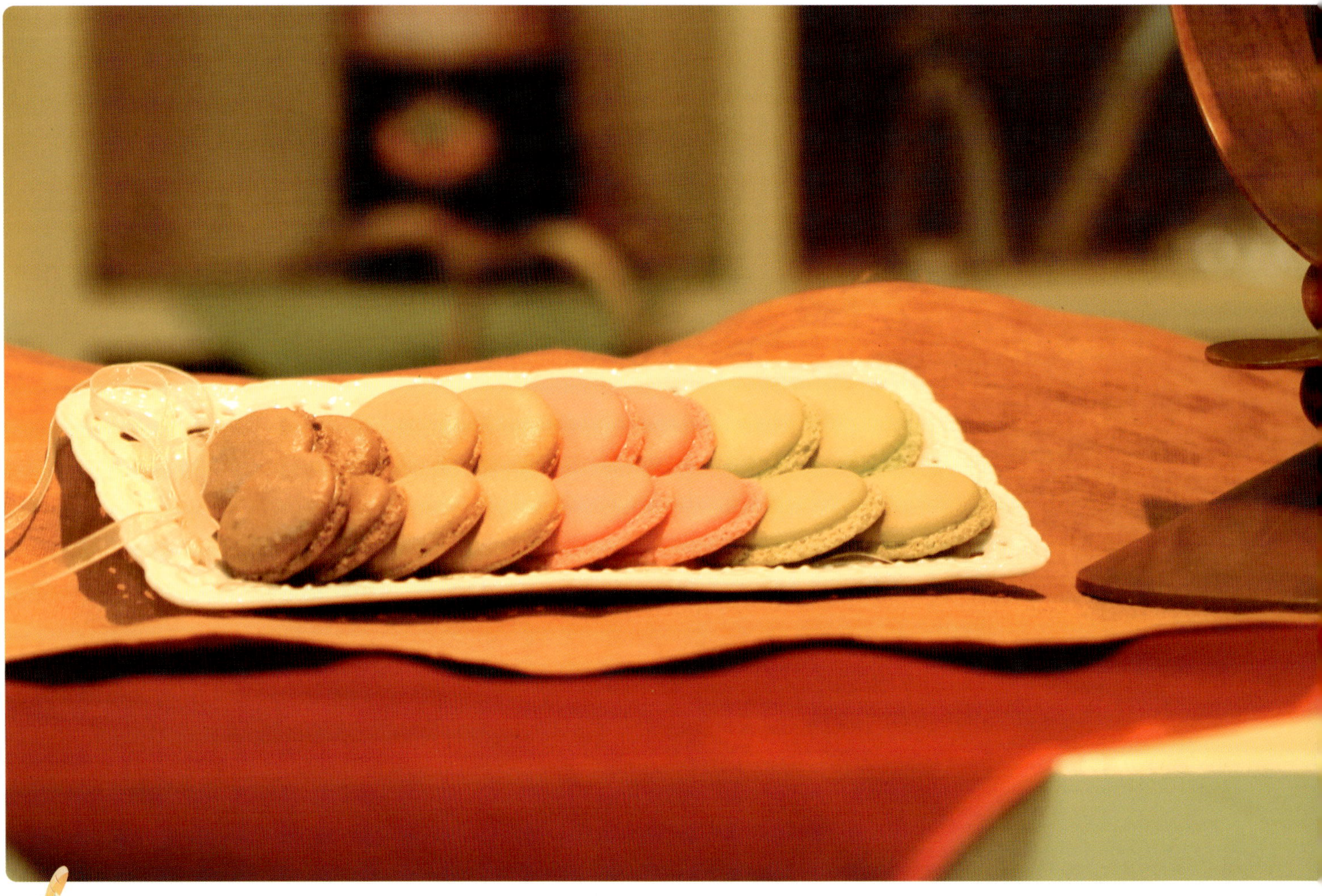

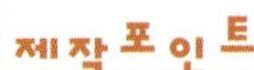

제작포인트

- 충분히 건조한 후 구워야 터짐이 생기지 않는다.
- 반죽을 너무 오래 섞으면 속이 비거나 옆으로 퍼질 수 있으므로 주의한다.

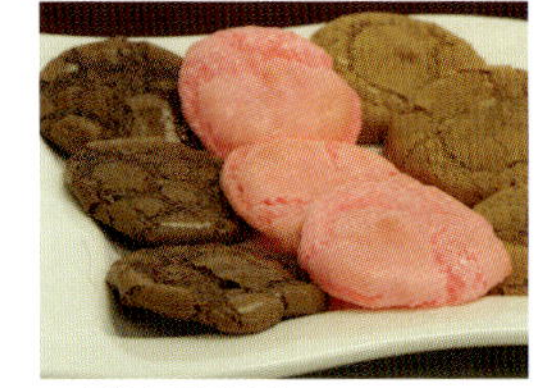

▲건조 불충분

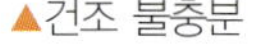

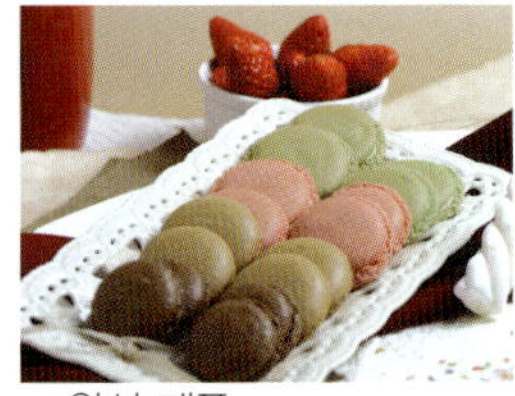

▲완성 제품

이렇게 만들어요

1 **머랭 만들기** 달걀 흰자를 60%로 휘핑한 후 설탕을 세 번에 나눠 넣으면서 90% 머랭을 만든다.

2 **가루재료 혼합하기** 두 번 체친 아몬드 분말, 슈거파우더, 바닐라향을 앞서 만든 머랭의 절반과 섞어 가볍게 혼합한다.

3 **머랭 혼합하기** 남은 머랭을 다 넣고 잘 혼합한다.

4 **재료 혼합하기** 육안으로 윤기가 날 때까지 주걱으로 저어준다.

5 **색내기** 커피 원액, 적색 색소, 코코아 분말, 녹차 분말을 이용하여 반죽의 색을 낸다.

6 **팬닝 & 굽기** 실리콘페이퍼 위에 지름 2.5~3cm 크기로 짜고, 상온에서 30분간 건조한 후 예열된 오븐에 굽는다.

Tip & Tip 마카롱쿠키의 변신

마카롱쿠키는 양과자 케이크 옆면을 장식할 때 많이 사용된다. 버터크림이나 모카 버터크림, 산딸기 잼으로 샌드하며 냉장 보관한다.

Chapter 9

독서의 계절이자 사진 찍기 좋은 달

9월

9월은 독서의 계절이라 한다.
그만큼 책읽기에 아주 좋은 날들이 계속된다.
재미있는 책 한 권에 맛있는 빵과 쿠키가 더해진다면
마음과 몸이 모두 행복해질 것이다.
또한 청명한 가을 하늘을 배경으로
누구나 작품사진을 찍을 수 있는 달이기도 하다.

9월

SUN	MON	TUE	WED	THU	FRI	SAT
					065 아몬드타르트	
	066 과일 파운드케이크				067 고구마머핀	
			068 마늘바게트			069 피타빵
					070 라스크	
	071 에그토스트			072 마늘빵		073 피자빵

아몬드타르트

아몬드의 특유의 고소함과 타르트의 달콤함이 멋진 조화를 이룬다.
손쉽게 만들 수 있는 아몬드타르트를 만들어보자.

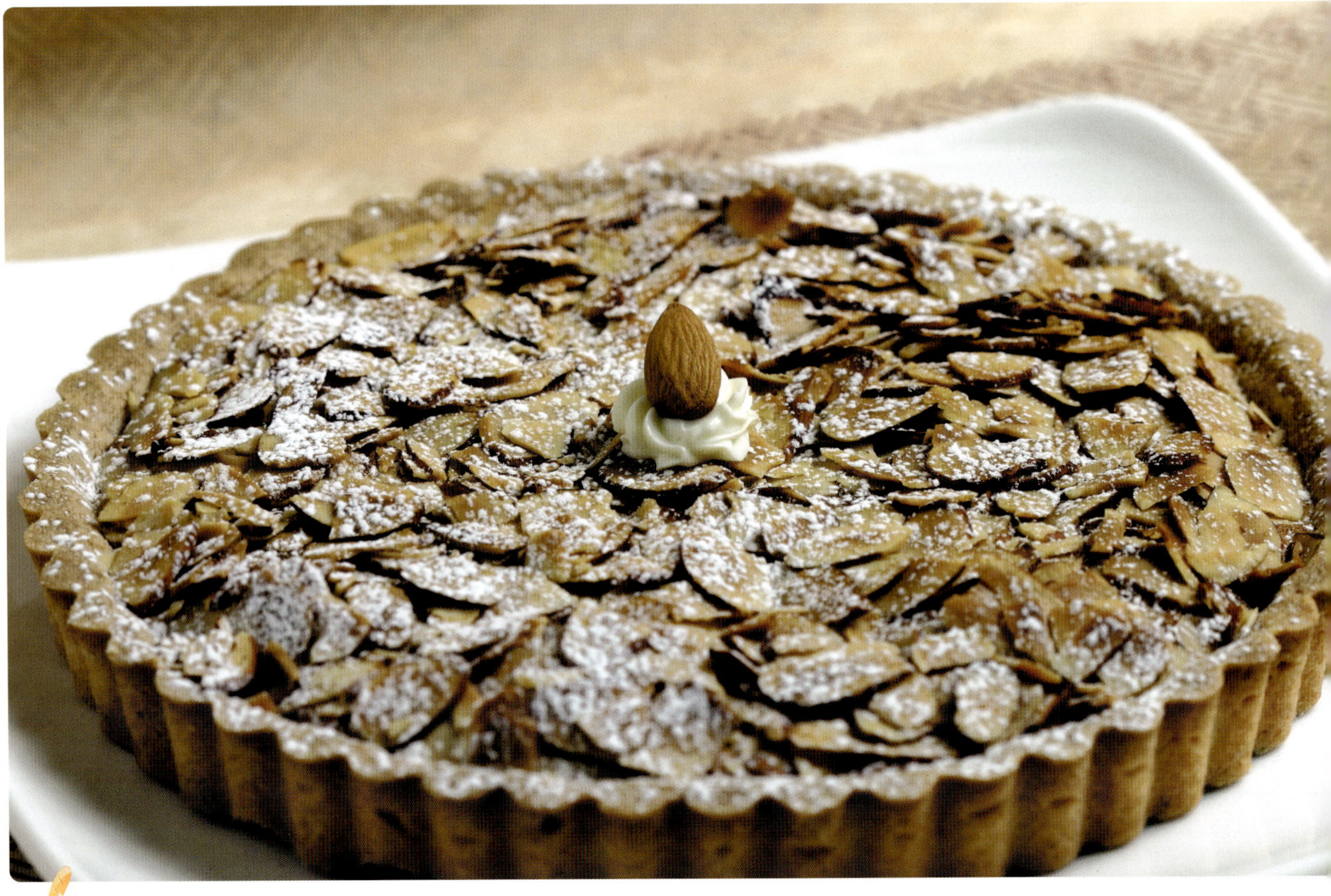

제작포인트

□ 굽기는 충분히 해야 밀가루 냄새를 없앨 수 있으며 냉각 후에 슈거파우
더를 뿌리면 장식효과가 난다.

▲아몬드 토핑하기

▲반죽 다듬기

재료 준비

- **만들 개수** : 3호 타르트 1개 　■ **굽는 시간** : 35~40분
- **필요 재료** : 빠뜨쉬크레 300g, 아몬드크림 200g, 슬라이스아몬드 100g
- **필요 도구** : 밀대, 3호 타르트 틀, 짤주머니, 원형 깍지, 고무주걱, 손체
- **장식 재료** : 슬라이스아몬드, 슈거파우더, 통아몬드, 휘핑한 생크림, 별모양 깍지, 짤주머니

작업 준비

- 빠뜨쉬크레 만들기(권말부록 참고)
- 생크림 휘핑하기(권말부록 참고)
- 아몬드크림 만들기(권말부록 참고)
- 타르트 틀을 전처리하여 준비하고 오븐을 160도로 예열하기

이렇게 만들어요

1 **반죽 밀어 펴기** 타르트 틀에 준비된 빠뜨쉬크레 반죽을 2~3mm로 밀어 펴 깐다.

2 **남은 반죽 자르기** 남는 반죽은 밀대로 밀어서 잘라낸다.

3 **아몬드크림 짜기** 빠뜨쉬크레 반죽 위에 아몬드크림을 동심원 모양으로 짠다.

4 **슬라이스 아몬드 토핑** 아몬드크림 위에 슬라이스아몬드를 고르게 뿌린다.

5 **굽기** 160도로 예열된 오븐에서 35~40분 정도 구워낸다.

6 **장식하기** 구워낸 타르트가 충분히 냉각된 후 슈거파우더를 고르게 뿌리고 별모양 깍지를 끼운 짤주머니로 생크림을 짜준 후 통아몬드로 장식한다.

Tip & Tip 생과일타르트

타르트 위에 계절에 맞는 생과일을 장식하면, 계절 별미로 색다른 타르트를 즐길 수 있다.

Home baking

066

과일 파운드케이크

파운드케이크에 달콤한 과일을 넣어 만들면 씹는 맛이 일품이다.

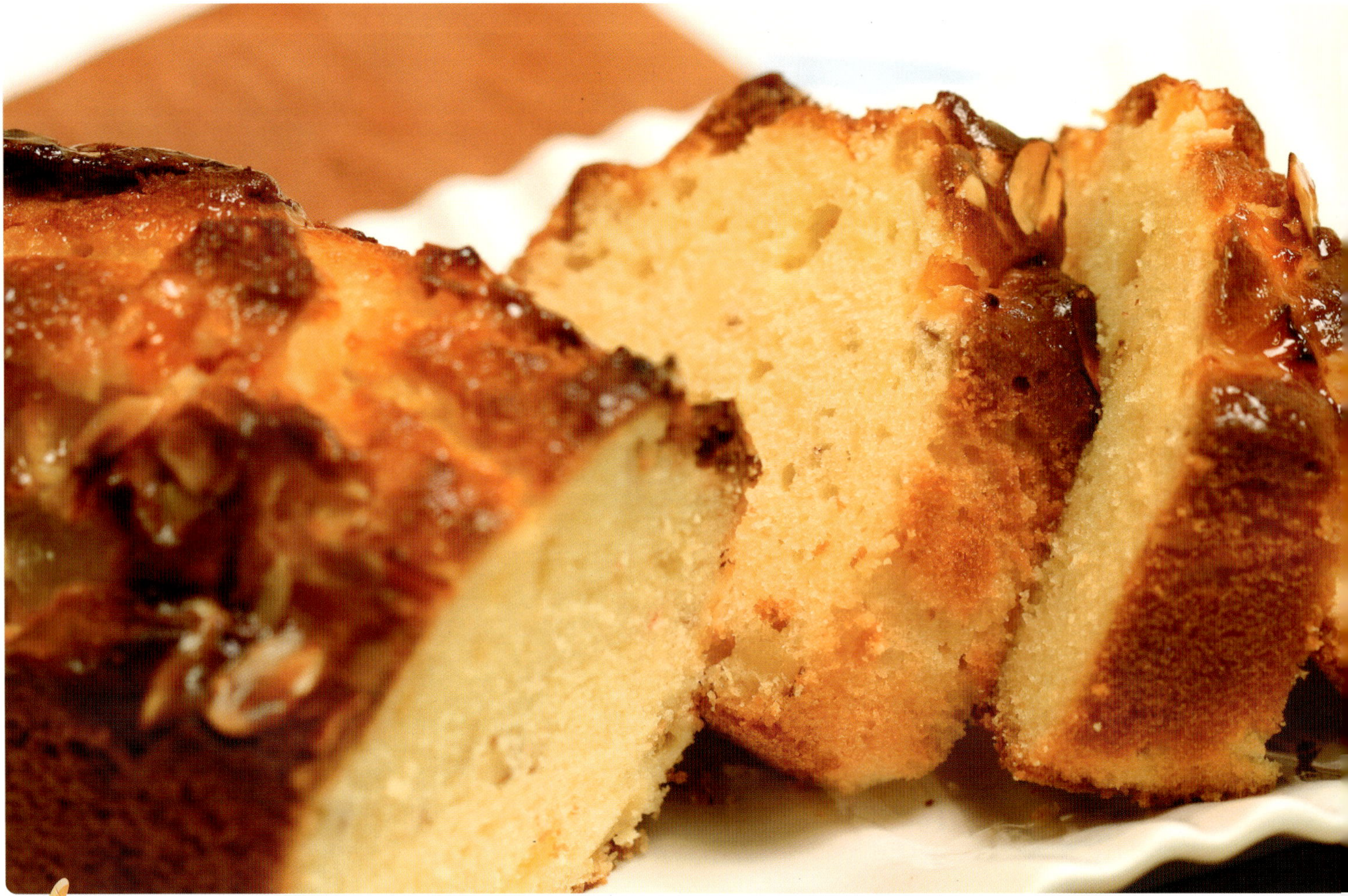

제작 포인트

□ 과일에 가루재료 일부를 넣어준 후 다시 본반죽에 넣어 살짝만 섞어준다. 너무 많이 섞으면 과일이 가라앉을 우려가 있으므로 주의한다.

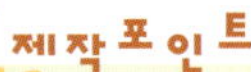

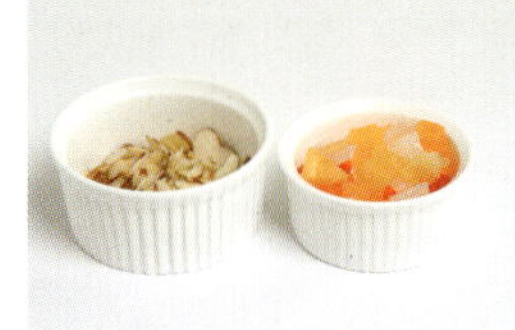

▲토핑물

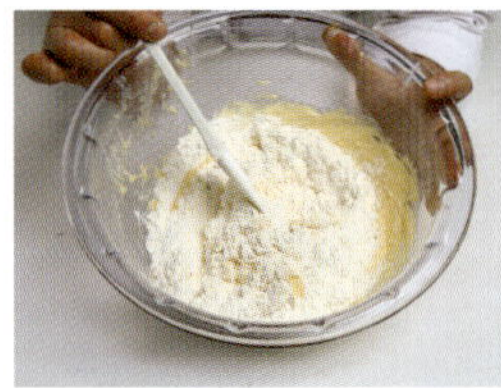

▲가루재료 혼합하기

- **만들 개수** : 파운드 틀 1개
- **굽는 시간** : 40~50분
- **필요 재료** : 박력분 200g, 버터 160g, 설탕 172g, 달걀 3개, 베이킹파우더 2g, 분유 4g, 소금 4g, 후르츠칵테일 80g, 슬라이스아몬드 20g
- **필요 도구** : 휘퍼, 고무주걱
- **장식 재료** : 에프리코혼당(살구잼)

작업 준비

- 후르츠칵테일 다지기
- 파운드 틀에 종이를 깔고 오븐을 160도로 예열하기

이렇게 만들어요

1 **버터 크림화하기** 볼에 버터를 휘퍼로 휘핑하여 풀어준다. 소금, 설탕을 넣고 2~3분 정도 휘핑하여 크림화한다.

2 **달걀 혼합하기** 크림화된 반죽에 달걀을 두 번에 나눠 휘핑한다.

3 **과일 전처리하기** 가루재료의 일부는 준비된 과일과 혼합한다.

4 **가루재료 혼합하기** 2에 체친 박력분, 베이킹파우더, 분유를 넣고 주걱으로 가루재료가 보이지 않을 때까지 혼합한다.

5 **팬닝 & 토핑** 3과 4를 혼합하여 파운드 틀에 팬닝한 후, 과일을 토핑한다.

6 **굽기** 160도로 예열된 오븐에서 40~50분 구워낸다.

Tip&Tip 파운드 바닥을 두껍지 않게 하려면

열전도를 고르게 하고 바닥이 두꺼워지는 것을 방지하려면 평철판 위에 파운드 틀을 올려 이중팬으로 굽는다. 레몬 제스트, 오렌지 제스트 1개 정도를 추가로 넣으면 맛과 향이 강해진다.

광택제 만들기

동량의 에프리코혼당과 물을 살짝 끓인 후, 냉각된 파운드케이크 윗면에 붓으로 발라주면 저장기간이 연장되고 맛도 좋아진다.

고구마머핀

섬유질이 풍부하고 다이어트에 도움이 되는 고구마를 이용하여 촉촉하면서 달콤하고 향기도 좋은 고구마머핀을 만들어 보자.

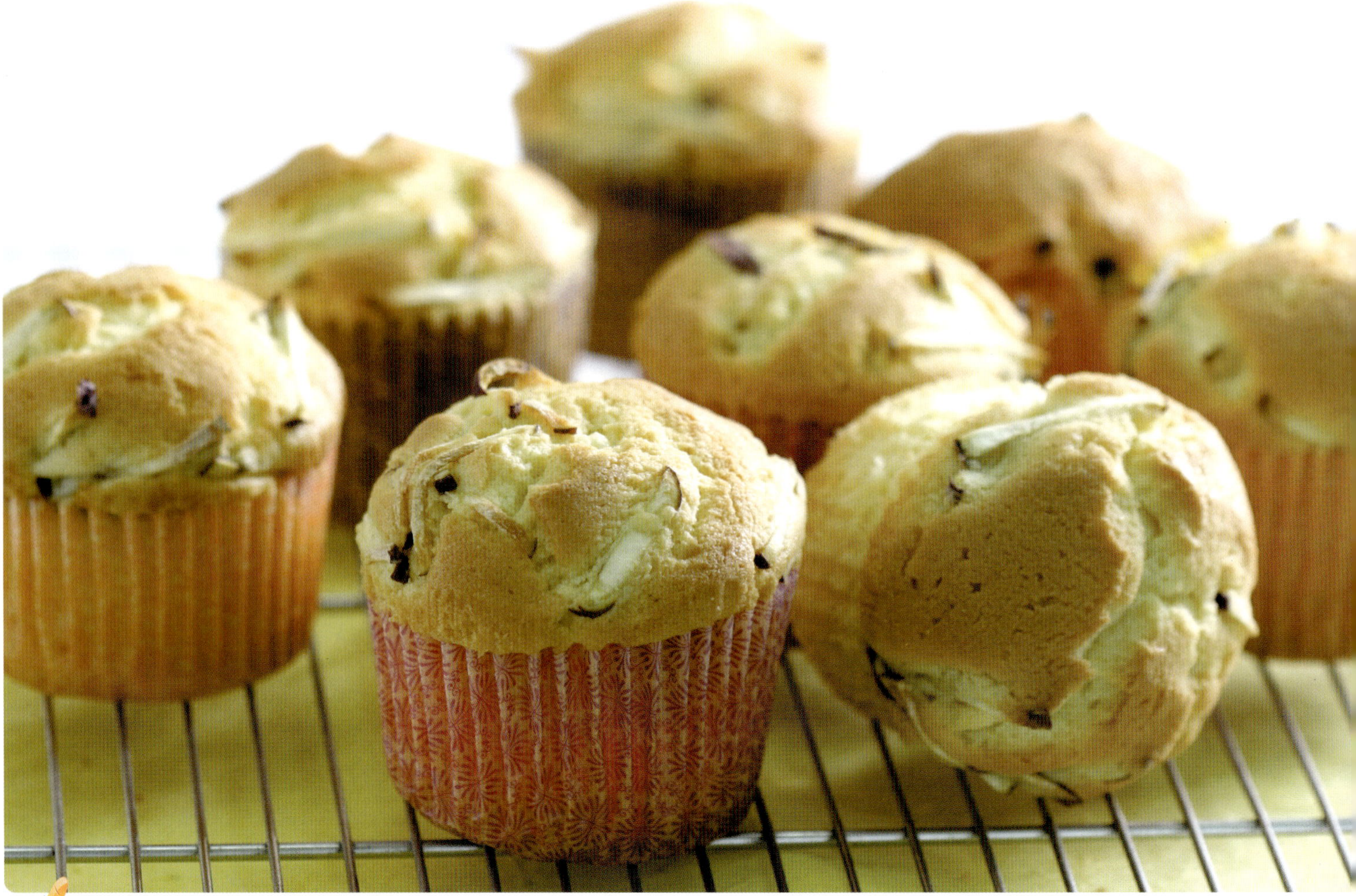

제작포인트

☐ 크림화 작업 시 충분히 크림화하여 설탕을 최대한 녹인다.
☐ 고구마가 너무 굵으면 잘 익지 않으므로 고구마 썰기에 신경을 쓴다.

▲ 고구마 썰기

▲ 고구마 준비하기

- **만들 개수** : 10개　■ **굽는 시간** : 25~30분
- **필요 재료** : 박력분 200g, 버터 150g, 달걀 3개, 설탕 146g, 소금 4g, 베이킹파우더 4g, 아몬드 분말 30g, 다진 고구마 60g
- **필요 도구** : 휘퍼, 고무주걱, 짤주머니, 머핀 틀, 머핀 유산지

작업 준비
- 고구마 다져두기
- 머핀 틀에 머핀 유산지를 끼우고 오븐을 160도로 예열하기

이렇게 만들어요

1 **버터 크림화하기** 볼에 버터를 넣고 휘퍼로 휘핑하여 풀어준다. 소금, 설탕을 넣고 2~3분 정도 휘핑하여 크림화한다.

2 **달걀 혼합하기** 크림화된 버터에 달걀을 넣고 부드럽게 크림화한다.

3 **가루재료 혼합하기** 2에 체친 박력분, 베이킹파우더, 아몬드 분말을 넣고 주걱으로 가루재료가 보이지 않을 때까지 혼합한다.

4 **고구마 혼합하기** 혼합된 반죽에 다진 고구마를 넣고 잘 섞어준다.

5 **팬닝 & 토핑** 머핀 틀에 80%로 팬닝한 후 슬라이스한 고구마를 올린다.

6 **굽기** 160도로 예열된 오븐에서 25~30분 정도 구워낸다.

Tip & Tip 고구마 준비

고구마머핀을 만들 때 고구마 상태는 생고구마여도 좋고, 구운 고구마나 찐 고구마를 사용해도 좋다. 참고로 일반 머핀은 만들고 좀 지나야 축축해지지만 고구마머핀은 만든 직후 뜨거울 때 먹어야 촉촉한 느낌이 전해진다.

마늘바게트

우리 생활 깊숙이 들어와 있는 마늘은 쇠약한 몸을 보호하며 피부에도 좋다고 한다. 마늘소스를 이용하여 건강식 바게트인 마늘바게트를 만들어보자.

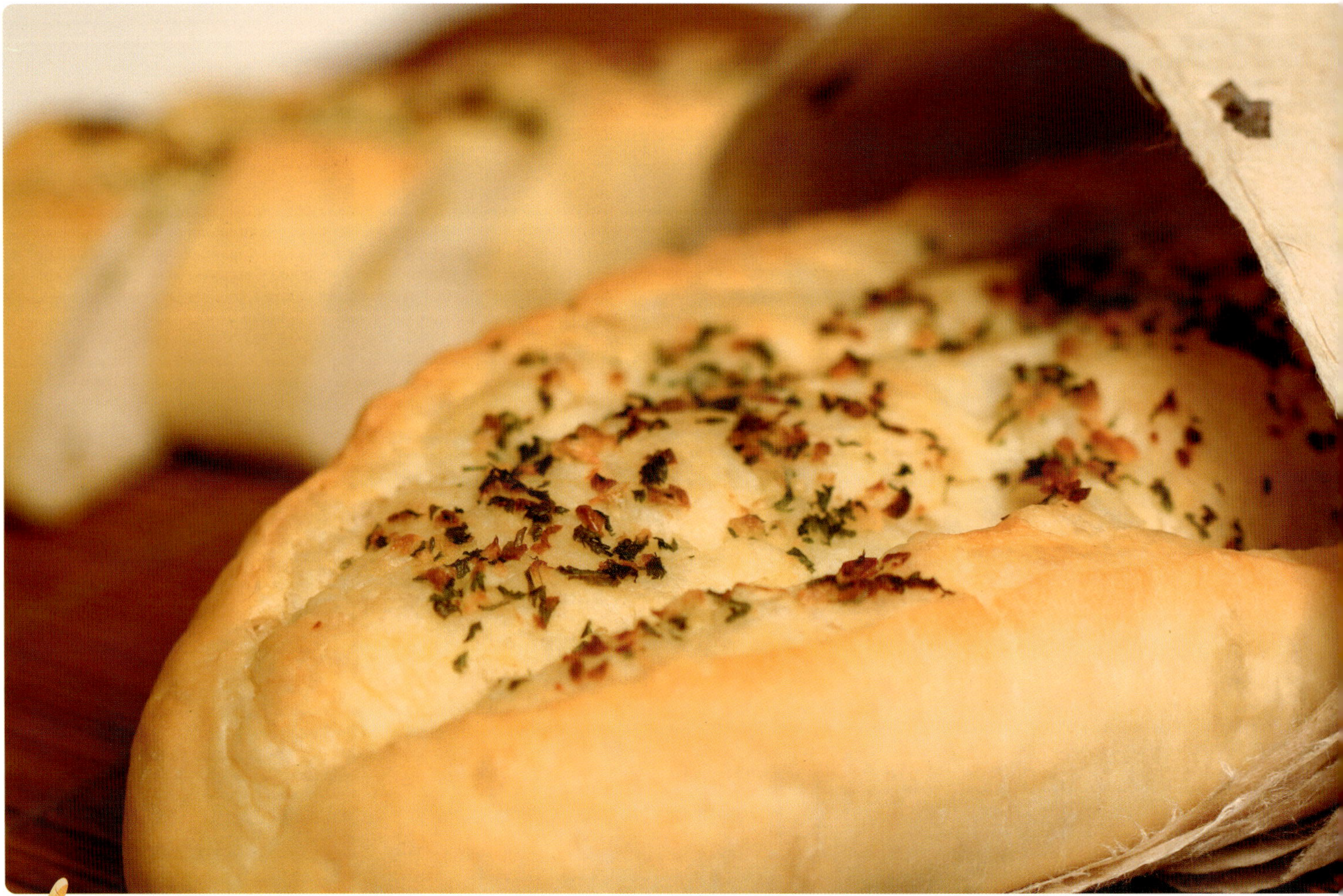

제작포인트

☐ 마늘소스를 처음 짤 때는 소량만 짜고, 굽는 도중에 한 번 더 충분히 짜준다.

▲굽기 중 마늘소스 짜기

▲물 분무하기

- **만들 개수** : 2개　**굽는 시간** : 25~30분
- **필요 재료** : 강력분 160g, 박력분 40g, 물 128g, 이스트 8g, 소금 3.6g, 버터 6g, 개량제 2g, 분유 2g, 마늘소스(버터 100g, 양파 15g, 마늘 8g, 파슬리 3g, 소금 1.2g)
- **필요 도구** : 스크래퍼, 저울, 종이 짤주머니, 칼

작업 준비

- 기본 반죽 만들기(권말부록 참고)
- 마늘소스 만들기
- 평철판을 준비한 후 오븐을 200도로 예열하기

이렇게 만들어요

1　반죽하기 준비된 재료를 섞어 반죽이 완성되면 볼에 담고, 반죽이 마르지 않게 비닐을 덮어 40분 정도 1차 발효시킨다.

2　분할하기 1차 발효된 반죽을 160g씩 분할하여 10~20분간 중간 발효시킨다.

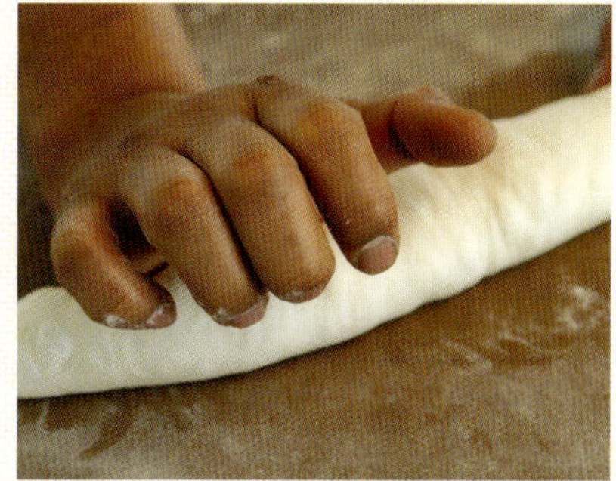

3　성형하기 160g으로 분할 발효시킨 반죽을 손으로 눌러가며 성형한다.

4　2차 발효하기 봉상형의 20cm 길이로 성형한 반죽을 팬닝한 후 2차 발효시킨다.

5　마늘소스 만들기 볼에 소금, 다진 양파, 마늘, 파슬리를 주걱으로 섞는다. 5분 정도 숨죽인 후 포마드 상태로 풀어 놓은 버터와 혼합한다.

6　굽기 팬닝한 크기의 1.5배로 부풀면 칼집을 넣고 마늘소스를 짠 다음 반죽에 물을 분무한 후 예열된 오븐에 넣고 바로 오븐 온도를 180도로 낮춰 굽는다.

Tip&Tip 마늘소스 보관과 굽기 온도

▶ 마늘소스를 넉넉히 만들어 냉동보관 해두고, 필요한 때 해동시켜 사용하면 편리하다.
▶ 200도로 예열한 오븐에 물을 분무한 반죽을 넣고 온도를 180도로 낮춰 굽는다.
▶ 굽기 시작한 지 10분 정도 지난 후 터진 부분에 마늘소스를 한 번 더 짜준 다음 충분히 구워낸다.

피타빵

중동지방에서 유래한 피타빵은 밑불 온도를 강하게 하여 오븐스프링으로 부풀린 빵이다. 중동에서는 피타빵에 훈제 양
고기를 얇게 떠서 감자튀김과 야채를 넣어 먹는다.

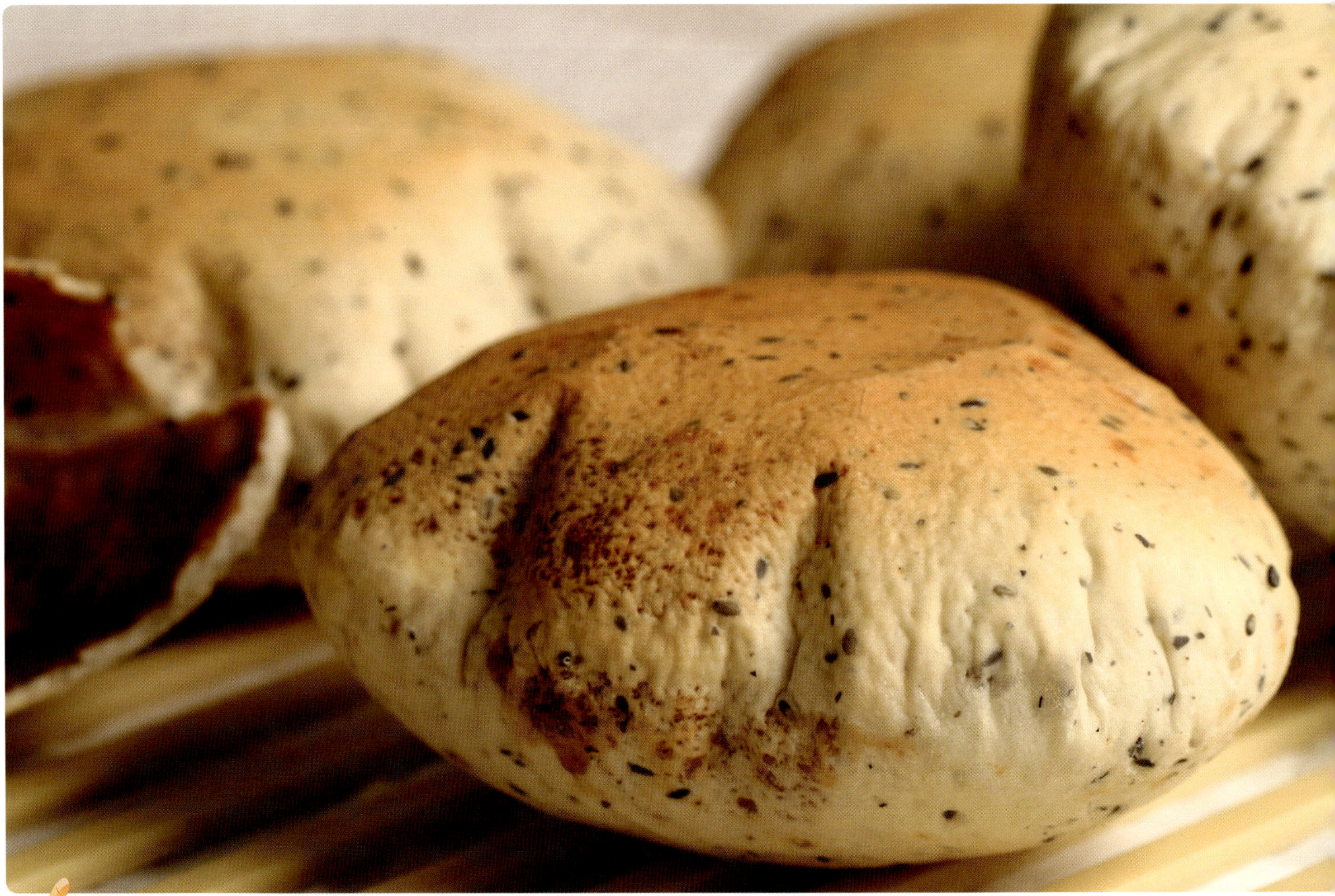

제작포인트

☐ 발효시간이 짧기 때문에 단시간에 제품을 만들 수 있다.
☐ 굽는 도중 오븐 문을 열면 빵이 부풀지 않을 수 있으므로 주의한다.

▲밀어 펴기

▲내용물 혼합하기

- **만들 개수** : 12개　**굽는 시간** : 20~25분
- **필요 재료** : 강력분 300g, 물 165g, 이스트 9g, 소금 6g, 버터 15g, 흑임자 9g, 식용유 6g, 내용물(흑설탕 100g, 강력분 30g, 설탕 20g, 계피 1g)
- **필요 도구** : 스크래퍼, 저울, 스푼, 밀대, 고무주걱

작업 준비

- 기본 반죽 만들기(권말부록 참고)
- 설탕, 계피 등의 내용물 혼합하기
- 평철판을 준비한 후 오븐을 200도로 예열하기

이렇게 만들어요

1 **반죽하기** 준비된 반죽 재료를 잘 섞어 반죽이 매끈하면서 잘 늘어나지 않는 정도(발전단계 70~80%)로 반죽한다. 비닐을 덮어 10분간 상온 발효시킨다.

2 **내용물 혼합하기** 볼에 흑설탕, 강력분, 설탕, 계피를 넣고 주걱으로 혼합한다.

3 **분할하기** 상온 발효된 1의 반죽을 40g씩 분할한다.

4 **내용물 싸기** 분할된 반죽을 밀대로 밀어 편 후 혼합한 내용물을 넣고 싼다.

5 **성형 & 팬닝** 다시 4를 밀대를 이용하여 너무 힘을 주지 말고 얇게 밀어 편 후 팬닝한다.

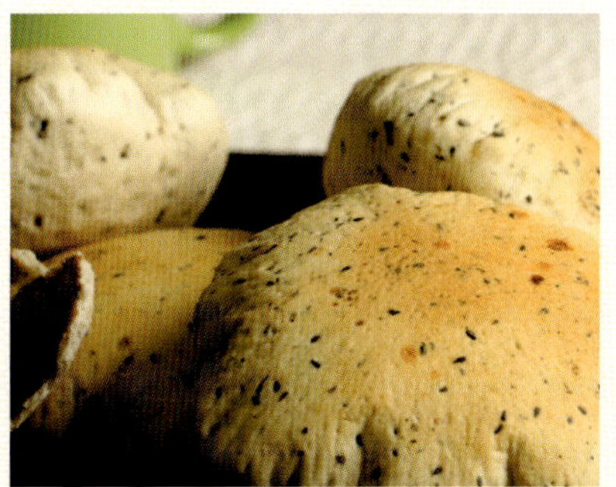

6 **굽기** 200도로 예열한 오븐에 팬을 넣은 후 180도로 온도를 낮추고 물을 분무하여 20~25분 굽는다.

Tip&Tip 부풀지 않는 피타빵

피타빵을 만들 때 포장을 쉽게 하기 위해 미리 칼집을 내어 부풀지 않게 만들 수도 있다.

라스크(Rusk)

일반적으로 식빵을 토스트한 것을 말하며, 두 번 구워낸 빵이다. 딱딱해진 식빵을 버리기 아깝다면 다시 한 번 구워내어 말랑말랑한 라스크로 만들어보자.

재료&도구
- **만들 개수** : 2개
- **필요 재료** : 식빵 2조각, 설탕 50g, 휘핑한 생크림 50g, 포마드 상태의 버터 50g
- **굽는 시간** : 10~15분
- **필요 도구** : 빵칼, 버터나이프

작업 준비
- 생크림 휘핑하기(권말부록 참고)
- 버터 풀어놓기
- 평철판 준비하기
- 오븐을 160도로 예열하기

제작포인트
- 식빵 윗면에 바르는 버터는 크림 상태로 풀어 사용하는 것이 편리하다.

이렇게 만들어요

1 **재료 준비하기** 슬라이스한 식빵 윗면에 바를 휘핑한 생크림과 설탕, 버터를 준비한다.

2 **생크림 바르기** 식빵의 윗면에 버터나 휘핑한 생크림을 버터나이프로 고루 바른다.

3 **설탕 입히기 & 굽기** 버터나 생크림을 바른 식빵 윗면에 설탕을 얇게 묻힌 후 예열한 오븐에 넣어 굽는다.

에그토스트

달걀은 필수 아미노산인 페닐알라닌, 메티오닌, 트레오닌, 발린 등이 풍부하여 성장기 어린이에게 좋은 영양 간식이다.

재료&도구

- **만들 개수** : 2개
- **필요 재료** : 식빵 4조각, 마요네즈, 달걀 2개, 파슬리, 소금, 후추
- **굽는 시간** : 10~15분
- **필요 도구** : 빵칼, 스패츌러, 원형 틀

작업 준비

- 식빵 슬라이스하기
- 평철판 준비하기
- 오븐을 160도로 예열하기

제작포인트

□ 식빵에 마요네즈를 충분히 발라야 굽는 도중에 달걀이 옆으로 흘러내리지 않는다.

 **이렇게 만들어요**

1 **식빵 모양내기** 위쪽에 위치할 슬라이스한 식빵 2개를 준비하고, 지름 6cm의 원형 틀로 찍어 모양을 낸다.

2 **마요네즈 바르기** 아래쪽에 위치할 식빵의 윗면에 마요네즈를 바른다. 이때 마요네즈를 너무 적게 바르면, 달걀이 밑으로 흘러내릴 수 있다.

3 **토핑 & 굽기** 모양 틀로 찍은 식빵을 올린 후 홈 가운데에 달걀을 깨어 넣는다. 소금, 파슬리, 후추를 토핑하여 굽는다.

마늘빵

마늘은 항암 작용이 뛰어나며, 위장 질환 예방에도 좋은 식품이다. 마늘을 싫어하는 사람도 빵으로 만들어 놓으면 맛있게 먹을 수 있다.

재료&도구

- 만들 개수 : 2개
- 필요 재료 : 식빵 2조각, 마늘소스 50g(버터 100g, 양파 15g, 마늘 8g, 파슬리 3g, 소금 1.2g 배합)
- 굽는 시간 : 10~15분
- 필요 도구 : 빵칼, 버터나이프

작업 준비

- 마늘소스 만들기(마늘바게트 참고)
- 식빵 슬라이스하기
- 평철판 준비하기
- 오븐을 160도로 예열하기

제작 포인트

☐ 마늘과 양파는 충분히 다져서 사용해야 매운 맛을 덜 느낄 수 있다.

 이렇게 만들어요

1 **재료 준비하기** 식빵 2조각과 빵에 바를 마늘소스를 준비한다.

2 **마늘소스 바르기** 식빵에 마늘소스가 고루 발라지도록 버터나이프를 이용하여 펴 바른다.

3 **굽기** 빵에 충분히 색이 날 때까지 예열한 오븐에 넣어 굽는다.

피자빵

피자는 각종 야채와 햄, 치즈를 이용한 것으로 아이들이 좋아하는 간식이다. 만들기 어려운 피자 반죽 대신 식빵을 이용해 간편하게 피자를 만들어보자.

재료&도구

- **만들 개수** : 2개
- **필요 재료** : 식빵 2조각, 피자치즈 120g, 양송이 30g, 맛살 1개, 파슬리 2g, 슬라이스 햄 1장, 양파 30g, 케첩 60g, 오레가노 1g
- **굽는 시간** : 20~25분
- **필요 도구** : 빵칼, 스패츌러, 칼, 도마

작업 준비

- 야채 썰기
- 식빵 슬라이스하기
- 평철판 준비하기
- 오븐을 160도로 예열하기

제작 포인트

☐ 딱딱해진 식빵에 각종 야채와 치즈를 토핑하여 맛있는 피자를 만들 수 있다.

이렇게 만들어요

1 케첩 바르기 식빵의 윗면에 케첩을 바르고, 피자 향신료인 오레가노를 뿌린다.

2 피자치즈 토핑하기 그 위에 양파를 올리고, 피자치즈를 뿌린다. 피자치즈를 뿌릴 때는 케첩을 충분히 덮히도록 뿌려야 케첩이 타는 것을 막을 수 있다.

3 토핑하기 피자치즈 위에 다시 양송이, 햄, 맛살, 파슬리를 순서대로 토핑하고, 예열한 오븐에 굽는다.

Chapter 10

깊어가는 가을 와인이 잘 어울리는 달

10월

10월도 문화행사가 이곳저곳에서 이어지는 달이다.
깊어가는 가을 문화에 와인이 곁들여지면
연인들의 사랑도 깊어진다.
가벼운 데이트가 아닌 둘만의 멋진 공간에서
와인젤리와 함께 특별한 시간을 갖는다면
연인에게 당신의 점수는 만점 그 이상이다.

10월

SUN
MON
TUE
WED
THU
FRI
SAT
075
모카 파운드케이크
074
고구마타르트
076
모카만주
077
와인머핀
078
카스타드빵
079
와인젤리
080
딸기 생크림케이크
081
쑥카스테라
082
단호박케이크

고구마타르트

고구마는 생으로 먹든지 쪄 먹든지 구워 먹든지 어떻게 먹어도 맛있는 간식이다. 군것질, 영양 간식으로 사랑받는 고구마를 이용한 타르트를 만들어보자.

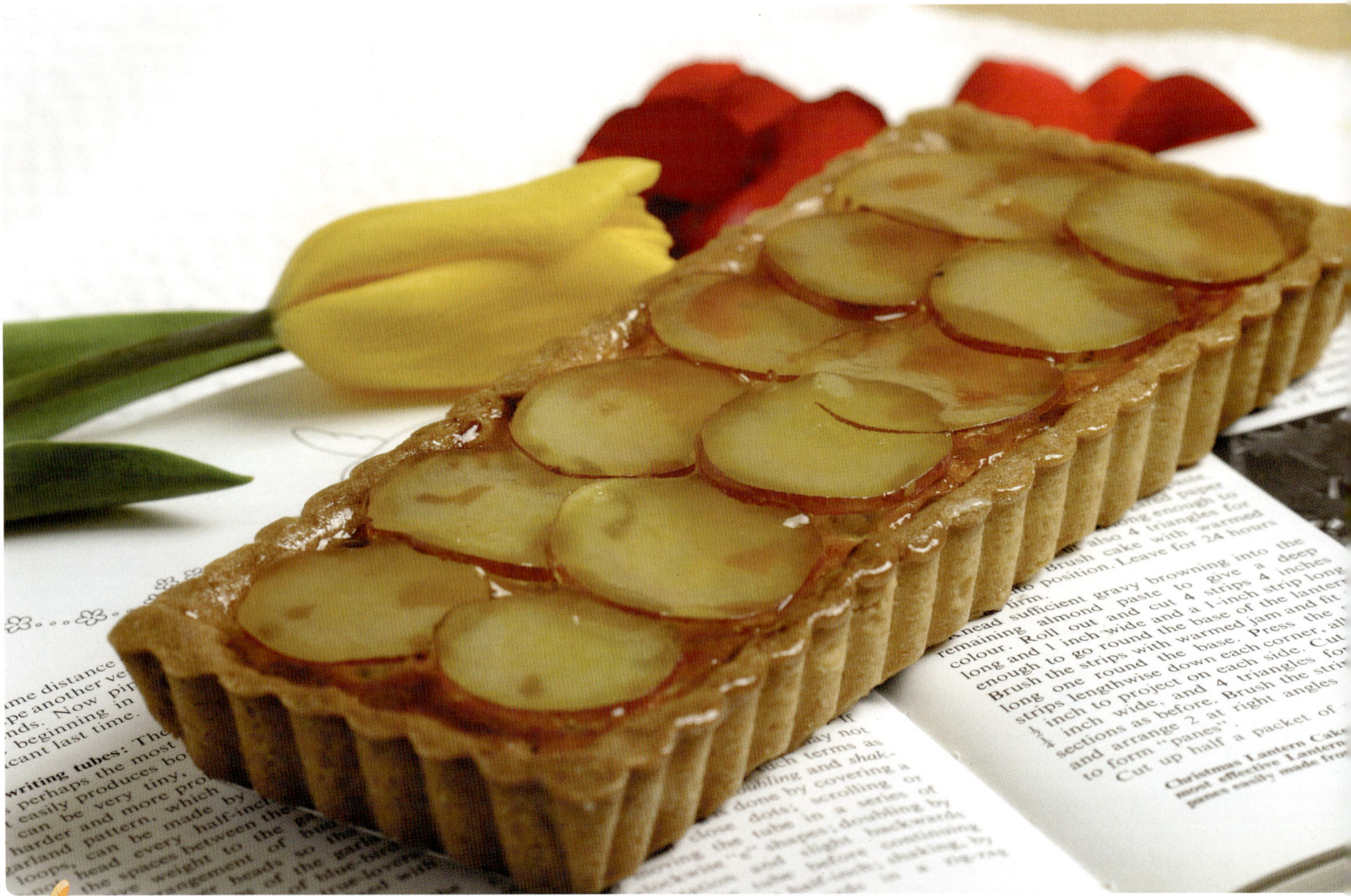

제작포인트

□ 장식용으로 쓸 고구마는 끓는 시럽에서 투명해질 때까지 끓인 후 건 진다.

▲고구마 아몬드크림

▲장식용 고구마

 **재료 준비**

- **만들 개수** : 직사각 타르트 1개　　■ **굽는 시간** : 35~40분
- **필요 재료** : 빠뜨쉬크레 300g, 아몬드크림 150g, 삶은 고구마 100g
- **필요 도구** : 밀대, 직사각 타르트 틀, 고무주걱
- **장식 재료** : 토핑용 고구마(고구마 200g, 설탕 100g, 물 200g)

작업 준비

- 빠뜨쉬크레, 아몬드크림 만들기(권말부록 참고)
- 고구마 삶기
- 고구마 토핑물 만들기(권말부록 참고)
- 타르트 틀을 전처리하여 준비하고 오븐을 160도로 예열하기

이렇게 만들어요

1 **틀 전처리하기** 타르트 틀에 쇼트닝을 바른 후 밀가루를 살짝 입혀 전처리한다.

2 **밀어 펴기** 준비된 빠뜨쉬크레 반죽을 2~3mm로 얇게 밀어 편 후 피켓한다.

3 **틀에 씌우기** 피켓된 빠뜨쉬크레 반죽을 타르트 틀에 씌운다.

4 **남은 반죽 자르기** 타르트 틀에 씌운 반죽을 밀대로 밀어 남은 반죽을 자른다.

5 **고구마 크림 만들기** 볼에 아몬드크림과 삶은 고구마를 넣고 주걱으로 혼합한다.

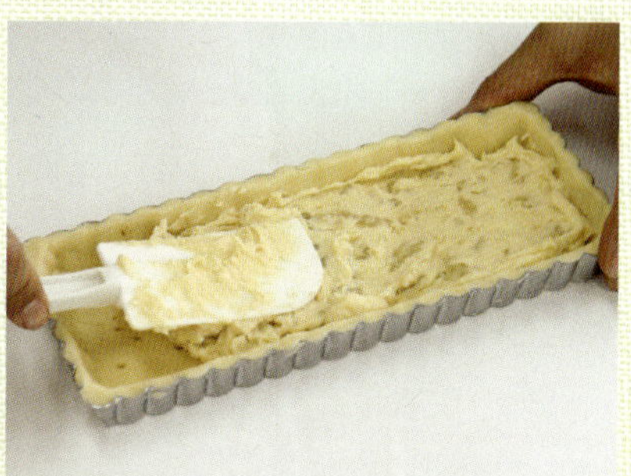

6 **굽기 & 장식** 4에 5를 팬닝하여 160도 오븐에서 35~40분 구운 후 냉각한다. 윗면에 고구마 장식물로 장식한다.

Tip & Tip 틀 전처리란?

틀 전처리란 틀에 쇼트닝이나 버터 소량을 손으로 바른 후 밀가루를 입혀 반죽이 틀에서 떨어지게 만드는 작업을 말한다.

Home baking
075

모카 파운드케이크

모카는 예멘 남서부에 위치한 항구도시로 커피를 수출하던 곳의 지명이다. 커피 분말을 이용하여 커피 애호가들이 좋아할 만한 파운드케이크을 만들어보자.

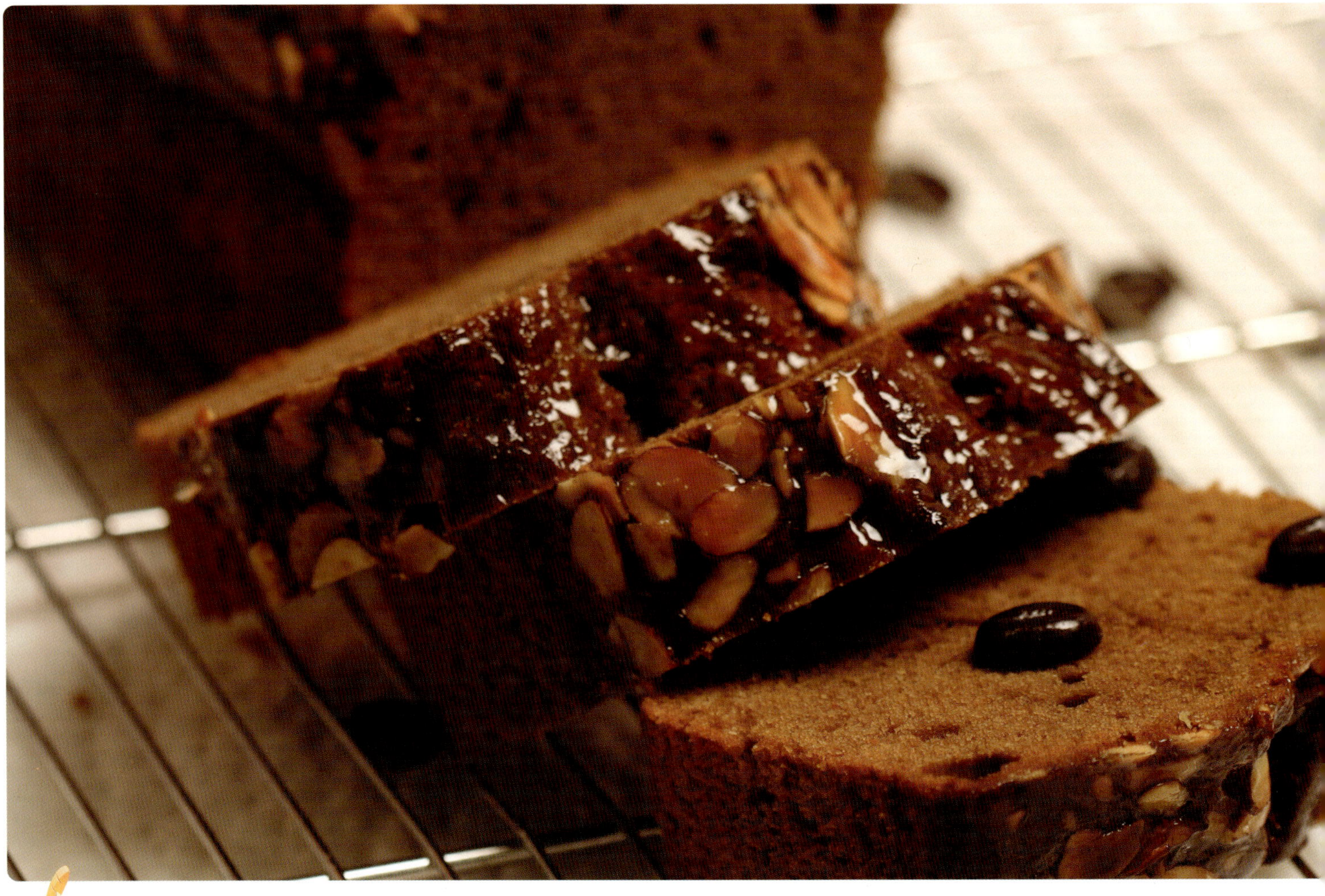

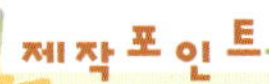

제작포인트

- □ 커피는 럼(술)에 섞어야 잘 녹는다.
- □ 열전도를 고르게 하고, 바닥이 두꺼워지는 것을 방지하기 위해 평철판 위에 파운드 틀을 올려 이중팬으로 굽는다.

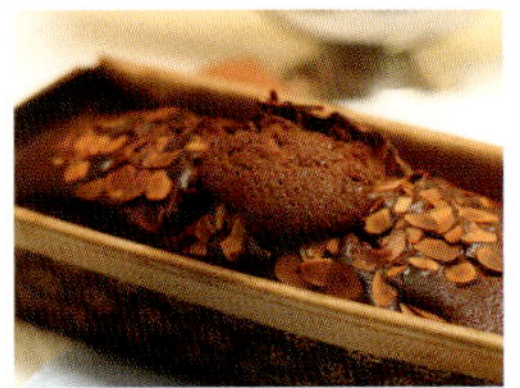

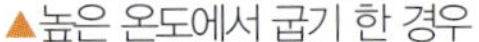

▲높은 온도에서 굽기 한 경우

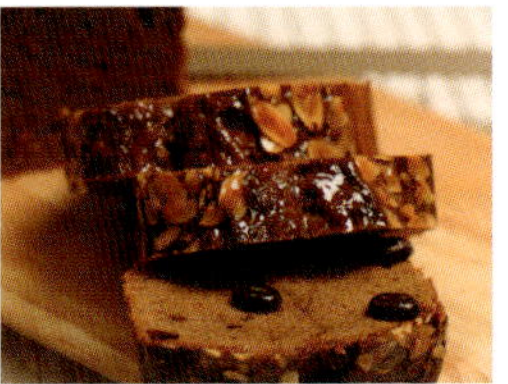

▲제품 슬라이스

이렇게 만들어요

1 **버터 휘핑하기** 볼에 버터를 넣고 휘퍼로 휘핑하여 풀어준다.

2 **버터 크림화하기** 휘핑된 버터에 소금, 설탕, 유화제를 넣고 휘핑하여 크림화한다.

3 **달걀 혼합하기** 2에 달걀을 두 번에 나눠 넣고 휘핑한다.

4 **가루재료 혼합하기** 3에 체친 박력분, 베이킹파우더, 분유를 넣고 주걱으로 가루재료가 보이지 않을 때까지 혼합한다.

5 **커피 혼합하기** 커피를 럼과 물에 혼합한다. 이 혼합물을 반죽에 넣고 색이 고르게 잘 섞는다.

6 **팬닝 & 굽기** 파운드 틀에 혼합된 반죽을 팬닝하고 슬라이스아몬드를 올린 다음 160도 오븐에 40~50분 굽는다.

Tip&Tip 파운드케이크 팬닝하기
파운드케이크를 팬닝할 때 가운데 부분이 들어가게 팬닝하는 이유는 열전도를 고르게 하기 위해서다.

광택제 만들기
동량의 에프리코혼당과 물을 살짝 끓인 후, 냉각된 파운드케이크 윗면에 붓으로 발라주면 저장기간이 연장되고 맛도 좋아진다.

모카만주

커피와 만주가 만나서 독특한 맛을 낸다. 모카만주는 커피 애호가를 위한 만주로, 한입 베어 물면 커피향이 은은히
풍기는 것이 맛의 깊이를 더한다.

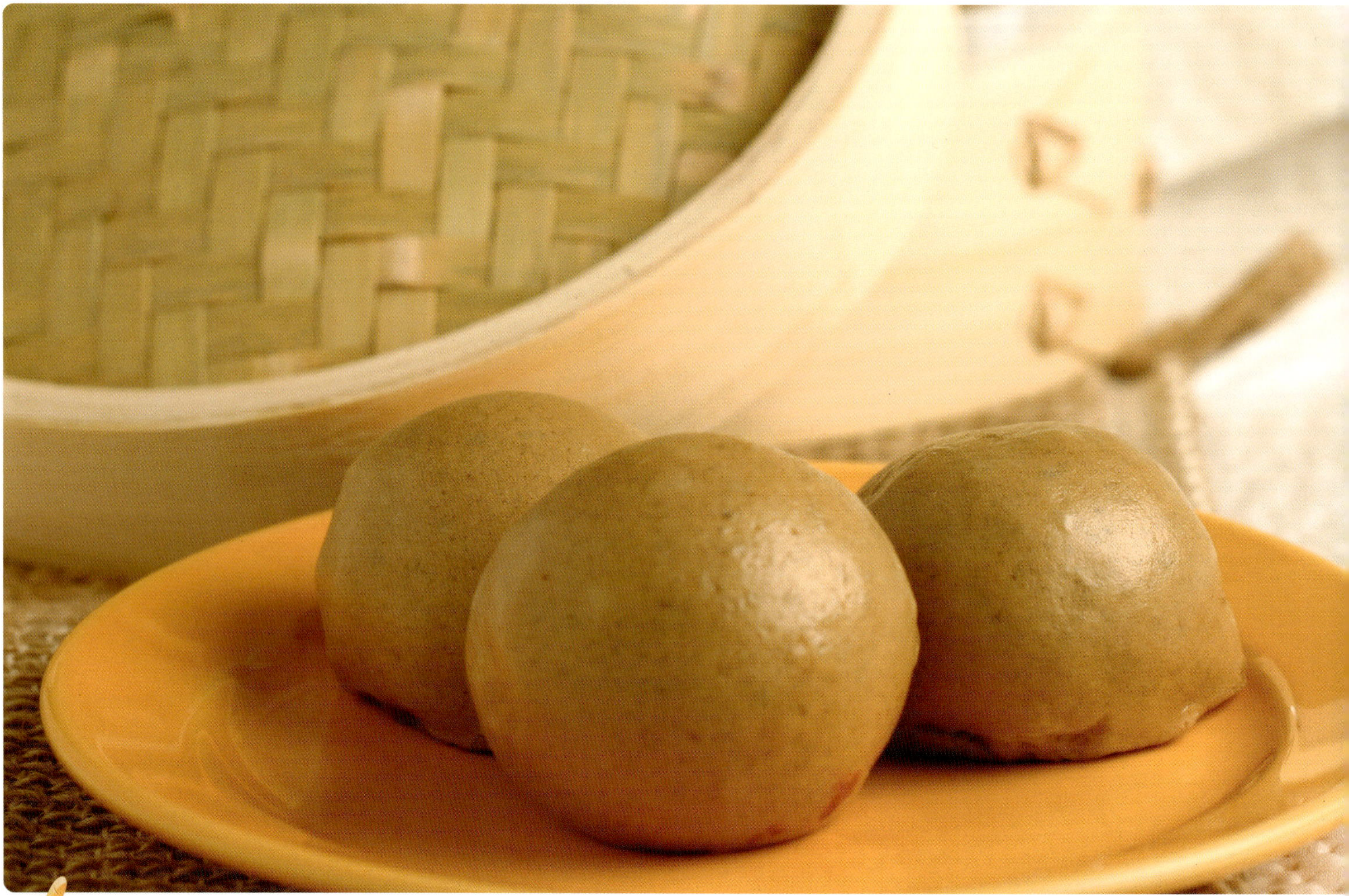

제 작 포 인 트

☐ 찌기 전에 물을 분무하여 덧가루를 제거한다.
☐ 반죽이 질면 손에 달라붙으므로 덧가루를 충분히 사용한다.
☐ 찌는 시간이 너무 길면 커피색이 검게 변할 수 있다.

▲ 앙금 싸기

▲ 완성된 모카만주

■ 만들 개수 : 15개　　■ 찌는 시간 : 5~7분

재료 준비
- 만들 개수 : 15개　　■ 찌는 시간 : 5~7분
- 필요 재료 : 박력분 100g, 커피 4g, 소다 1.2g, 럼 4g, 물엿 10g, 설탕 70g, 달걀 1개, 물 4g, 소금 1.5g, 내용물(적앙금 300g, 전처리한 호두분태 90g)
- 필요 도구 : 고무주걱, 휘퍼, 헤라

작업 준비 
- 호두 전처리 하기
- 앙금과 호두 섞기
- 찜통에 물 미리 끓이기

이렇게 만들어요

1 **달걀 풀어주기** 달걀을 잘 저어 풀어 준 후 소금, 설탕, 커피, 럼, 물엿을 혼합한다.

2 **중탕하기** 1의 설탕, 소금이 완전히 녹을 때까지 중탕으로 용해시킨다.

3 **가루재료 혼합하기** 2를 냉각시켜 체친 박력분, 베이킹파우더, 물, 소다를 섞어 혼합한다.

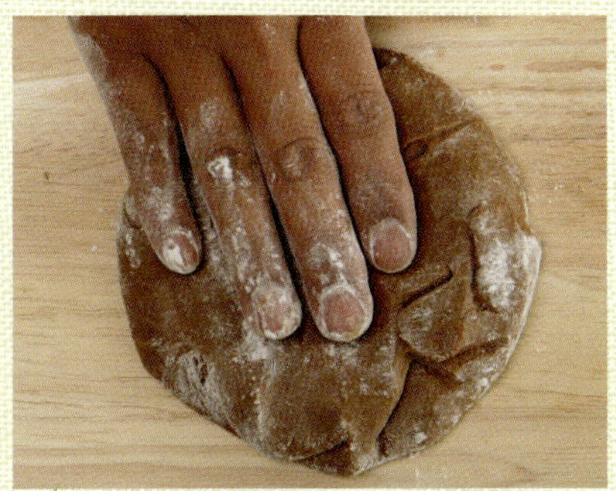

4 **냉장 휴지시키기** 3을 랩을 씌워 냉장고에 30분간 휴지시킨다. 그 후 덧가루를 뿌려가며 치대어 앙금 되기만큼 되기를 조절한다.

5 **분할 & 앙금 싸기** 휴지된 반죽을 20g씩 분할하여 준비된 내용물 20g을 넣고 싼다.

6 **찌기** 미리 끓여 놓은 찜통에 넣어 5~7분간 쪄준다.

Tip&Tip **진한 커피향을 원한다면**
만주 내용물로 들어갈 앙금에 커피 원액을 소량 첨가하면 더욱더 진한 커피맛을 낼 수 있다.

와인머핀

피부미용과 심장질환 완화효과가 있는 알칼리성 음료인 와인을 이용하여 머핀을 만들어보자.

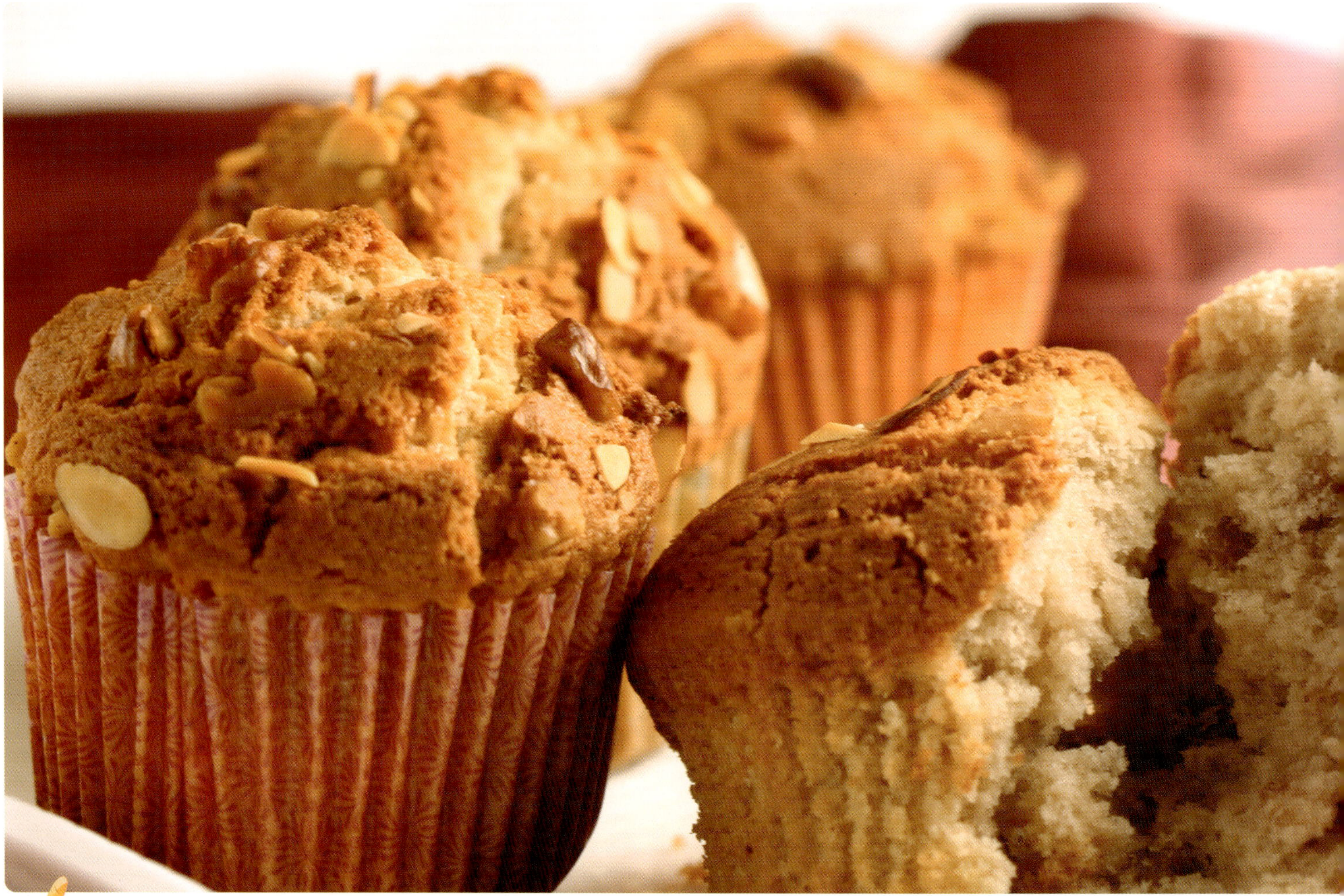

제작포인트

- [ ] 버터가 단단하면 분리현상이 일어나므로 충분히 풀어준 다음 크림화 한다.
- [ ] 와인 혼합 시 와인은 약간 따뜻하게 해서 섞어야 설탕을 용해하기 쉬우며, 반죽도 잘 혼합된다.

▲ 팬닝하기

▲ 충분히 굽기

이렇게 만들어요

1 **전처리하기** 향을 증가시키기 위해 와인에 호두, 슬라이스아몬드를 넣어 전처리한다.

2 **버터 크림화하기** 볼에 버터를 휘퍼로 휘핑하여 풀어준다. 소금, 설탕을 넣고 휘핑한 후 달걀을 넣고 2~3분 정도 휘핑한다.

3 **가루재료 혼합하기** 2에 체친 박력분, 베이킹파우더, 아몬드 분말을 주걱으로 가루재료가 보이지 않을 때까지 혼합한다.

4 **견과류 혼합하기** 와인에 전처리한 호두, 슬라이스아몬드를 3의 반죽에 혼합한다.

5 **팬닝** 짤주머니를 이용하여 머핀 틀에 80% 정도로 팬닝한다.

6 **굽기** 호두와 슬라이스아몬드를 토핑한 후 160도로 예열된 오븐에 25~30분간 굽는다.

Tip&Tip 와인머핀을 아이들에게

와인의 알코올 성분은 예열된 오븐에 구울 때 휘발되고 와인 향만 남으므로 아이들에게 권해도 좋다.

카스타드빵

남녀노소 누구나 좋아하는 카스타드크림, 일명 슈크림을 이용하여 가볍게 즐길 수 있는 빵을 만들어보자.

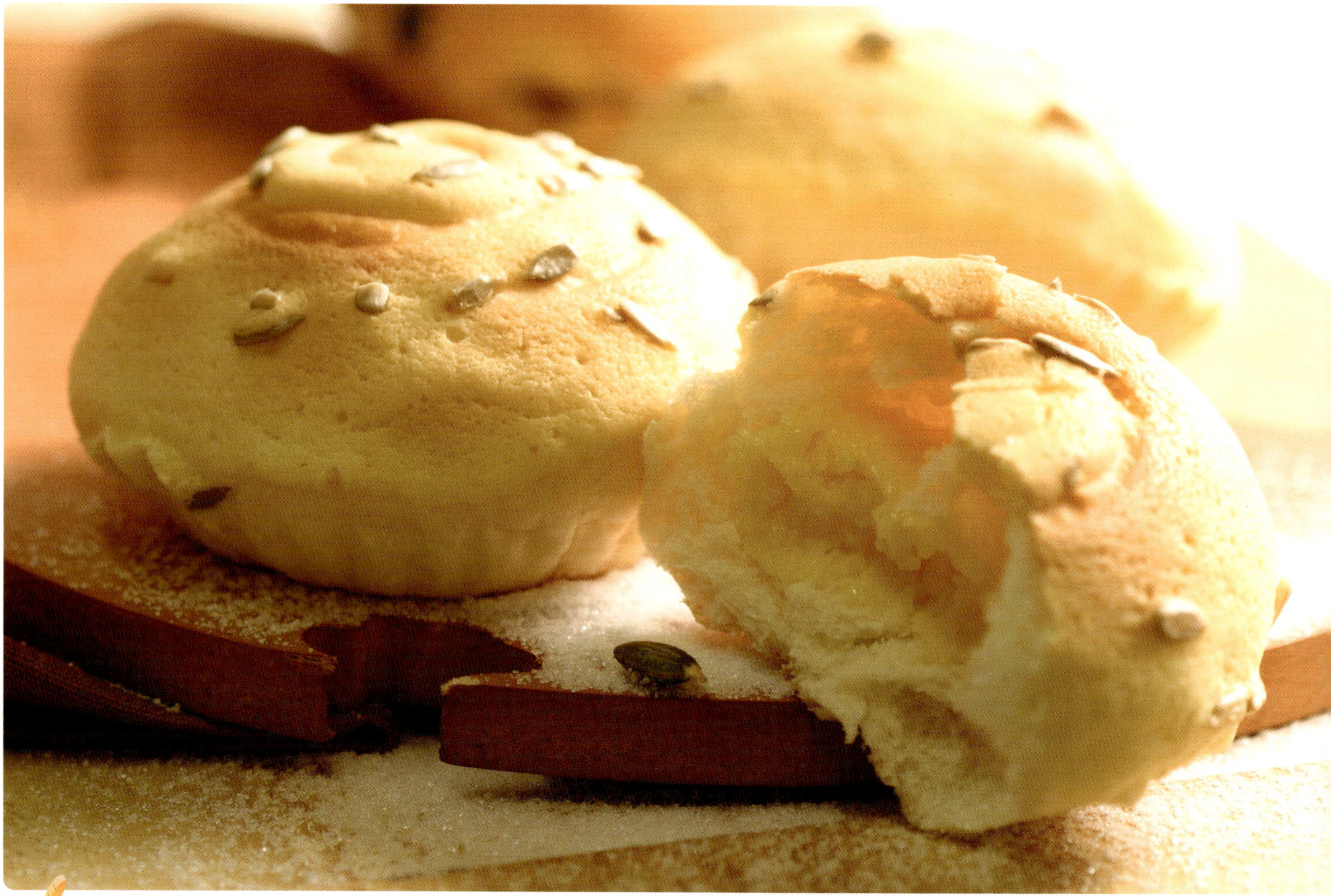

 **제작포인트**

□ 토핑물을 적게 짜면 토핑물이 없는 부분은 껍질색이 진하게 될 수 있으
므로 넉넉하게 짜준다.

▲카스타드크림 넣기

▲토핑물 짜기

- **만들 개수** : 8개   **굽는 시간** : 20~25분
- **필요 재료** : 강력분 200g, 물 100g, 이스트 6g, 소금 4g, 설탕 26g, 버터 20g, 분유 4g, 달걀 1개, 내용물(카스타드크림 400g), 토핑물(박력분 100g, 달걀 1개, 슈거파우더 75g, 버터 95g, 해바라기씨, 호박씨)
- **필요 도구** : 스크래퍼, 저울, 헤라, 휘퍼, 종이 짤주머니, 베이킹 컵, 고무주걱

- 기본 반죽 만들기(권말부록 참고)
- 종이 짤주머니 만들기(권말부록 참고)
- 카스타드 만들기
- 평철판에 베이킹 컵을 준비한 후 오븐을 170도로 예열하기
- 토핑물 만들기

이렇게 만들어요

1 **토핑물 만들기** 버터를 휘퍼로 풀어준 후 슈거파우더를 넣고 혼합한다.

2 **토핑물, 달걀, 가루재료 혼합하기** 1에 달걀을 혼합한 후 체친 박력분을 넣고 주걱으로 가루재료가 보이지 않을 때까지 혼합한다.

3 **1차 발효 & 분할하기** 완성된 반죽을 볼에 담고 비닐을 덮어 1시간 정도 1차 발효시킨 후 46g으로 분할하여 10~15분 중간 발효시킨다.

4 **카스타드크림 넣기** 밀대로 밀어 반죽 속의 가스를 빼고 카스타드크림을 넣어 싼다.

5 **팬닝 & 2차 발효** 베이킹 컵에 팬닝하여 30~40분 정도 2차 발효시킨다.

6 **토핑 & 굽기** 2차 발효가 끝나면 토핑물을 짜준 후 호박씨, 해바라기씨로 장식하여 170도 오븐에서 20~25분 굽는다.

Tip&Tip 카스타드 토핑물
카스타드의 토핑물로 해바라기씨나 호박씨 대신 호두, 잣 등을 사용해도 좋다.

와인젤리

레드와인이나 화이트와인을 이용하여 차게 만들어 먹을 수 있는 젤리를 만들어보자.

제작포인트

☐ 젤리의 특성상 여러 가지 용기로 다양한 모양을 낼 수 있다.

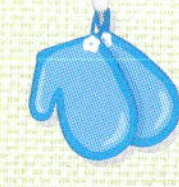

재료 준비
- 만들 개수 : 3개 ■ **냉장 시간** : 30~40분
- **필요 재료** : 레드와인 300g, 설탕 90g, 물엿 24g, 판젤라틴 4장, 오렌지주스 90g
- **필요 도구** : 고무주걱, 손체, 용기
- **장식 재료** : 생크림, 피스타치오

작업 준비
- 찬물에 젤라틴 불리기
- 생크림 만들기(권말부록 참고)

이렇게 만들어요

1 **와인에 설탕, 물엿 혼합하기** 레드와인에 설탕과 물엿을 넣고 혼합한다.

2 **주스 혼합하기** 혼합된 레드와인에 오렌지주스를 추가로 혼합한다.

3 **중탕하기** 2를 중탕으로 설탕, 물엿을 용해한다.

4 **젤라틴 혼합하기** 3에 용해한 젤라틴을 붓고 혼합한다.

5 **팬닝하기** 4를 체에 거른 후 준비된 용기에 부어 팬닝한다.

6 **냉장 & 장식** 5를 냉장고에서 충분히 굳힌다. 생크림을 짜고 피스타치오로 장식한다.

Tip&Tip 젤리를 부드럽게 빼려면
뜨거운 물에 살짝 대거나 따뜻한 수건을 용기에 대고 30초에서 1분 정도 기다렸다가 흔들면 용기에서 젤리가 쉽게 빠진다.

Home baking

080

딸기 생크림케이크

비타민 C가 많아 피로회복에 좋다는 딸기를 이용해 만든 생크림케이크. 일반적으로 생크림케이크는 장식하기 까다로워 집에서는 잘 만들지 않는다. 하지만 스푼을 이용하여 간단하면서도 손쉬운 방법으로 나만의 케이크에 도전해보자.

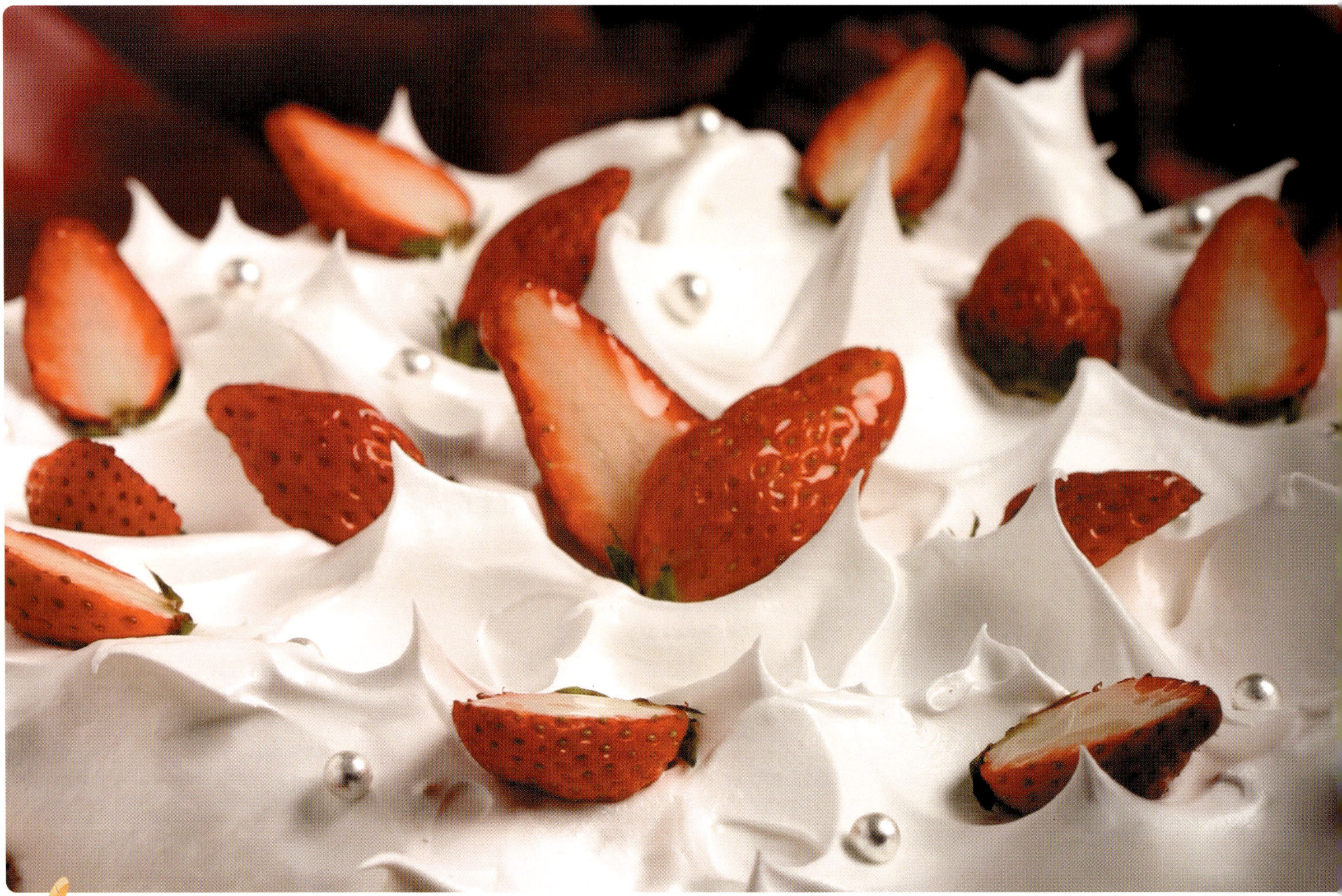

제작 포인트

- 딸기는 씻은 후 물기를 제거해야 무르는 것을 방지할 수 있다.
- 장식용 생크림을 너무 많이 휘핑하면, 정교한 모양을 내기 어려울 뿐만 아니라 뿔 모양이 생기지 않고 끊어진다. 반대로 휘핑이 부족하면 생크림이 흘러내린다.

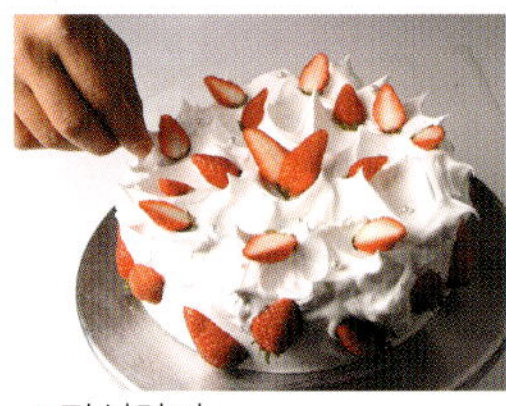

▲장식하기

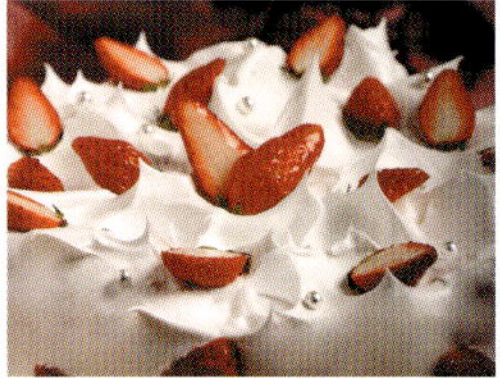

▲광택제 바르기

재료&도구
- 만들 개수 : 3호 1개
- 필요 재료 : 스펀지케이크 1개, 휘핑한 생크림 400g, 럼 12g(설탕시럽 100g, 럼 6g)
- 장식 재료 : 딸기, 생크림, 미로와, 장식용 구슬초콜릿
- 필요 도구 : 턴테이블, 스패출러, 스푼, 붓

작업 준비
- 스펀지케이크 3등분하기
- 생크림 휘핑하기(권말부록 참고)
- 시럽 만들기
- 딸기를 보기 좋게 잘라 준비하기

이렇게 만들어요

1 **스펀지 자르기 & 시럽 바르기** 스펀지케이크를 3등분한 후 스펀지케이크 1장 윗면에 시럽을 고루 바른다.

2 **생크림 바르기** 시럽을 바른 스펀지케이크 윗면에 약간의 럼을 넣어 휘핑한 생크림을 고루 바른다.

3 **과일 얹기** 물로 씻어 물기를 제거한 딸기를 반으로 자른 후 생크림 바른 케이크 위에 올린다.

4 **시럽, 생크림, 과일 얹기** 스펀지케이크 1장을 다시 올린 후 앞의 과정 1~3을 반복하여 시럽, 생크림, 딸기순으로 올린다.

5 **아이싱하기** 또 다시 스펀지케이크 1장을 올리고 시럽을 바른 후 휘핑한 생크림으로 아이싱한다.

6 **장식하기** 아이싱한 윗면을 스푼을 이용하여 장식하고, 딸기, 장식용 구슬초콜릿 등으로 장식한다.

Tip&Tip 휘핑한 생크림 장식

생크림을 너무 많이 휘핑하면 스푼으로 정교하게 모양내기가 어렵다. 이 때에는 휘핑하지 않은 생크림을 조금 넣어 풀어 농도를 조절하여 사용한다.

Home baking

081

쑥카스테라

도톡한 향을 내는 쑥을 이용하여 영양만점 카스테라를 만들어보자.

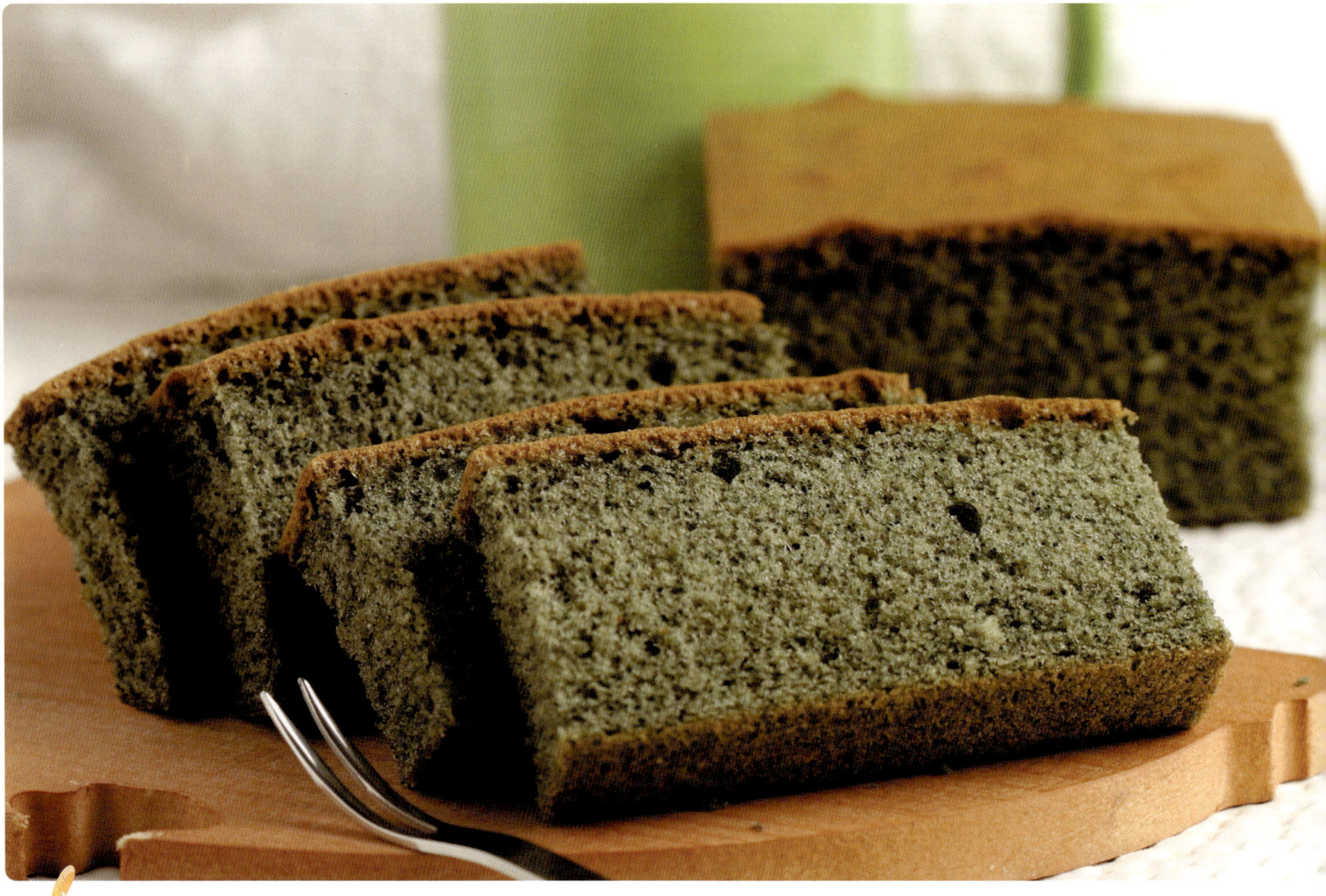

제작 포인트

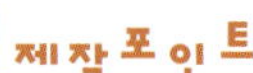

□ 쑥 분말은 섬유질이 많기 때문에 체에 내려지지 않으므로 체를 치지 않는다.

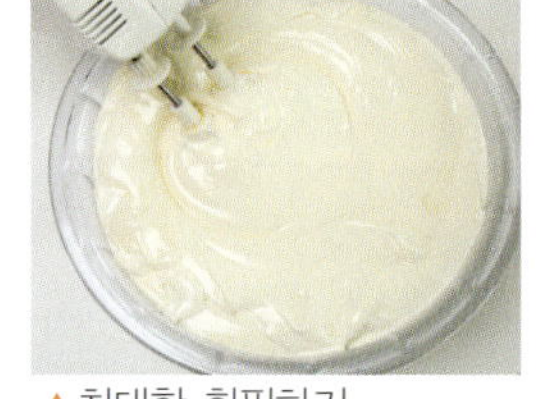

▲최대한 휘핑하기

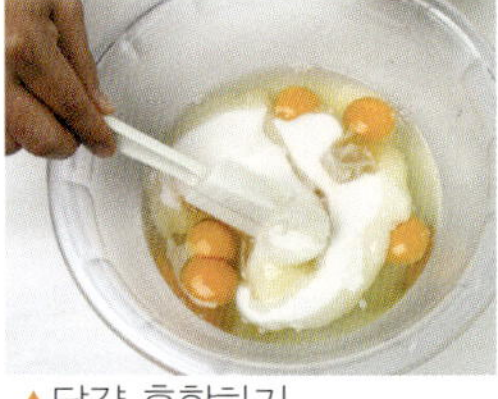

▲달걀 혼합하기

재료 준비
- **만들 개수** : 가정용 평철판 1개 분량
- **필요 재료** : 중력분 200g, 100% 쑥 분말 30g, 베이킹파우더 6g, 설탕 300g, 달걀 8개, 소금 6g, 유화제 12g, 식용유 140g, 물 100g
- **필요 도구** : 핸드믹서, 휘퍼, 고무주걱, 평철판

작업 준비
- **굽는 시간** : 25~30분
- 평철판에 종이를 깔고 오븐을 160도로 예열하기

이렇게 만들어요

1 **달걀 휘핑하기** 달걀, 소금, 설탕, 유화제를 혼합 후 5~8분 정도 최대한 휘핑한다.

2 **가루재료 혼합하기** 1에 체친 중력분, 베이킹파우더와 쑥 분말을 넣어 가볍게 혼합한다.

3 **물 혼합하기** 2에 물 100g을 부어 혼합한다.

4 **식용유 혼합하기** 물과 혼합된 반죽에 식용유를 혼합한다.

5 **팬닝하기** 평철판에 종이를 깔고 팬닝한다.

6 **굽기** 160도로 예열된 오븐에서 25~30분간 구워낸다.

Tip&Tip 쑥향을 강하게 하려면
쑥카스테라를 만들 때 소량의 접종을 첨가하면 향이 더욱 강해진다.

Home baking

082

단호박케이크

다이어트에도 도움이 되고 칼슘과 철분이 풍부한 단호박으로 케이크를 만들어보자.

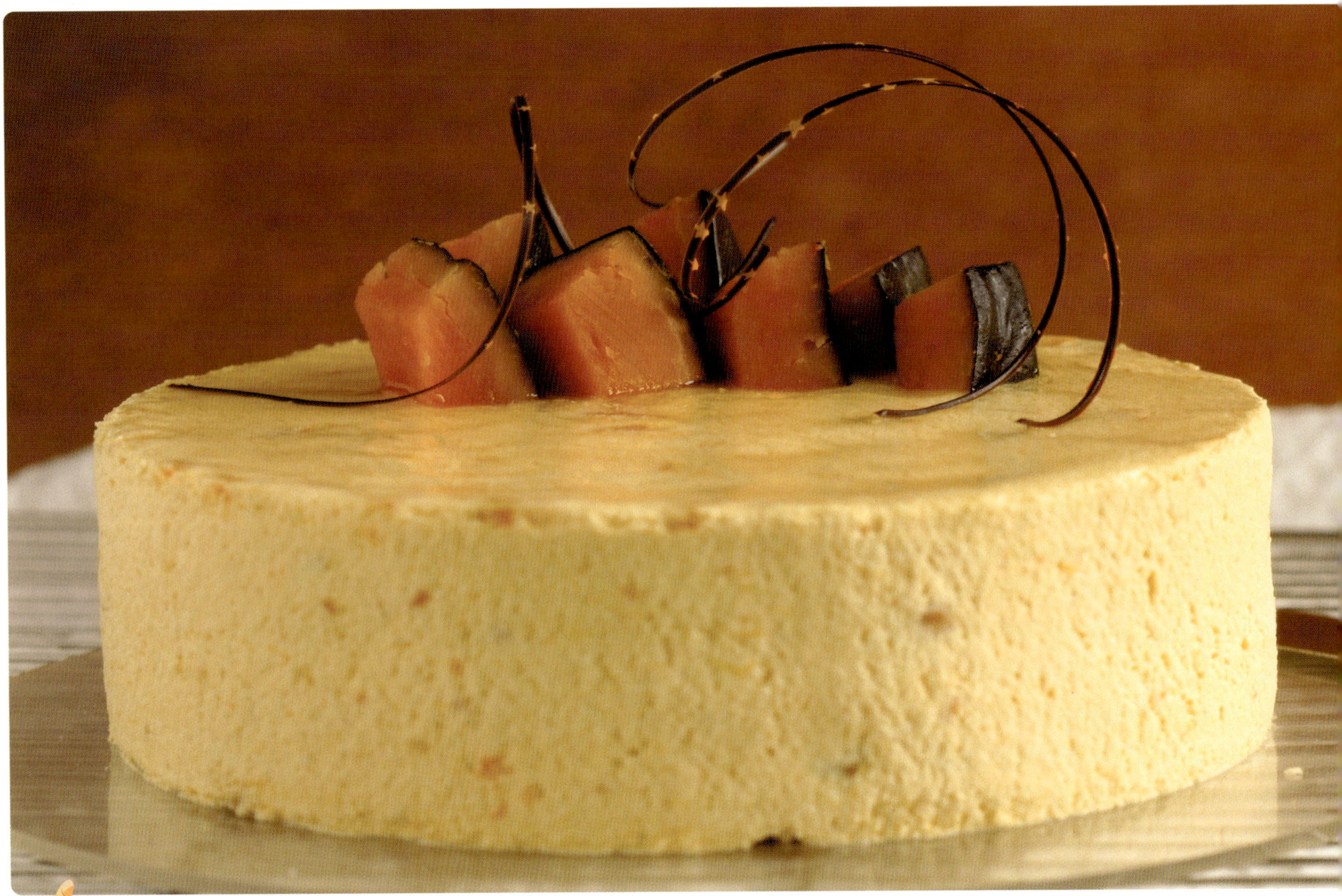

제작포인트

- 장식용 단호박은 냉장고에서 굳힌 후 잘라야 부서지지 않는다.
- 미로와(광택제)가 없으면 살구잼에 물(동량)을 섞어 불에 살짝 끓여 발라도 좋다.
- 단호박을 오래 찌면 노란색이 너무 짙어지므로 익을 때까지만 찐다.
- 단호박은 3~4등분으로 잘라서 씨를 빼낸 후 쪄서 사용한다.

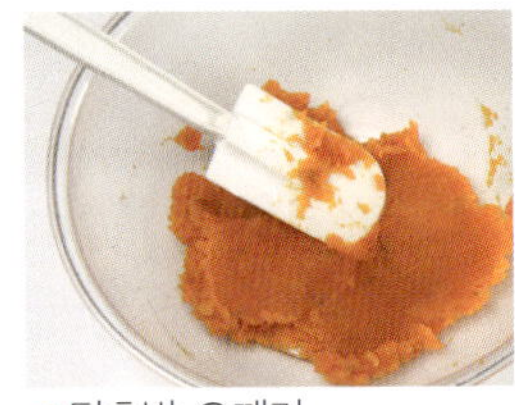

▲단호박 으깨기

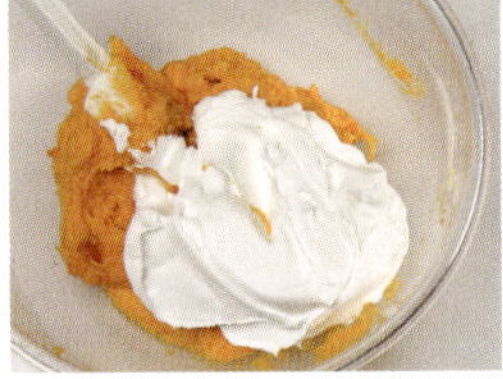

▲단호박과 생크림 혼합하기

- **만들 개수** : 2호 1개
- **필요 재료** : 스펀지케이크 2개분(1개는 체에 내려 케이크크림을 만든다.), 찐 단호박 200g, 카스타드크림 200g, 케이크크림 150g, 휘핑한 생크림A 100g, 휘핑한 생크림B 150g, 시럽 100g
- **필요 도구** : 스패출러, 빵칼, 주걱, 써클 틀(원형 무스 틀 2호) 1개, 휘퍼, 붓, 미니 스패출러
- **장식 재료** : 초콜릿 장식물, 장식용 단호박

 작업 준비

- 시럽, 카스타드 만들기
- 초콜릿 장식물 만들기(권말 부록 참고)
- 단호박 쪄서 준비하기
- 스펀지케이크 1개 3등분 하기
- 생크림 휘핑하기

이렇게 만들어요

1 **카스타드, 단호박 혼합하기** 찐 단호박을 체에 내려 카스타드크림과 혼합한다.

2 **케이크크림 & 생크림 혼합하기** 1에 휘핑한 생크림A를 혼합한 후 케이크크림과 휘핑한 생크림B를 혼합한다.

3 **시럽 바르기** 써클 틀에 스펀지케이크 1장을 깔고 시럽을 고르게 바른다.

4 **내용물 채우기** 3에 단호박 내용물 절반을 채운다. 스펀지케이크 1장을 올리고 다시 시럽을 바른다.

5 **윗면 다듬기** 4에 나머지 내용물을 올리고 빵칼이나 스패출러로 윗면을 매끈하게 다듬는다.

6 **틀 분리 & 장식하기** 5를 냉장고에서 살짝(5~10분) 굳히고 미니 스패출러로 테두리를 돌려 틀에서 분리한다. 윗면에 미로와를 바른 후 초콜릿 장식물과 단호박으로 장식한다.

Tip&Tip 단호박케이크 만들 때 주의사항
써클 틀은 뜨거운 수건으로 1분 정도 감싸면 잘 분리된다.
윗면에 미로와를 많이 바르면 흘러내리기 때문에 적당히 바른다.

Chapter 11
NOVEMBER

우정과 사랑을 전하는 달

11월

11월은 사랑과 우정을 나누는 달이다.
1자 4개가 겹치는 11월 11일은 빼빼로데이이고
11월 14일은 무비데이이다.
연인이나 친구와 함께 가슴 뭉클한 멜로 영화 한 편이나
흥미진진한 액션 영화 한 편을 달콤한 비스킷과 함께한다면
더 진한 사랑과 우정을 나눌 수 있을 것이다.

11월

SUN	MON	TUE	WED	THU	FRI	SAT
			083 빼빼로		085 복숭아타르트	
	084 비스킷					
086 샤를로뜨롤			087 바나나머핀			
	088 블루베리머핀				089 케이크도넛	
			090 옥수수카스테라			

빼빼로

빼빼로는 사랑과 우정을 전하는 빼빼로데이 때 직접 만들어 선물하기 좋은 과자 느낌의 빵이다. 사랑하는 사람에게 직접 만든 빼빼로를 선물해보자.

제작포인트

☐ 껍질이 두꺼워지는 것을 방지하기 위해서 굽기 전에 물을 분무한다.
☐ 초콜릿을 묻힌 빼빼로를 비닐 위에서 냉각시키면, 초콜릿이 굳은 후 떼어내기 편리하다.

재료 준비 ■ **만들 개수** : 20개 ■ **굽는 시간** : 15~20분
■ **필요 재료** : 강력분 200g, 버터 10g, 설탕 6g, 소금 2g, 이스트 6g, 흑임자
12g, 슬라이스치즈 2장, 물 60g, 우유 70g, 장식용 초콜릿
300g, 구운 호두 60g, 구운 땅콩분태 60g, 레인보우 30g
■ **필요 도구** : 평철판, 스크래퍼, 붓, 비닐

작업 준비 ■ 기본 반죽 만들기(권말부
록 참고)
■ 중탕으로 초콜릿 녹이기
■ 평철판을 준비하고 오븐
을 170도로 예열하기

 ## 이렇게 만들어요

1 **반죽하기** 모든 재료를 넣고 70~
80% 발전단계까지 반죽한다.

2 **1차 발효 & 분할하기** 반죽을 40분간
1차 발효시킨 후 40g씩 분할한다.

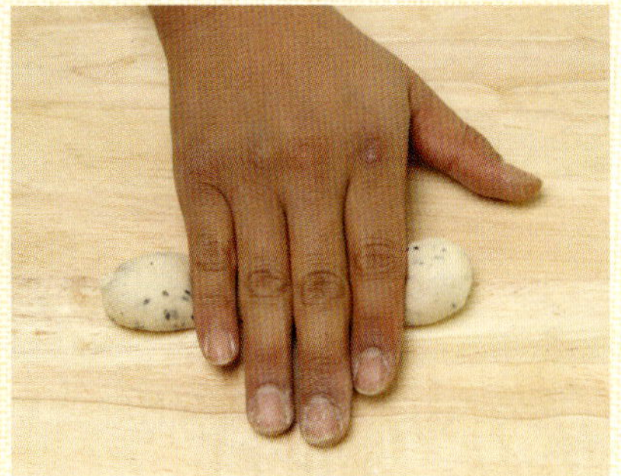

3 **밀어 늘리기** 손바닥으로 누르면서
굴려 막대 모양이 되도록 늘인다.

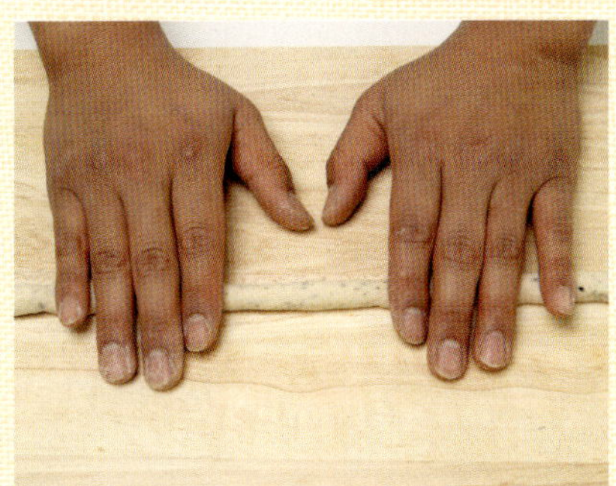

4 **성형하기** 반죽이 25~30cm 길이가
될 때까지 손바닥으로 잘 늘인다.

5 **굽기 & 장식** 170도로 예열한 오븐
에서 15~20분 구운 후 냉각시켜,
녹인 초콜릿을 바른다.

6 **토핑하기** 5에 전처리한 호두, 땅콩
분태, 레인보우 등으로 토핑한다.

Tip & Tip 식성 따라 골라먹는 빼빼로

녹인 초콜릿을 바른 후 어떤 견과류를 사용하느냐에 따라 빼빼로 이름을 달리 할 수 있다. 레인보우나 아몬드,
땅콩분태 등을 전처리하여 토핑하면 다양한 맛과 모양을 만들 수 있다(아몬드빼빼로 / 땅콩빼빼로 / 레인보우
빼빼로).

비스킷

비스킷은 두 번 구운 빵을 뜻하는 프랑스어의 비스(Bis : 두 번) 퀴(Cuit : 굽다)에서 유래되었다. 비스킷은 본래 오랜 항해에 비축할 식량으로 수분 함량이 많은 빵이 적합하지 않아 수분을 제거하고 구워 낸 빵으로서 여행, 항해 때 비상 식으로 사용했다고 한다.

제작포인트

□ 충분히 구워야 생밀가루 냄새가 나지 않는다.

■ **재료 준비**
- ■ 만들 개수 : 12개　■ **굽는 시간** : 20~25분
- ■ **필요 재료** : 박력분 300g, 버터 126g, 슈거파우더 60g, 소다 6g, 소금 3.6g, 우유 150g, 바닐라향 4g, 생크림 30g
- ■ **필요 도구** : 휘퍼, 고무주걱, 수저, 실리콘페이퍼

■ **작업 준비** 
- ■ 평철판을 준비하고 오븐을 170도로 예열하기

이렇게 만들어요

1 **버터 크림화하기** 볼에 버터를 휘퍼로 휘핑하여 풀어준 후 소금, 슈거파우더를 넣고 휘핑한다.

2 **가루재료 혼합하기** 1에 체친 박력분, 소다, 바닐라향을 넣고 주걱으로 가루재료가 보이지 않을 때까지 혼합한다.

3 **우유 혼합하기** 혼합된 반죽에 우유를 붓고 주걱으로 혼합한다.

4 **생크림 혼합하기** 3에 생크림을 넣고 다시 주걱으로 혼합한다.

5 **액체재료 혼합하기** 가루재료들이 보이지 않을 정도로 혼합한다.

6 **팬닝 & 굽기** 평철판에 수저로 50g씩 팬닝하여 170도로 예열한 오븐에서 20~25분 굽는다.

Tip&Tip 녹차 비스킷

녹차 비스킷도 집에서 만들 수 있다. 바닐라향 대신 녹차 분말 16g 정도를 혼합하면 맛 좋은 녹차비스킷이 된다. 비스킷에 버터나 잼을 샌드해 먹어도 좋다.

Home baking

085

복숭아타르트

복숭아는 사과산과 구연산이 함유된 알카리 식품으로 식욕증진과 피로회복에 큰 도움이 된다. 이번에는 복숭아 통조림을 이용하여 타르트를 만들어보자.

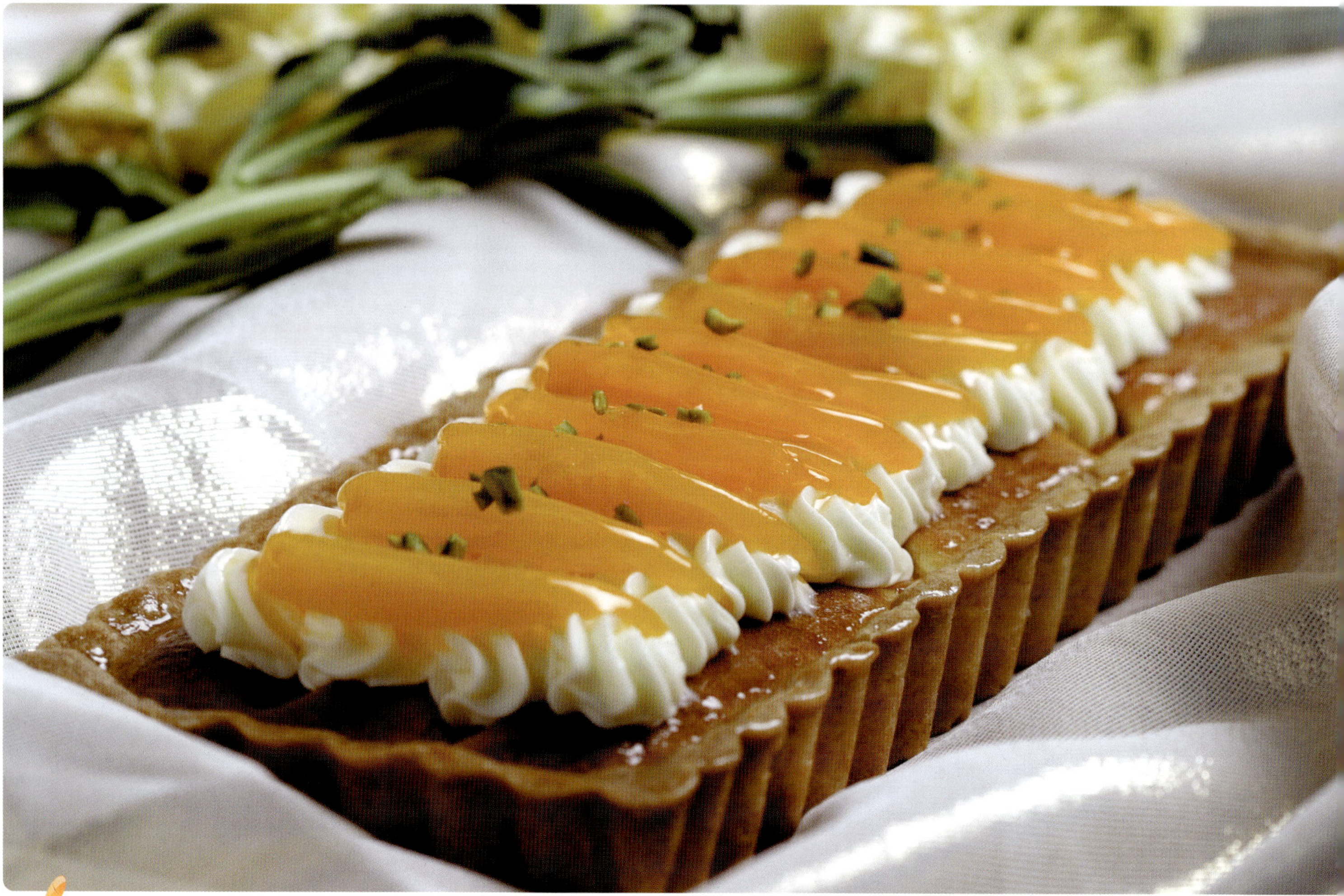

제작포인트

□ 장식용 크림은 타르트가 충분히 냉각된 후 짜야 녹지 않으며, 복숭아 윗면에 에프리코혼당을 발라준다.

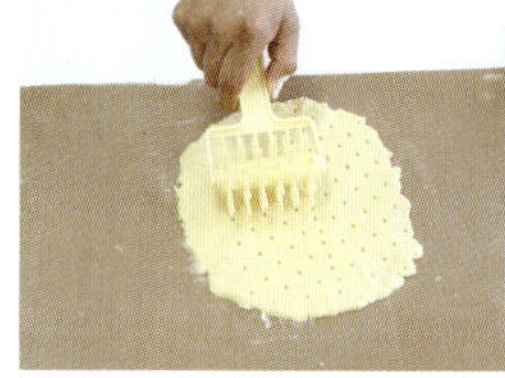

▲빠뜨쉬크레 반죽 피켓하기

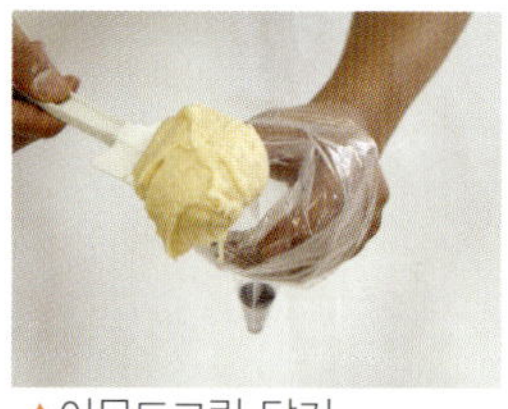

▲아몬드크림 담기

■ **만들 개수** : 3호 타르트 1개　■ **굽는 시간** : 35~40분

재료 준비

- ■ **만들 개수** : 3호 타르트 1개
- ■ **굽는 시간** : 35~40분
- ■ **필요 재료** : 빠뜨쉬크레 300g, 아몬드크림 250g, 황도 4쪽, 피스타치오 30g, 에프리코혼당 60g, 카스타드크림 120g
- ■ **필요 도구** : 밀대, 3호 타르트 틀, 짤주머니, 원형 깍지, 고무주걱
- ■ **장식 재료** : 황도, 카스타드크림, 피스타치오, 에프리코혼당

작업 준비

- ■ 아몬드크림 만들기(권말 부록 참고)
- ■ 빠뜨쉬크레 만들기(권말 부록 참고)
- ■ 타르트 틀을 전처리하여 준비하고 오븐을 160도로 예열하기

이렇게 만들어요

1 **틀 전처리하기** 타르트 틀에 쇼트닝을 바른 후 밀가루를 입혀 타르트 틀을 전처리한다.

2 **밀어 펴기** 밀대를 이용하여 빠뜨쉬크레 반죽을 2~3mm로 얇게 밀어 편다.

3 **틀에 반죽 씌우기** 밀어 편 반죽을 타르트 틀에 씌운다.

4 **남은 반죽 자르기** 밀대로 타르트 틀에 넘치는 반죽을 자른다.

5 **아몬드크림 짜기** 짤주머니를 이용하여 아몬드크림을 짠다.

6 **굽기** 5에 통조림 복숭아를 다져 넣고 160도로 예열된 오븐에서 35~40분 굽는다.

Tip & Tip 타르트 장식

구워낸 복숭아타르트 윗면에 피스타치오나 녹차 분말을 뿌려 장식하면 더욱 맛있게 보인다.

샤를로뜨롤

샤를로뜨는 프랑스 귀족 부인들이 쓰던 모자(샤를로뜨)를 닮았다고 해서 붙여진 이름이다.
과일로 장식한 샤를로뜨롤을 만들어보자.

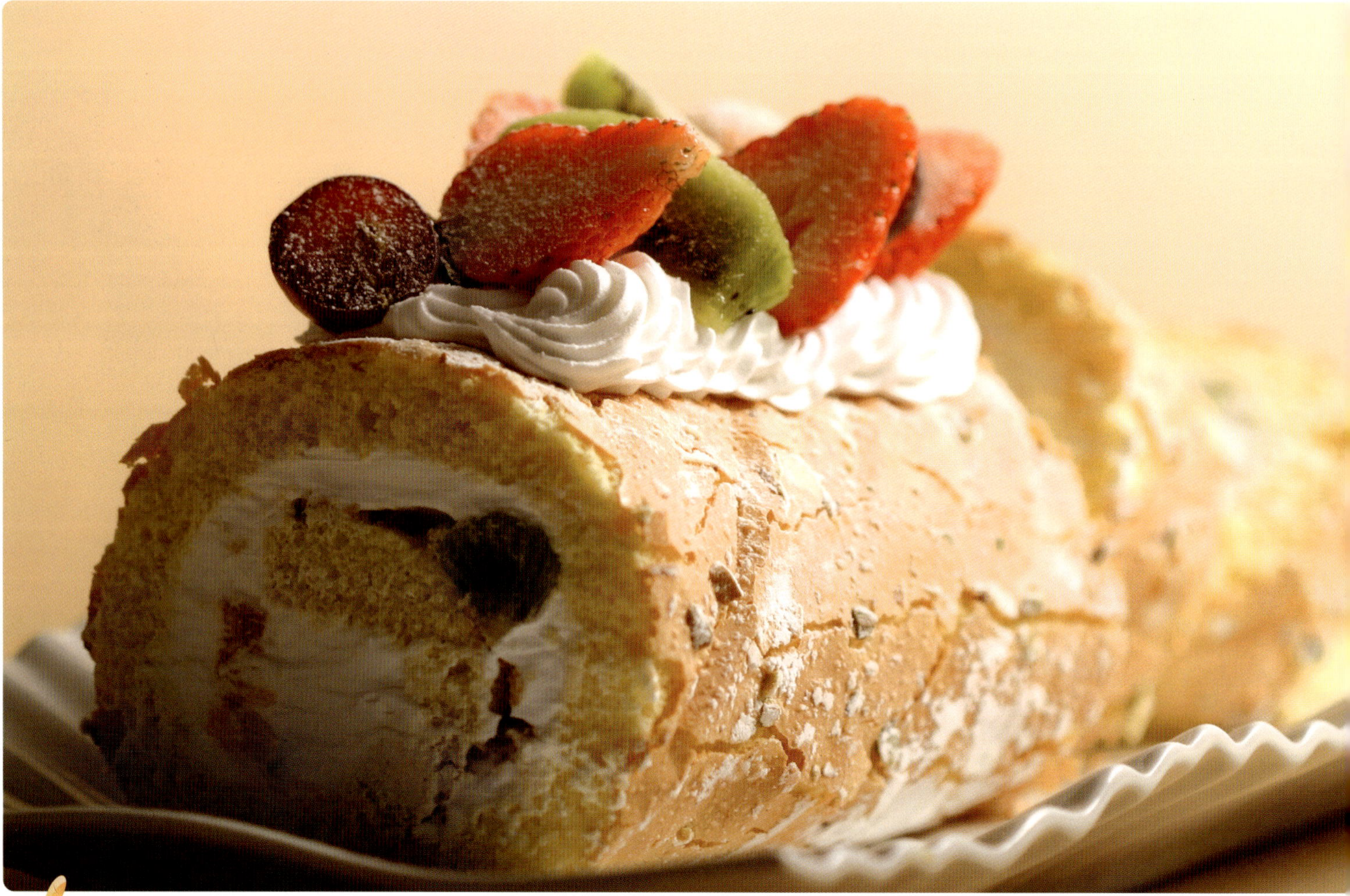

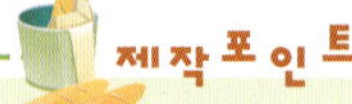
제작 포 인 트

☐ 비스퀴 제조 시 머랭을 충분히 올린다. 혼합은 되도록 가볍게 한다.

▲생크림 바르기

▲롤 말기

- **만들 개수** : 평철판 1개　■ **굽는 시간** : 10~15분
- **필요 재료** : 박력분 300g, 설탕A 120g, 노른자 10개, 설탕B 270g, 달걀 흰자 10개, 바닐라향 4g, 샌드용 휘핑한 생크림 250g, 슈거파우더
- **필요 도구** : 원형 깍지, 주걱, 스패츌러, 빵칼, 짤주머니, 휘퍼, 손체, 평철판
- **장식 재료** : 과일(딸기, 키위, 포도), 데코스노우

작업 준비

- 비스퀴 만들기(권말부록 참고)
- 생크림 만들기(권말부록 참고)
- 과일 준비하기
- 평철판에 종이를 깔고 오븐을 170도로 예열하기

이렇게 만들어요

1 **머랭 만들기** 달걀 노른자와 설탕A를 휘핑하고, 달걀 흰자와 설탕B로 90% 머랭을 만든다.

2 **가루재료 혼합하기** 휘핑한 달걀 노른자에 머랭 절반을 넣은 후 체친 박력분, 바닐라향을 혼합한다.

3 **반죽 짜기** 2에 나머지 머랭을 혼합하고 원형 깍지를 끼운 짤주머니로 반죽을 평철판에 사선으로 짜준다.

4 **견과류 토핑하기** 3에 슬라이스아몬드와 다진 피스타치오를 뿌린다.

5 **슈거파우더 뿌리기 & 굽기** 4에 슈거파우더를 손체를 이용해 뿌린 후 170도로 예열한 오븐에서 10~15분 굽는다.

6 **냉각 & 말기** 5가 식으면 뒤집어 종이를 제거한다. 시럽을 칠하고 생크림을 바른 후 과일을 올려 김밥 말듯이 말아준다. 과일을 올리고 데코스노우를 뿌려 장식한다.

Tip&Tip 롤케이크를 더욱 먹음직스럽게 하려면

과일을 큼직큼직하게 잘라 넣어야 롤케이크를 잘랐을 때 단면이 더욱 먹음직스럽다.

바나나머핀

바나나의 칼륨은 몸에 축적된 나트륨을 배출하는 역할을 한다. 음식을 짜게 먹는 사람들은 바나나와 같이 칼륨이 풍부한 과일을 많이 먹으면 좋다. 바나나를 이용하여 머핀을 만들어보자.

제작포인트

☐ 구워진 정도를 확인하기 위해 대나무 꼬치 등으로 찔러 보는데, 반죽이
묻어나오지 않으면 다 구워진 것이다.

재료 준비

- 만들 개수 : 15개   ■ 굽는 시간 : 25~30분
- 필요 재료 : 박력분 300g, 버터 195g, 달걀 3개, 설탕 195g, 소금 6g, 베이킹 파우더 9g, 바닐라향 3g, 바나나 300g, 우유 90g
- 필요 도구 : 휘퍼, 고무주걱, 짤주머니, 머핀 틀, 머핀 유산지
- 장식 재료 : 바나나

작업 준비

- 머핀 틀에 머핀 유산지를 끼우고 오븐을 160도로 예열하기

이렇게 만들어요

1 **바나나 다지기** 접시에 바나나를 놓고 포크로 지그시 눌러 으깬다.

2 **버터 크림화하기** 볼에 버터를 휘퍼로 휘핑하여 풀어준 후 소금, 설탕을 넣고 휘핑하여 크림화한다.

3 **달걀 혼합하기** 2에 달걀을 넣고 잘 저어 크림화한다.

4 **가루재료 혼합하기** 3에 체친 박력분, 베이킹파우더, 바닐라향을 넣고 주걱으로 가루재료가 보이지 않을 때까지 혼합한다.

5 **우유 혼합하기** 4의 반죽에 우유를 붓고 주걱으로 혼합한 후 1의 바나나 으깬 것을 혼합한다.

6 **팬닝 & 굽기** 짤주머니를 이용하여 머핀 틀에 80% 팬닝한 후 160도 오븐에 25~30분간 굽는다.

Tip&Tip 바나나팩 만들기

비타민 A가 풍부하고 보습효과가 뛰어난 바나나, 잔주름이 잘 생기는 건성 피부에 팩을 해주면 좋다.
바나나 1스푼에 달걀 노른자와 밀가루를 섞어 사용한다.
바나나, 파인애플, 망고 등 열대지방 과일은 냉장고에 보관하면 맛이 떨어지므로 실온에서 보관한다.

블루베리머핀

블루베리에는 로돕신과 안토시아닌이라는 성분이 있어 시력강화 효과와 항산화 효과가 뛰어나다. 달콤한 머핀보다 새콤한 머핀을 먹고 싶다면 한번 도전해볼 만한 머핀이다.

제작포인트

☐ 머핀의 무늬를 선명하게 하기 위해서는 반죽과 블루베리를 혼합할 때 되도록 가볍게 혼합해야 한다.

■ 만들 개수 : 16개　　■ 굽는 시간 : 25~30분

■ 필요 재료 : 박력분 400g, 버터 248g, 달걀 3개, 설탕 296g, 소금 8g, 베이킹파우더 8g, 블루베리 필링 120g

■ 필요 도구 : 휘퍼, 고무주걱, 짤주머니, 머핀 틀, 머핀 유산지, 원형 깍지

작업 준비

■ 블루베리 필링 준비하기
■ 머핀 틀에 머핀 유산지를 끼우기
■ 오븐을 160도로 예열하기

이렇게 만들어요

1 **버터 크림화하기** 볼에 버터를 넣고 휘퍼로 부드럽게 풀어준다. 소금, 설탕을 넣고 휘핑하여 부드러운 크림 상태로 만든다.

2 **달걀 혼합하기** 다시 달걀을 넣고 휘핑하여 달걀이 완전히 섞일 때까지 혼합한다.

3 **가루재료 혼합하기** 체에 거른 박력분, 베이킹파우더를 넣고 가루재료가 보이지 않을 때까지 혼합한다.

4 **블루베리 혼합하기** 반죽에 블루베리를 넣어 다시 섞는다.

5 **짜기 & 굽기** 반죽을 짤주머니에 넣어 머핀 틀의 80% 정도를 채운다. 그 후 예열한 오븐에 넣어 굽는다.

6 **냉각 & 장식하기** 냉각한 후 레인보우로 장식한다.

Tip&Tip 블루베리머핀의 변신

반죽을 채운 후 윗면에 소보로 토핑물이나 건과류를 뿌리고 구워도 잘 어울린다. 여기서 주의할 점은 달걀을 충분히 크림화해야 설탕 소금이 녹아 표면에 남지 않는다.

Home baking

089

케이크도넛

케이크도넛은 발효하지 않고 바로 튀기기 때문에 편리하며 다양한 데코레이션이 가능하다. 여기서는 가장 일반적인 형태의 케이크도넛을 만들어보자.

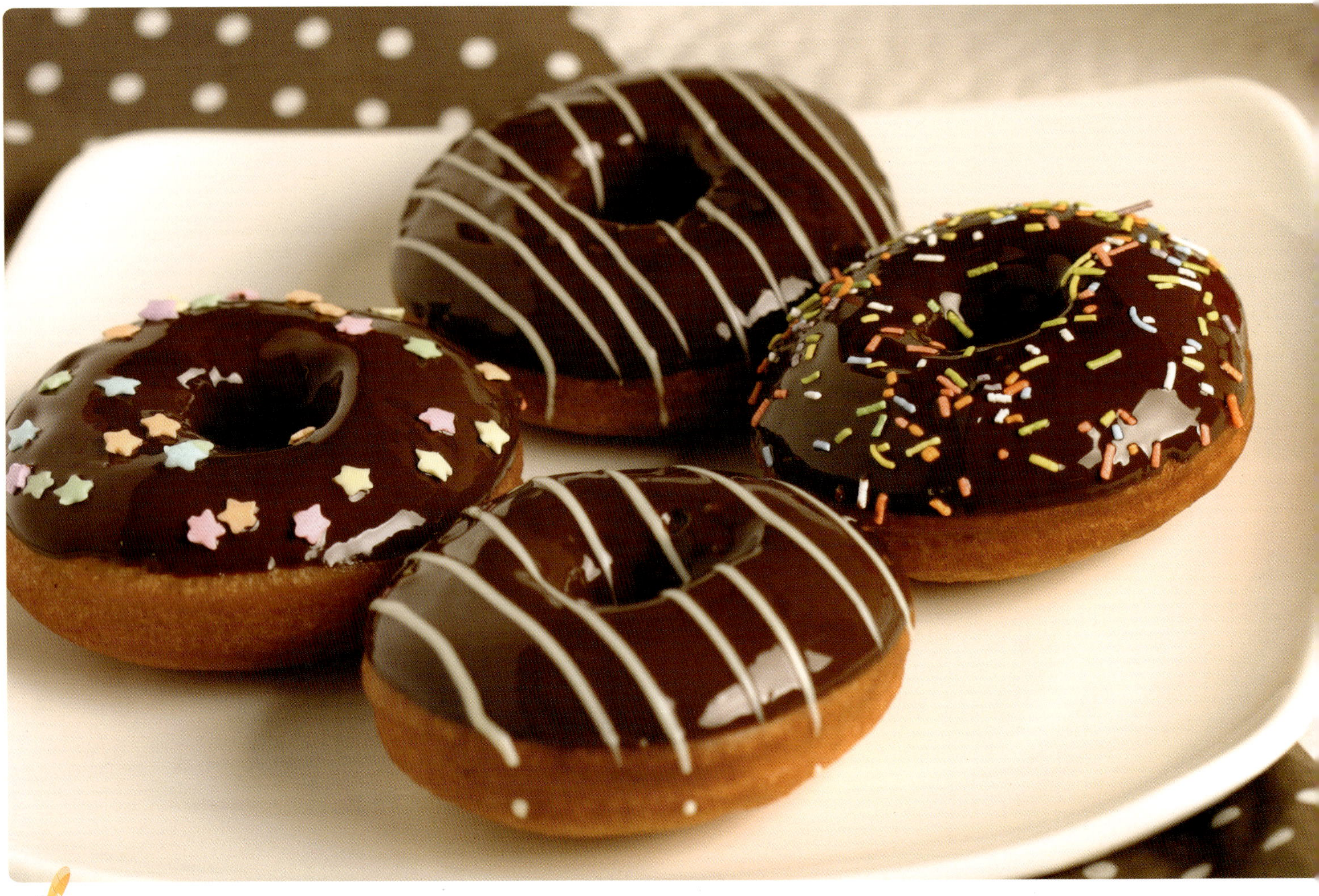

제작 포인트

□ 기름 온도가 너무 높으면 속 부분이 설익고, 반대로 너무 낮으면 반죽이 기름을 많이 먹어 눅눅해지므로 온도조절에 주의한다.

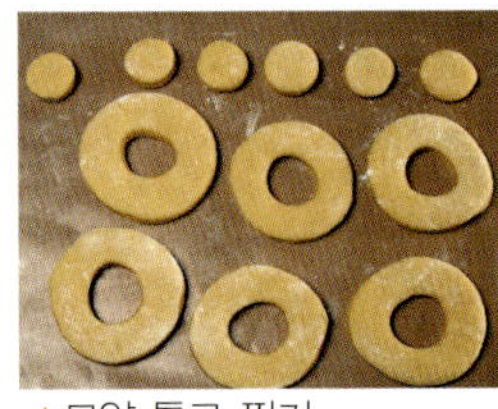

▲모양 틀로 찍기

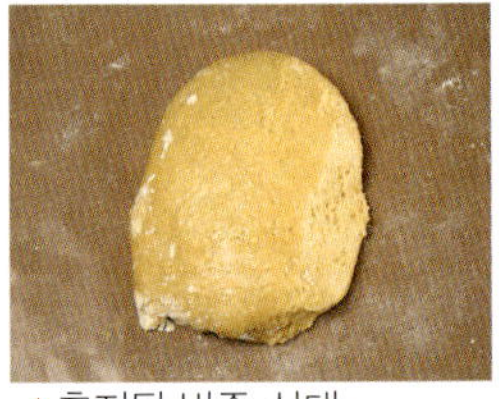

▲휴지된 반죽 상태

- 만들 개수 : 8개   ■ 튀기는 시간 : 7~10분
- 필요 재료 : 중력분 260g, 넛맥 1g, 달걀 2개, 설탕 90g, 소금 4g, 분유 4g, 버터 40g, 베이킹파우더 6g
- 필요 도구 : 젓가락, 튀김망, 휘퍼, 고무주걱, 도넛모양 틀
- 장식 재료 : 다크초콜릿, 화이트초콜릿, 레인보우

작업 준비

- 배합에 들어갈 버터 용해하기
- 장식용 초콜릿을 중탕으로 녹이기
- 튀김기름을 미리 180도로 예열하기

이렇게 만들어요

1 중탕하기 달걀, 소금, 설탕을 휘퍼로 풀어준 후 중탕으로 용해한다.

2 용해버터 혼합하기 1에 용해버터를 혼합한 후 찬물에 냉각시킨다.

3 가루재료 혼합하기 2가 냉각되면 체친 중력분, 베이킹파우더, 분유, 넛맥을 혼합한 후 30분간 냉장 휴지시킨다.

4 밀어 펴기 냉장 휴지된 반죽에 덧가루를 뿌려 되기를 조절하고 밀대로 두께 0.5~0.7cm가 되도록 밀어 편다.

5 튀기기 4를 도넛모양 틀로 찍어낸 후 미리 180도로 예열한 기름에 튀긴다.

6 냉각 & 장식하기 5가 냉각되면 템퍼링한 초콜릿을 묻히고 레인보우나 화이트초콜릿으로 장식한다.

Tip & Tip 장식은 냉각시킨 후에

초콜릿이나 슈거파우더로 장식하고자 한다면 케이크도넛이 식은 후에 한다. 너무 따뜻할 때 하면 슈거파우더는 용해되고 초콜릿은 잘 굳지 않기 때문이다.

옥수수카스테라

다이어트에 도움이 되는 옥수수를 이용하여 카스테라를 만들어보자.

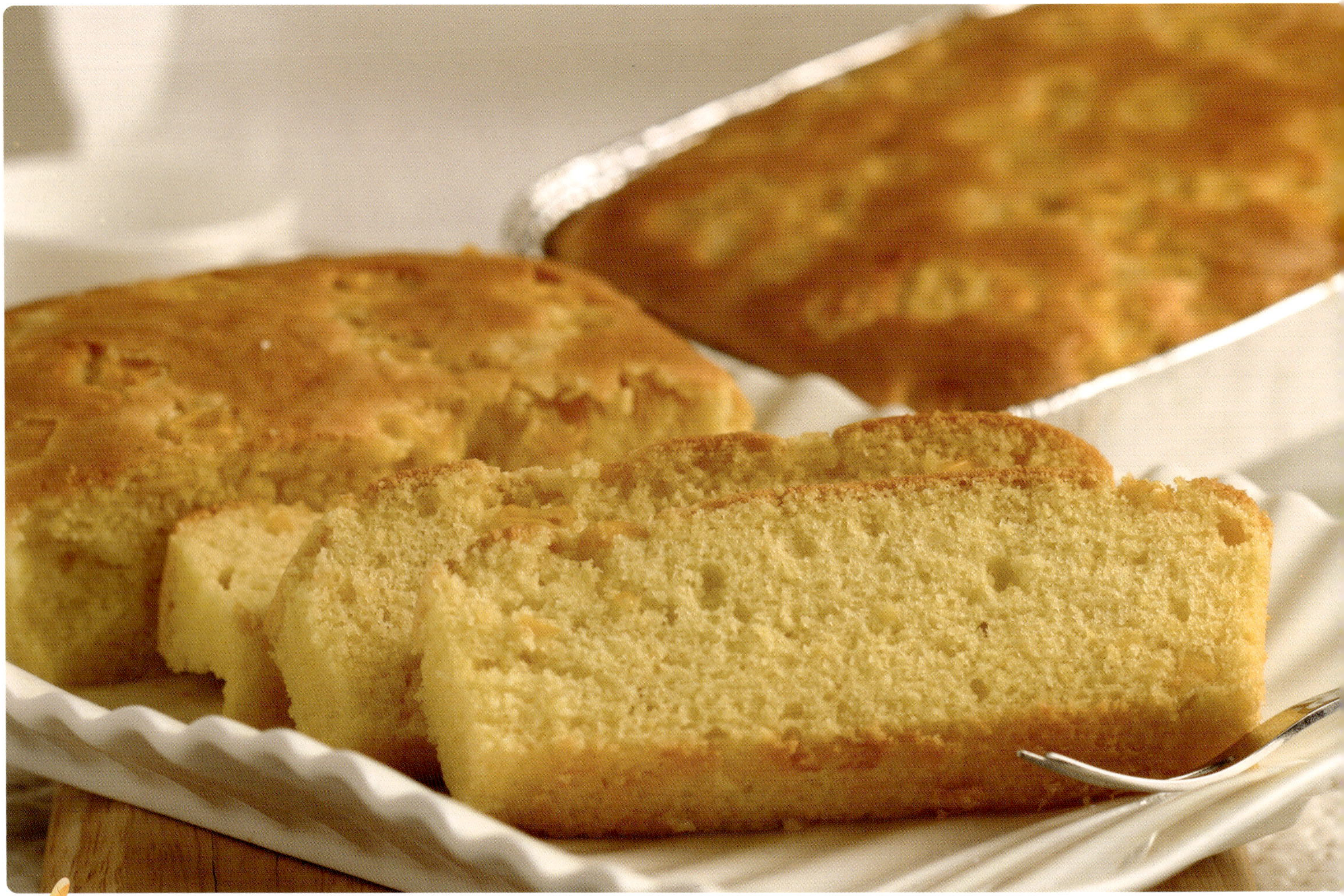

제작포인트

□ 반죽은 최대한 휘핑해야 부피감이 있고 부드럽다.
□ 굽는 동안에는 색이 쉽게 나타나므로 색과 관계없이 충분히 구워낸다.

▲식용유 혼합하기

▲물 혼합하기

재료 준비
- 만들 개수 : 은박도시락 틀 2개   ■ 굽는 시간 : 25~30분
- 필요 재료 : 중력분 120g, 옥수수 분말 80g, 베이킹파우더 4g, 설탕 156g, 소금 4g, 달걀 4개, 유화제 8g, 물 20g, 식용유 70g, 캔옥수수 120g
- 필요 도구 : 핸드믹서, 휘퍼, 고무주걱, 은박도시락 2개
- 장식 재료 : 캔옥수수 50g

작업 준비
- 은박도시락 준비하기
- 오븐을 160도로 예열하기

이렇게 만들어요

1 **내용물 혼합하기** 달걀을 부드럽게 푼 후 설탕, 소금, 유화제를 섞어 혼합한다.

2 **가루재료 혼합하기** 1에 체친 중력분, 베이킹파우더를 혼합한다.

3 **휘핑하기** 혼합된 반죽을 최대한 휘핑한다.

4 **액체재료 혼합하기** 3에 물, 식용유, 캔옥수수 순으로 혼합한다.

5 **팬닝 & 토핑하기** 4를 은박도시락에 팬닝한 후 캔옥수수를 토핑한다.

6 **굽기** 160도로 예열된 오븐에서 25~30분 구워낸다.

Tip&Tip 스위트콘
스위트콘의 씹는 맛을 좋아하지 않는다면 카스테라를 만들 때 분말만 사용한다.

Chapter 12

DECEMBER

온 누리에 축복과 사랑을
크리스마스의 달

12월

한 해의 마지막 달인 12월은 날씨는 춥지만
연인들에게는 행복한 달이기도 하다.
12월 14일 허그데이는 사랑하는 연인끼리 포옹이 허락되는 날이다.
또한 종교를 떠나 온누리의 축복과 사랑을 전파하는
크리스마스가 기다리고 있는 달이기도 하다.
올 크리스마스에는 사랑하는 연인과 독특하고 맛있는
나만의 고구마케이크를 함께 먹어보자.

12월

SUN	MON	TUE	WED	THU	FRI	SAT

091 마드렌느

092 황남빵

093 단호박머핀

094 모카 생크림케이크

095 소프트식빵

096 고구마케이크

097 폼므타르트

098 파끽슈

099 당근카스테라

Home baking

091

마드렌느

조개 모양인 마드렌느는 달걀, 버터, 밀가루, 설탕을 동일한 양으로 섞어 만드는 것을 기본으로 하는 프랑스 전통과자이다. 마드렌느는 제품을 개발한 프랑스 여성의 이름이라는 설이 있다.

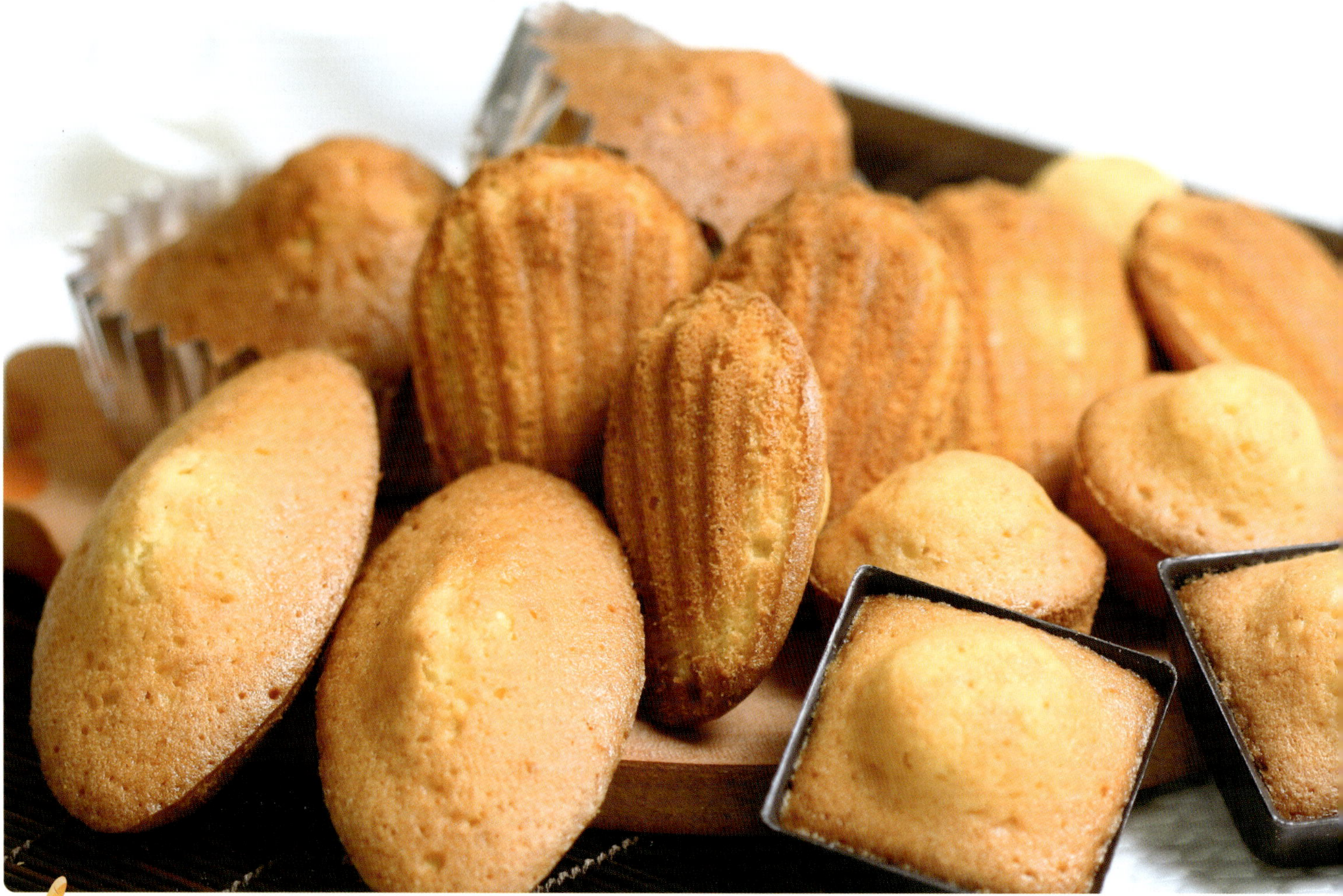

제작 포인트

- □ 냉장 휴지를 통해 반죽온도가 낮아지면 구울 때 가장자리부터 익게 되고 가운데는 베이킹파우더의 가스로 인해 볼록하게 올라온다.
- □ 틀의 80%만 채워야 반죽이 넘치지 않고 바닥의 홈 모양이 잘 생긴다.
- □ 고온에서 단시간 구워내야 식감이 부드럽다.

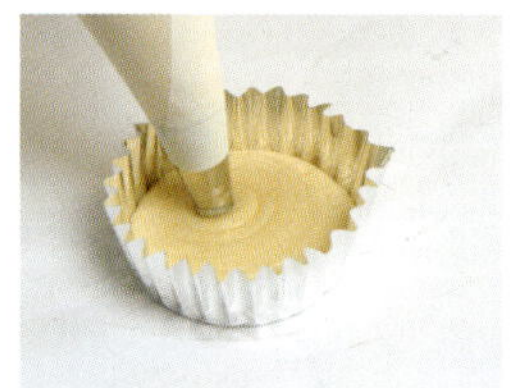

▲베이킹 컵에 팬닝하기

- 만들 개수 : 12개　　■ 굽는 시간 : 20~25분
- 필요 재료 : 박력분 200g, 버터 180g, 꿀 20g, 설탕 170g, 달걀 3개, 베이킹
　　　　　　 파우더 3g, 소금 2g, 레몬 제스트 1개, 레몬즙 1개분
- 필요 도구 : 고무주걱, 휘퍼, 마드렌느 틀, 원형 깍지, 짤주머니, 강판

 작업 준비

- 버터 녹이기
- 레몬 제스트 만들기, 레몬 즙 짜기
- 마드렌느 틀을 기름으로 닦은 후 오븐을 160도로 예열하기

이렇게 만들어요

1 **제스트 만들기** 강판에 잘 씻은 레몬 껍질을 갈아 레몬 제스트를 만든다.

2 **달걀 풀기** 달걀을 휘퍼로 풀어준다. 소금, 설탕을 혼합한 후 체친 박력분, 베이킹파우더를 혼합한다.

3 **용해버터 혼합하기** 2에 용해된 버터를 3~4회 분할하여 휘퍼로 저어가며 혼합한다.

4 **제스트, 레몬즙 혼합하기** 3에 레몬즙, 레몬 제스트를 주걱으로 혼합한다.

5 **냉장 휴지시키기** 혼합된 반죽을 30분간 냉장고에서 휴지시킨다.

6 **팬닝 & 굽기** 휴지된 반죽을 원형 깍지를 끼운 짤주머니로 마드렌느 틀에 80% 팬닝하여 160도 오븐에 20~25분간 굽는다.

Tip & Tip 마드렌느 틀이 없으면

마드렌느 틀이 없을 경우 베이킹 컵이나 소형 틀에 팬닝한다. 마드렌느 위에 슈거파우더를 뿌려도 좋다.

Home baking

092

황남빵

팥앙금과 호두의 고소함이 어우러진 황남빵을 만들어보자. 황남빵은 반죽이 질고 많은 양의 앙금을 싸야하므로 성형이 쉽지 않은 제품이다.

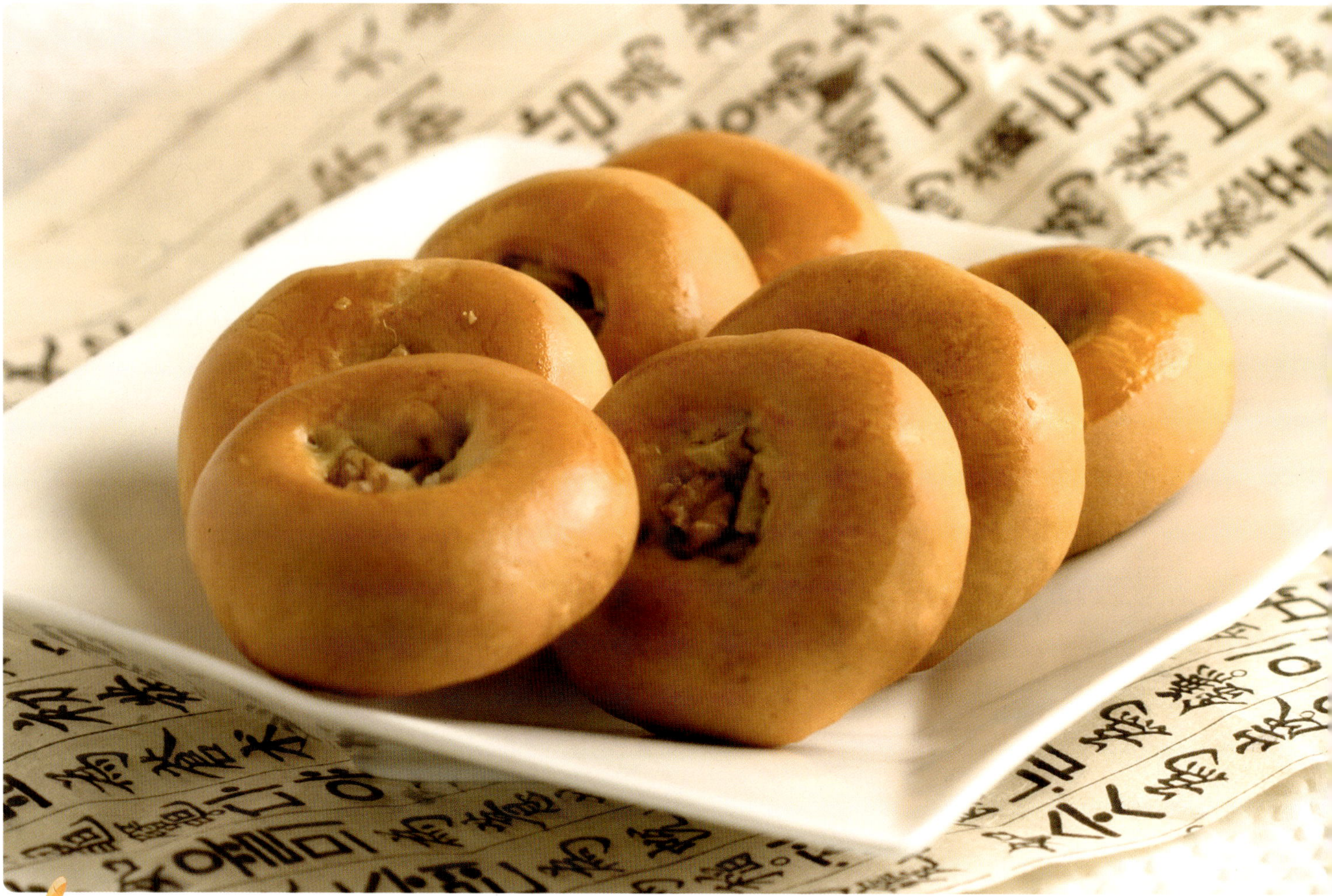

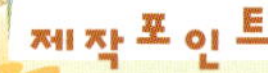

제작포인트

□ 적당히 덧가루를 사용해서 반죽이 손에 붙지 않게 앙금을 싼다. 덧가루가 너무 많으면 반죽이 갈라질 수 있으므로 주의한다.

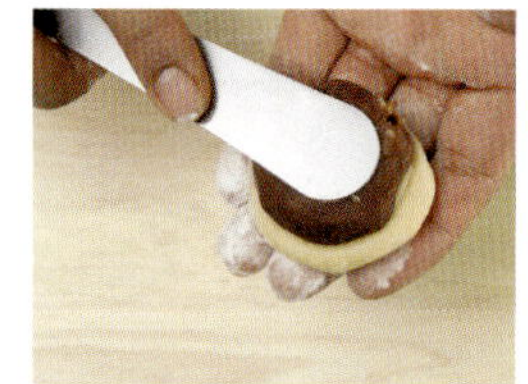

▲앙금 싸기

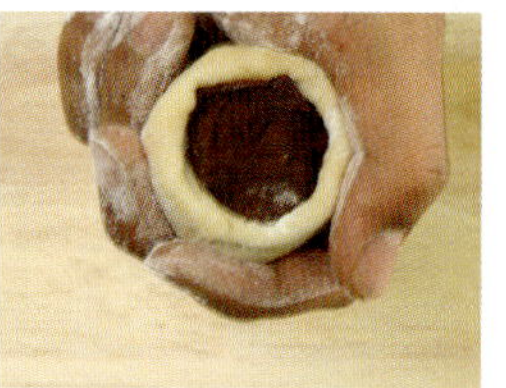

▲이음매 봉합하기

- 만들 개수 : 20개   ■ 굽는 시간 : 20~25분
- 필요 재료 : 중력분 200g, 소다 2g, 물 10g, 베이킹파우더 2.4g, 연유 30g, 우유 20g, 설탕 80g, 달걀 1개, 소금 2g, 내용물(적앙금 350g, 구운 호두분태 100g)
- 필요 도구 : 헤라, 고무주걱
- 장식 재료 : 호두분태

- 충전용 앙금 만들기
- 평철판을 준비하고 오븐을 160도로 예열하기

이렇게 만들어요

1 **중탕하기** 볼에 달걀, 소금, 연유, 우유, 설탕, 소다, 물을 넣고 중탕으로 용해한다.

2 **가루재료 혼합하기** 1을 냉각한 후 체친 중력분, 베이킹파우더를 넣고 혼합한다.

3 **반죽되기 조절하기** 2를 덧가루를 넣으며 손으로 되기를 조절하면서 치댄다.

4 **앙금 만들기** 볼에 전처리한 호두분태와 적앙금을 섞어 주걱으로 혼합한다.

5 **분할하기 & 앙금 싸기** 혼합된 반죽 20g에 앞서 만든 앙금 30g을 분할하여 앙금이 새지 않도록 싼다.

6 **성형하기 & 찌기** 납작하게 만든 반죽 가운데 부분을 손가락으로 눌러 호두를 넣고 달걀 노른자를 칠한 후 예열된 오븐에 굽는다.

Tip & Tip 부드러운 껍질

황남빵을 구울 때 스프레이로 물을 분무한 후 구워야 딱딱하지 않고 부드러운 껍질의 황남빵을 만들 수 있다.

단호박머핀

단호박은 칼로리가 낮지만 충분한 포만감을 주는 식품이다. 영양 많고 다이어트에도 좋은 단호박을 이용하여 머핀을 만들어보자.

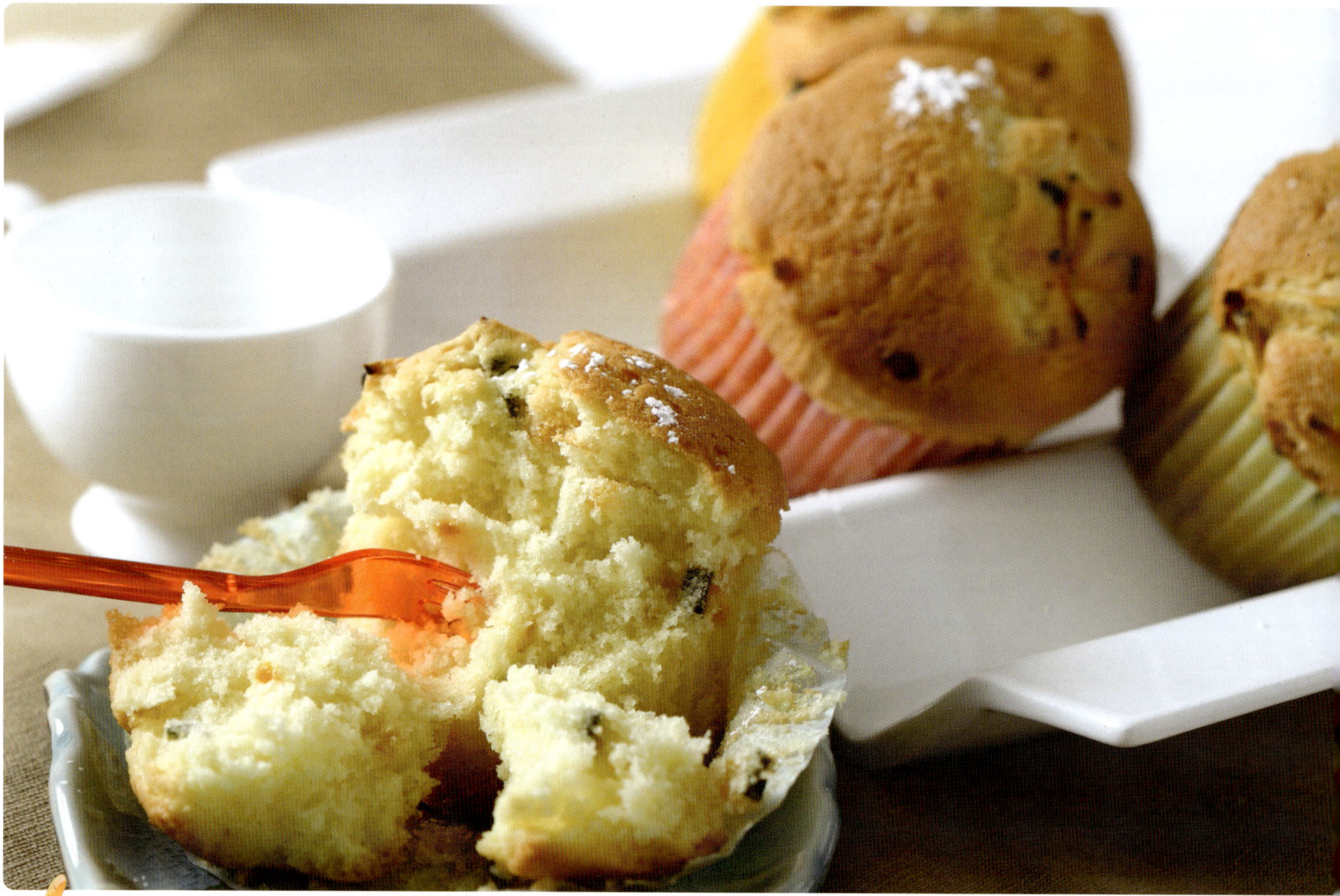

제작포인트

☐ 익히지 않은 단호박을 사용해도 좋으나 굵으면 잘 익지 않으므로 주의한다.

▲단호박 썰기

▲버터 크림화하기

재료 준비

- **만들 개수** : 12개   ■ **굽는 시간** : 25~30분
- **필요 재료** : 박력분 300g, 버터 240g, 달걀 4개, 설탕 225g, 소금 6g, 베이킹파우더 6g, 다진 단호박 60g
- **필요 도구** : 휘퍼, 고무주걱, 짤주머니, 머핀 틀, 머핀 유산지, 핸드믹서, 칼, 도마
- **장식 재료** : 슬라이스한 단호박

작업 준비

- 호박 썰기
- 머핀 틀에 머핀 유산지를 끼우고 오븐을 160도로 예열하기

이렇게 만들어요

1 단호박 다지기 단호박을 칼로 잘게 다진다.

2 버터 크림화하기 볼에 버터를 넣고 휘퍼나 핸드믹서로 휘핑하여 풀어준 후 소금, 설탕을 넣고 혼합한다.

3 달걀 혼합하기 2에 달걀을 넣고 휘핑하여 크림화한다.

4 가루재료 혼합하기 3에 체친 박력분, 베이킹파우더를 주걱으로 가루재료가 보이지 않을 때까지 혼합한다.

5 단호박 혼합 & 팬닝하기 4에 다진 단호박을 섞은 후 짤주머니를 이용하여 짜준다.

6 팬닝 & 굽기 머핀 틀에 80% 팬닝한 후 슬라이스한 단호박을 토핑하여 160도 오븐에서 25~30분 굽는다.

Tip&Tip 단호박 모양을 유지하려면

삶거나 찐 단호박의 모양을 유지하고 싶다면 냉장고에서 차게 식힌 후 껍질째 잘라 사용한다.

Home baking

094

모카 생크림케이크

모카 커피향이 그윽한 달콤한 생크림케이크를 만들어보자.

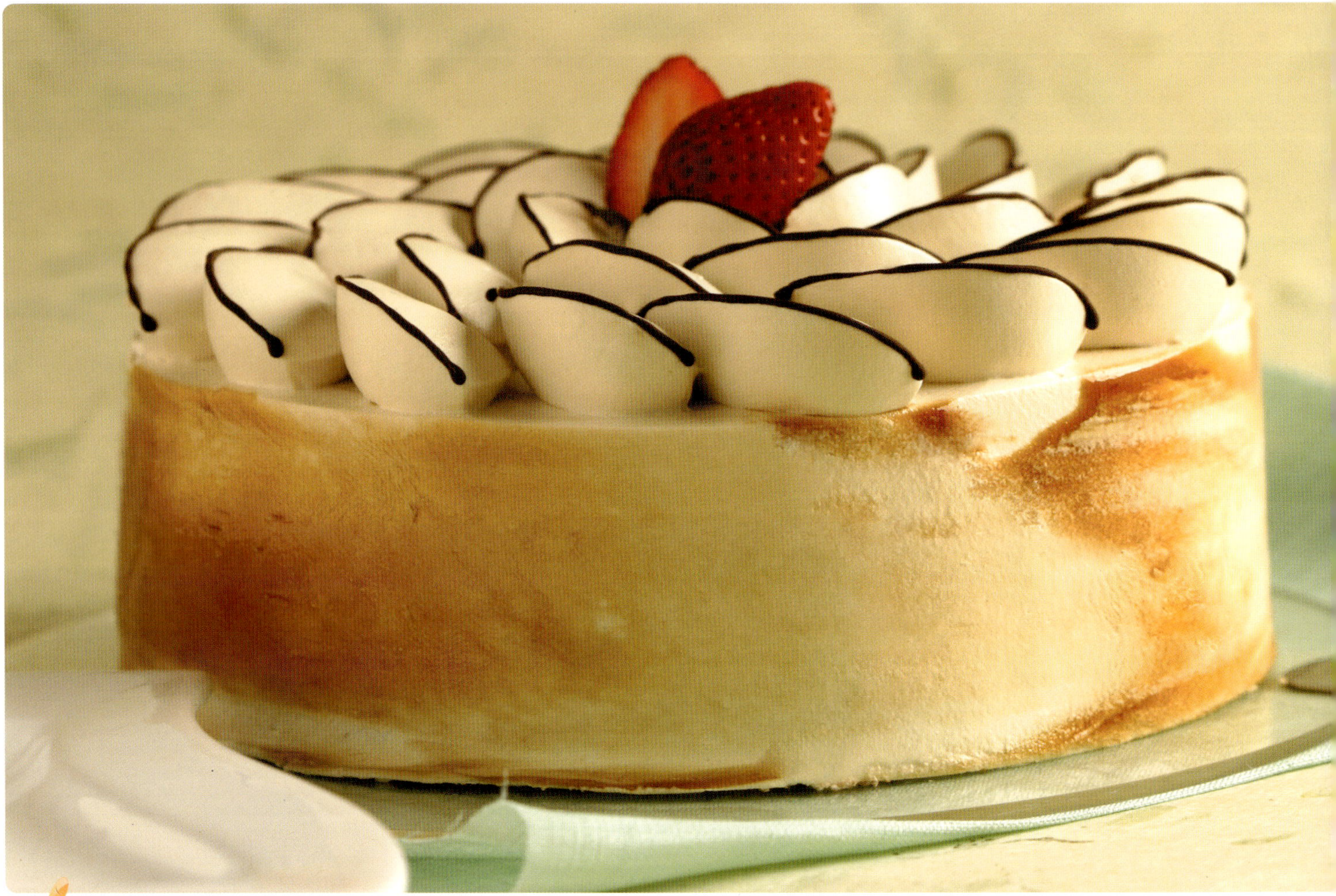

제작포인트

□ 커피 원액과 미로와로 마블무늬를 낼 때는 한두 번에 끝내야 한다. 여러 번 하면 마블무늬가 깔끔하게 생기지 않기 때문이다.

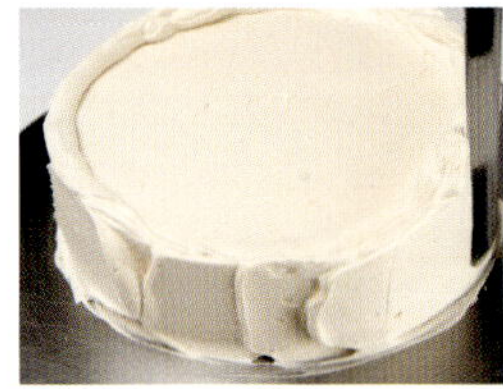

▲옆면 아이싱하기

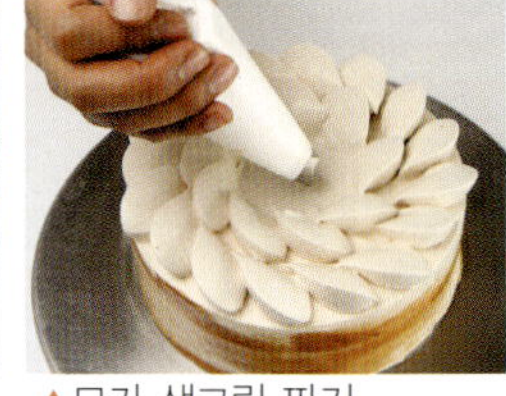

▲모카 생크림 짜기

재료 준비

- **만들 개수** : 3호 1개
- **필요 재료** : 스펀지케이크 1개, 휘핑한 생크림 400g, 인스턴트커피 8g, 럼 12g, 모카시럽(커피 6g, 설탕시럽 100g, 럼 6g)
- **필요 도구** : 턴테이블, 스패출러, 고무주걱, 짤주머니, 시폰모양 깍지
- **장식 재료** : 딸기, 생크림, 커피 원액, 미로와, 초콜릿

작업 준비

- 스펀지케이크 3등분하기
- 모카시럽 만들기
- 생크림 만들기(권말부록 참고)

이렇게 만들어요

1 **모카생크림 만들기** 럼에 녹인 커피를 휘핑한 생크림에 혼합한다.

2 **시럽 바르기** 3등분한 스펀지케이크 1장에 모카시럽과 생크림을 바르고 과일을 올린다.

3 **샌드하기 & 과일 넣기** 2에 스펀지케이크 1장을 올리고 동일한 방법으로 시럽과 생크림을 바르고 과일을 올린다.

4 **아이싱하기** 3에 스펀지케이크 1장을 올리고 시럽을 바른 후 아이싱한다.

5 **무늬내기** 4의 옆면에 커피 원액과 미로와를 섞어 마블무늬를 낸다.

6 **장식 & 장식하기** 5의 윗면에 시폰모양 깍지로 장식하고 녹인 초콜릿을 짜준 후 과일로 장식한다.

Tip & Tip 커피와 생크림

모카 생크림케이크를 만들 때는 커피로 인해 생크림이 굳을 수 있으므로 빨리 아이싱을 해야 한다.

소프트식빵

바쁜 아침 든든한 아침식사를 대신하는 토스트용 식빵을 만들어보자. 부드럽고 고소하게 만들어 입맛 없는 아침에 잼을 발라 먹거나 샌드위치로 먹기에 그만이다.

제작 포인트

- [ ] 1차 발효나 2차 발효는 시간보다는 반죽의 부피와 상태로 파악한다.
- [ ] 1차 발효는 처음 부피의 3배로 부풀면 된다.
- [ ] 2차 발효는 틀 높이에서 1cm 높게 올라오면 발효 완료 상태이다. 이 상태에서 바로 굽는다.

- ■ **만들 개수** : 식빵 틀 1개
- ■ **굽는 시간** : 30~35분
- ■ **필요 재료** : 강력분 250g, 우유 125g, 소금 5g, 이스트 8g, 설탕 14g, 버터 50g, 달걀 1개, 개량제 2g
- ■ **필요 도구** : 스크래퍼, 식빵 틀, 저울

- ■ 기본 반죽 만들기(권말부록 참고)
- ■ 식빵 틀에 기름칠을 하고 오븐을 170도로 예열하기

이렇게 만들어요

1 **반죽하기** 전 재료를 넣고 100% 최종단계까지 믹싱한다.

2 **1차 발효하기** 1시간 정도 1차 발효시켜 처음 부피의 3배가 되도록 한다.

3 **분할 & 트위스트 하기** 발효된 반죽을 250g으로 분할한 후 중간 발효시킨다. 중간 발효된 반죽은 20~25cm 늘려 교차시킨다.

4 **성형하기** 두 개의 반죽을 서로 교차시켜 3번 정도 틀어서 모양을 잡는다.

5 **팬닝하기** 양쪽 모서리에 반죽 끝 부분이 가도록 약간 비스듬하게 팬닝한다.

6 **2차 발효 & 굽기** 30~40분 정도 2차 발효를 시켜 반죽이 틀 높이보다 1cm 정도 올라오게 한다. 170도 오븐에서 30~35분 정도 굽는다.

Tip&Tip 소프트식빵 요리

소프트식빵은 냉각 후 잼, 생크림, 버터크림 등을 발라 먹거나 샌드위치로 만들어 먹어도 좋다.

Home baking

096

고구마케이크

고구마는 수분, 탄수화물, 단백질, 지방 등으로 구성되어 있으며 풍부한 식이섬유가 대장 운동을 촉진시켜 변비를 예방하는 데 효과가 있다. 몸에 좋은 고구마를 이용해 누구나 좋아하는 고구마케이크를 아이들과 함께 만들어보자.

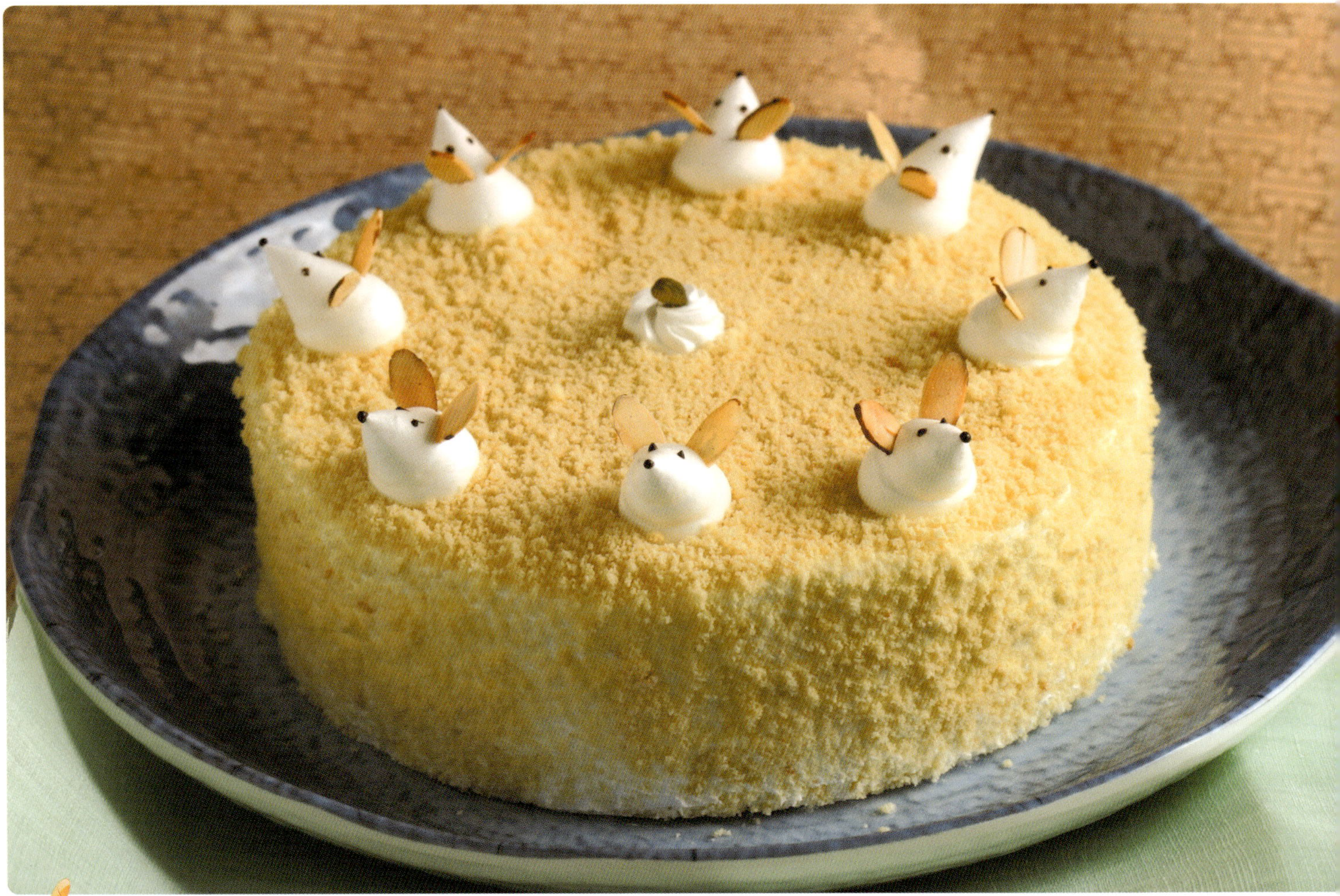

제작포인트

□ 고구마 내용물과 생크림을 혼합할 때는 생크림이 보이지 않을 정도로 가볍게 혼합한다.

□ 무스 틀과 고구마 내용물 사이에 공간이 생기지 않도록 주걱으로 잘 눌러준다.

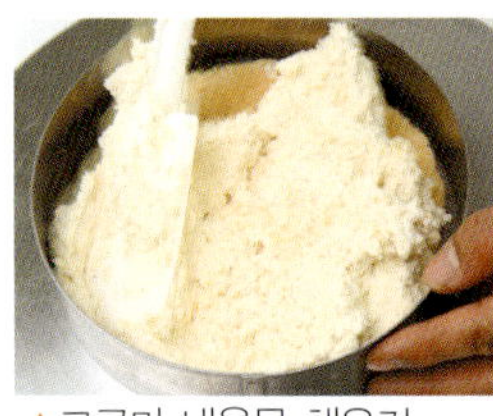

▲고구마 내용물 채우기

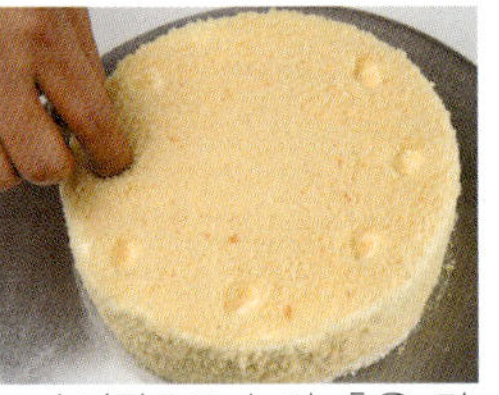

▲손가락으로 눌러 홈을 만든 후 장식하기

재료&도구
- 만들 개수 : 3호 1개
- 필요 재료 : 스펀지케이크 2개(1개는 굵은 체에 내려 케이크크럼을 만든다.),
  삶은 고구마 150g, 카스타드 150g, 케이크크럼 150g,
  휘핑한 생크림A 60g, 휘핑한 생크림B 150g, 시럽 100g
- 장식 재료 : 휘핑 생크림, 다크초콜릿, 피스타치오, 케이크크럼, 슬라이스아몬드
- 필요 도구 : 스패출러, 빵칼, 주걱, 써클 틀(원형 무스 틀 2호) 1개, 휘퍼, 붓,
  미니 스패출러

작업 준비
- 시럽, 카스타드크림 만들기
- 스펀지케이크 1개 3등분 하기
- 케이크크럼 만들기
- 생크림 휘핑 및 장식용 초콜릿 중탕하기
- 고구마 삶기

이렇게 만들어요

1 고구마와 카스타드, 생크림 혼합하기 체에 내린 삶은 고구마와 카스타드 크림을 섞고, 휘핑한 생크림A를 넣은 후 섞는다.

2 케이크 크럼과 생크림 혼합하기 혼합된 케이크크럼과 휘핑한 생크림B를 넣은 후 잘 섞어 고구마 내용물을 만든다.

3 내용물 넣기 써클 틀에 스펀지케이크를 깔고, 시럽을 바른 후 고구마 내용물 1/2을 채운다. 스펀지케이크 한 장을 더 올리고 시럽을 바른다.

4 윗면 마무리하기 나머지 고구마 내용물을 다시 채우고, 빵칼이나 스패출러로 윗면을 매끈하게 만든다.

5 굳히기 & 써클 틀 제거하기 마무리된 케이크를 냉장고에서 살짝 (5~10분) 굳히고, 미니 스패출러로 테두리를 돌려 틀에서 분리한다.

6 아이싱 & 장식하기 틀에서 분리한 케이크에 휘핑한 생크림으로 아이싱하고, 케이크크럼을 묻힌다. 생크림과 슬라이스아몬드, 초콜릿을 짜서 생쥐모양으로 장식한다.

Tip&Tip 이럴 때 이렇게……
아이싱용 생크림을 너무 많이 휘핑하면 케이크크럼이 잘 묻지 않는다. 만약 아이싱용 생크림을 많이 휘핑하였다면, 휘핑하지 않은 생크림을 조금 넣어 풀어준다.

아이싱이란?
버터크림, 머랭, 생크림과 같은 피복물로 입히거나 덮어 한 겹 씌우는 작업을 말한다.

폼므타르트

폼므는 불어로 '사과' 라는 뜻이다.
사과의 풍부한 비타민과 칼륨 성분이 녹아 있는 타르트를 만들어보자.

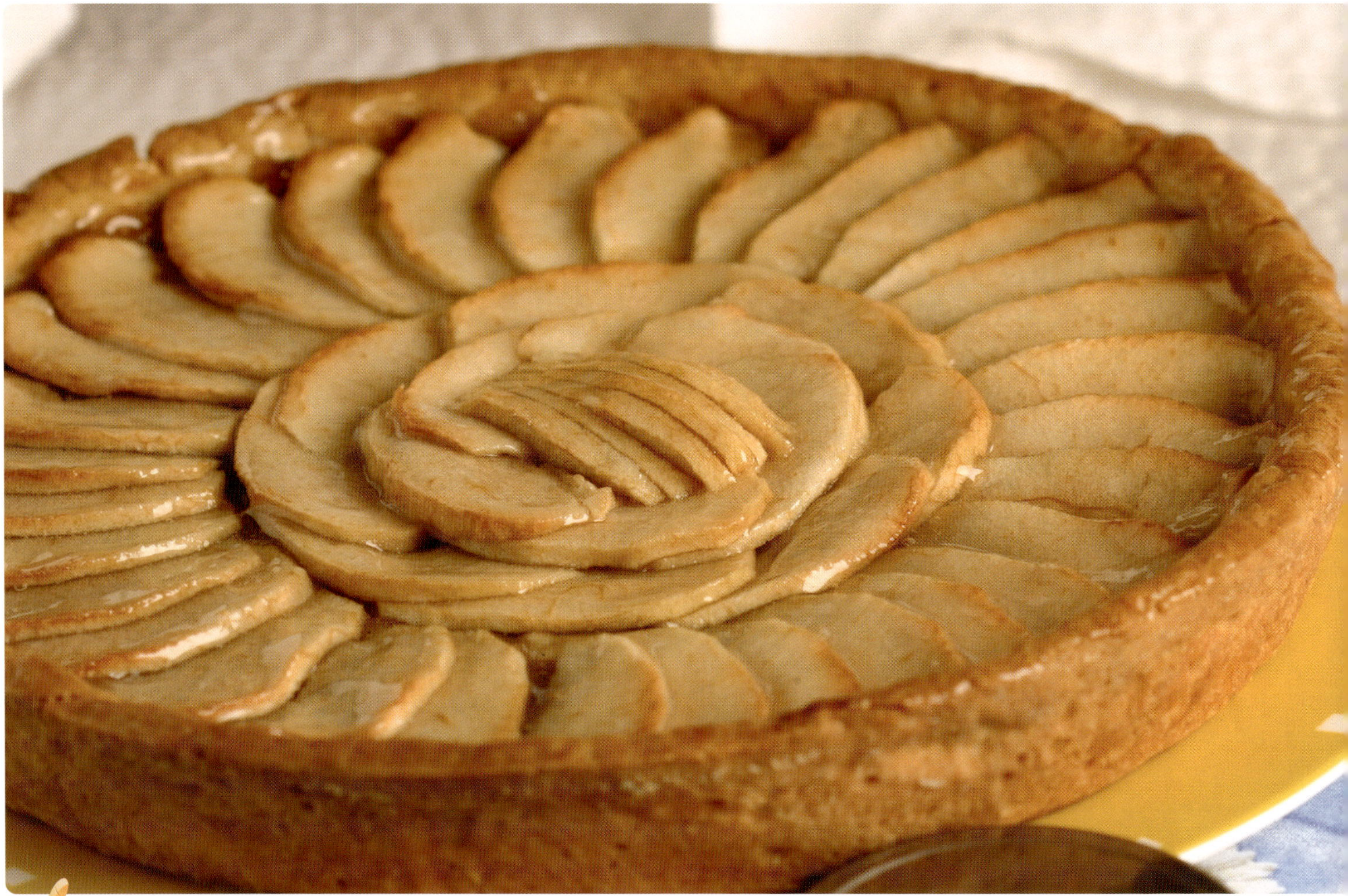

제작포인트

- [ ] 사과의 갈변을 막기 위해 소금물이나 설탕물에 담가둔다.
- [ ] 충분히 굽지 않으면 바닥이 익지 않는다.
- [ ] 오븐 바닥온도가 높으면 내용물이 끓어 넘칠 수 있다.

▲사과 내용물 넣기

▲사과로 장식하기

 **재료 준비**

- **만들 개수** : 3호 타르트 틀 1개   ■ **굽는 시간** : 40~50분
- **필요 재료** : 파이 반죽(중력분 200g, 파이용 마가린 100g, 소금 4g, 설탕8g, 물엿 4g, 달걀 1개, 찬물 100g), 내용물(사과 2개, 옥수수전분 26g, 소금 2g, 버터 10g, 계피 3g, 물 148g, 설탕 60g, 레몬주스 8g)
- **필요 도구** : 타르트 틀, 휘퍼, 고무주걱, 밀대, 피켓, 칼, 도마, 스크레퍼
- **장식 재료** : 사과 2개

 **작업 준비**

- 폼므타르트 내용물 만들기 (권말부록 참고)
- 사과는 알맞게 썰어 설탕물에 담가 갈변 막기
- 전처리한 타르트 틀을 준비하고 오븐을 160도로 예열하기

 **이렇게 만들어요**

1 **반죽 다지기** 체친 중력분, 분유와 쇼트닝을 스크레퍼로 콩알 크기만 하게 다진다.

2 **액체재료 혼합하기** 볼에 달걀, 소금, 물엿, 찬물을 혼합하여 **1**의 중심 부분에 붓고 가운데에서 바깥쪽으로 혼합한다.

3 **냉장 휴지시키기** **2**가 뭉치면 살짝 치대 비닐에 싸서 30분~1시간 정도 냉장 휴지시킨다.

4 **밀어 펴기 & 피켓하기** 휴지된 반죽을 두께 2~3mm가 되게 밀대로 밀어 피켓한다.

5 **틀에 깔기** **4**를 타르트 틀에 깐 후 밀대로 남는 부분을 잘라낸다.

6 **장식 & 굽기** **5**에 냉각된 내용물을 넣고 사과로 장식한 후 설탕을 뿌려 160도 오븐에서 40~50분간 굽는다.

 **Tip&Tip** 폼므타르트를 맛있게 먹으려면

폼므타르트는 냉장고에 넣었다가 차게 해서 먹으면 더욱 맛있다.

파끼슈

끼슈(quiche)는 일종의 파이로 프랑스에서 즐겨먹는 요리이다. 여러 가지 비타민과 무기질이 풍부한 파를 이용하여 끼슈를 만들어보자.

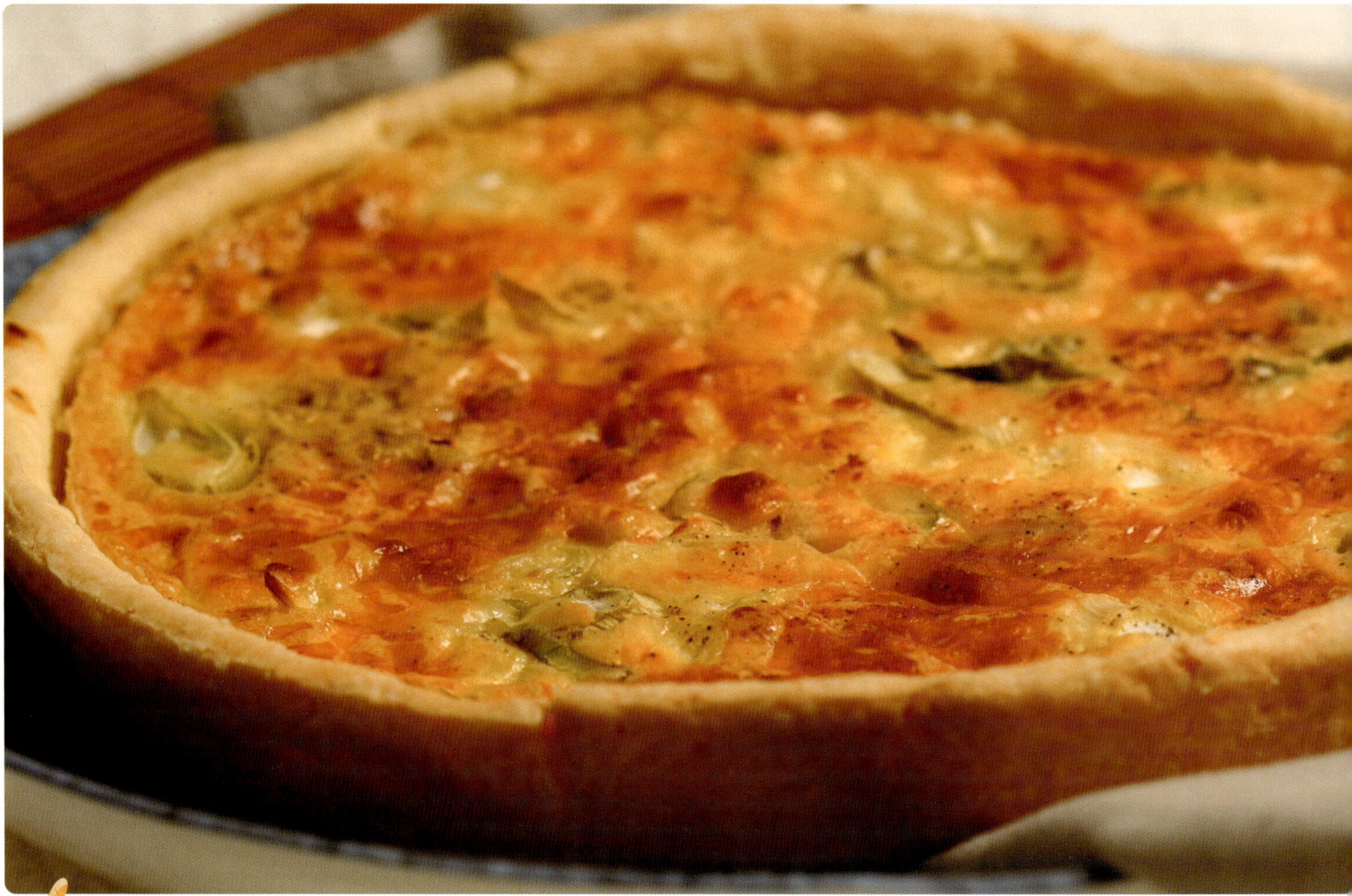

제작포인트

- ☐ 충분히 구워야 빠따퐁세 반죽이 익는다.
- ☐ 빠따퐁세 반죽만 먼저 구워낸 후 내용물을 붓고 구워도 된다.

▲토핑물

▲피자치즈 뿌리기

재료 준비
- 만들 개수 : 타르트 틀 1개
- 굽는 시간 : 45~50분
- 필요 재료 : 빠따퐁세 300g, 내용물(달걀 4개, 생크림 100g, 우유 60g, 소금 2.5g, 박력분 30g), 토핑물(채 썬 양파 1/4개, 파 80g, 피자치즈 200g, 후추 2g)
- 필요 도구 : 밀대, 고무주걱, 피켓, 타르트 틀, 칼, 도마

작업 준비
- 빠따퐁세 만들기(권말부록 참고)
- 야채 썰어 준비하기
- 전처리한 타르트 틀을 준비하고 오븐을 160도로 예열하기

이렇게 만들어요

1 **내용물 혼합하기** 볼에 달걀을 풀어 준 후 소금을 넣고, 우유, 생크림과 혼합한다.

2 **가루재료 혼합하기 & 냉장 휴지시키기** 1에 체친 박력분, 후추를 혼합한 후 냉장고에서 35~45분간 휴지시킨다.

3 **밀어 펴기** 빠따퐁세 반죽을 밀대로 두께 3mm가 되도록 밀어 피켓한다.

4 **틀에 깔기** 전처리한 타르트 틀에 빠따퐁세 반죽을 깐다.

5 **내용물 붓기** 4에 내용물을 붓는다.

6 **토핑 & 굽기** 5에 양파, 파, 피자치즈, 후추 순으로 토핑한 후 160도 오븐에서 45~50분간 굽는다.

Tip&Tip 파끽슈의 변신
파끽슈에 맛살과 햄을 추가하면 더욱더 고소한 맛을 느낄 수 있다.

당근카스테라

당근은 체내에서 비타민 A로 전환되는 카로틴이 풍부하여 피부에 좋다. 이 당근을 이용하여 부드럽고 영양 많은 카스테라를 만들어보자.

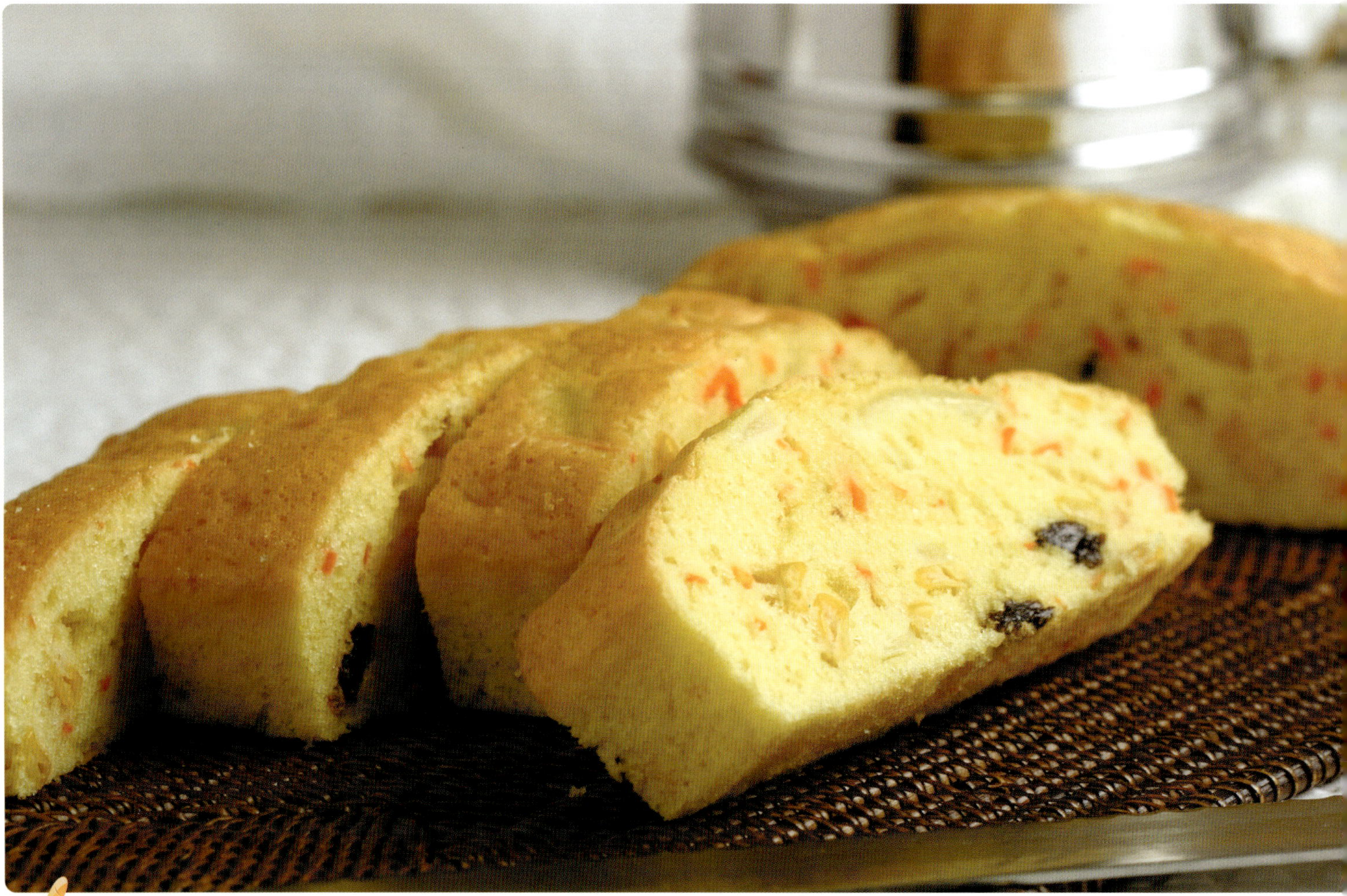

제작 포 인 트

☐ 내용물에 밀가루 일부를 섞을 때 밀가루의 양이 많으면 덩어리질 수 있으므로 가볍게 혼합한다.

▲ 달걀, 설탕 혼합하기

▲ 따뜻한 물에 중탕하기

- **만들 개수** : 은박도시락 틀 2개
- **굽는 시간** : 25~30분
- **필요 재료** : 중력분 200g, 설탕 160g, 달걀 4개, 베이킹파우더 6g, 식용유 100g, 내용물(건포도 60g, 채썬 당근 1/2개, 캔옥수수 100g, 채썬 양파 1/2개)
- **필요 도구** : 휘퍼, 고무주걱, 은박도시락

작업 준비

- 야채 썰어두기
- 은박도시락 2개를 준비하고 오븐을 160도로 예열하기

이렇게 만들어요

1 **내용물 혼합하기** 달걀을 휘퍼로 풀어준 후 설탕을 넣고 식용유를 혼합한다.

2 **중탕 & 냉각** 1을 중탕으로 데워 설탕을 용해한 후 찬물에 냉각한다.

3 **야채에 가루재료 일부 혼합하기** 체친 중력분, 베이킹파우더 1/5을 내용물과 혼합한다.

4 **내용물에 가루재료 혼합하기** 2에 체친 중력분, 베이킹파우더 4/5를 다시 혼합한다.

5 **혼합하기** 앞서 반죽한 3을 4에 혼합하여 반죽한다.

6 **팬닝 & 굽기** 은박도시락에 팬닝하여 160도로 예열된 오븐에서 25~30분 굽는다.

Tip & Tip 수분제거

당근카스테라는 수분이 많으므로 충분한 시간을 두고 구워서 수분을 빼준다.

365일 특별한 날을 만드는 홈베이킹

부 록

제과 · 제빵의 기초

장식용 초콜릿 만들기

여러 가지 모양의 전사지와 도구를 이용해 만든 장식물로 간단하면서도 독창적인 장식을 연출하여 제품의 품위를 높이는 데 이용한다. 만들어 놓은 장식물은 밀폐된 스티로폼 박스에 넣어 냉장 보관하면서 필요할 때 사용한다.

초콜릿 도구

초콜릿 전사지

◉ 필요 도구
칼, 미니 스패출러, 스패출러, 나이테모양 끌, 삼각 끌, 전사지(별, 하트, 물결모양), 투명비닐, 템퍼링한 다크초콜릿 600g

◉ 작업 준비
템퍼링한 다크초콜릿 준비, 전사지 알맞게 자르기, 도구 준비

☑ 제작 포인트
초콜릿을 처음 녹이는 온도가 50도 이상이 되면 잘 굳지 않으므로 주의한다. 초콜릿 중탕 시 물이 들어가지 않도록 주의한다. 수분에 의한 슈거블룸이 생길 수 있다. 기포가 생길 우려가 있기 때문에 너무 많이 휘젓지 않는다.

❶ 별모양 전사지를 이용한 장식물

형이상학적인 모양을 장식하고자 할 때 이용하면 좋다. 회전을 주거나 일자모양으로 다양하게 만들 수 있다.

1 초콜릿 흘리기 전사지에 템퍼링한 초콜릿을 흘린다.

2 무늬내기 1에 나이테모양 끌의 뒷면으로 줄무늬를 낸다.

3 전사지 제거하기 2가 굳으면 전사지를 제거한다.

❷ 하트모양 전사지를 이용한 장식물

초콜릿을 잘라 사용할 때 규칙적인 모양보다는 불규칙적인 모양이 보기 좋으며 따뜻한 이미지를 연출하거나 연인에게 선물하고 싶을 때 이용하면 좋다.

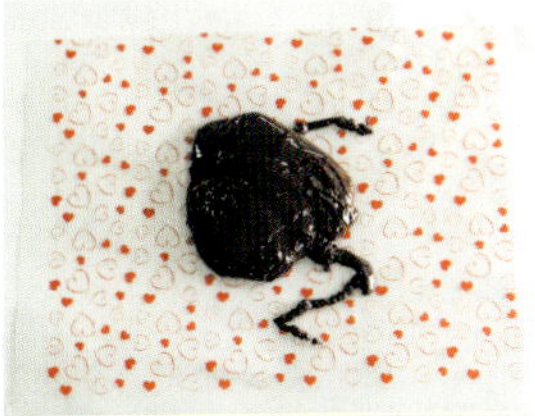

1 **초콜릿 흘리기** 하트모양 전사지 위에 템퍼링한 다크초콜릿을 흘린다.

2 **펴 바르기** 스패출러로 얇게 펴서 바른다.

3 **모양내기** 80% 굳으면 칼등을 이용해 원하는 모양으로 자른다.

4 **고정하기** 전사지를 둥글게 만 후 테이프를 붙여 고정한다.

5 **전사지 제거하기** 초콜릿이 굳으면 전사지를 제거한다.

❸ 삼각 끌을 이용한 장식물

더듬이 모양 또는 솟아오르는 아지랑이 모양을 장식할 때 이용하며 만들기 쉬워 초보자들도 많이 사용한다.

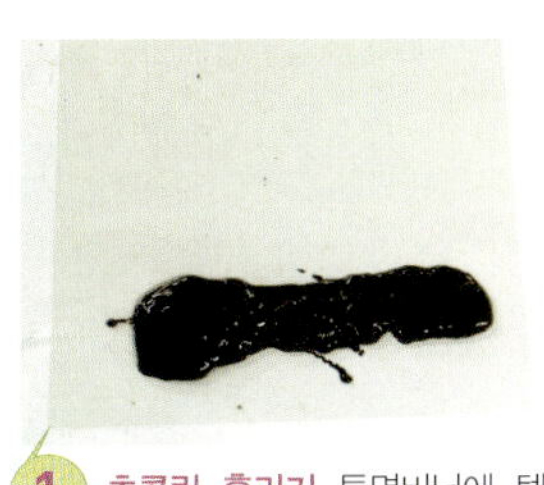

1 **초콜릿 흘리기** 투명비닐에 템퍼링한 초콜릿을 흘린다.

2 **모양내기** 1에 삼각 끌을 이용하여 지그재그 모양을 낸다.

3 **비닐 제거하기** 2가 굳으면 투명비닐을 제거한다.

④ 물결모양 전사지를 이용한 장식물

규칙적인 모양은 자와 칼로 잘라 사용하며 불규칙한 모양은 손
으로 잘라 모양을 내어 장식한다.

1 **초콜릿 흘리기** 전사지에 템퍼
링한 초콜릿을 흘린다.

2 **펴 바르기** 초콜릿을 얇고 고
르게 펴면서 바른다.

3 **전사지 제거하기** 초콜릿이 굳
으면 전사지를 제거한 후 원
하는 모양으로 자른다.

⑤ 링모양 만들기

무스 띠지나 비닐에 모양을 만들어 사용하며 생크림이나 양과자,
케이크 윗면에 장식용으로 사용한다.

1 **초콜릿 흘리기** 원하는 전사지
에 템퍼링한 초콜릿을 흘린다.

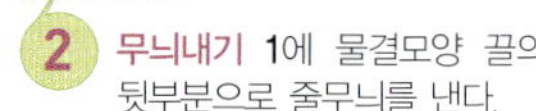

2 **무늬내기** **1**에 물결모양 끝의
뒷부분으로 줄무늬를 낸다.

3 **모양잡기&고정하기** **2**가
80% 굳으면 원하는 링모양
을 잡고 스패츌러에 테이프로
고정시킨다.

❻ 딸기를 이용한 초콜릿 장식물

쉽게 구입할 수 있는 과일을 이용한 장식물로 생과일을 보관하는 것보다 보존 기간도 길어 사용하기 편리하다.

1 **초콜릿 묻히기** 템퍼링한 초콜릿에 딸기를 흠뻑 담가 초콜릿을 묻힌다.

2 **화이트초콜릿 짜기** 1에 템퍼링한 화이트초콜릿을 사선으로 짜준 후 상온에서 굳힌다.

❼ 부채모양 만들기

약간의 테크닉이 요구되는 기법이지만 몇 번 연습하면 만들 수 있으며 전사지나 도구가 없을 때 만들어 사용하면 좋다.

1 **초콜릿 긁기** 50도로 데운 타공이 없는 냉각팬에 50도 이하로 중탕한 초콜릿을 펴 바른 후 냉각시킨다. 초콜릿이 굳으면 손으로 만져 약간의 유동성이 생기면 미니 스패츌러로 긁어내면서 부채모양을 만든다.

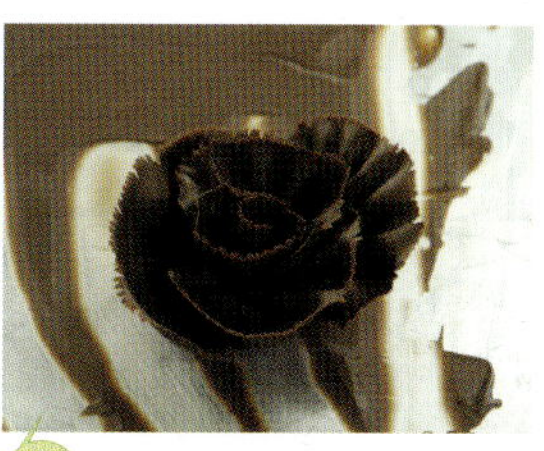

2 **꽃모양 만들기** 1을 변형하면 꽃모양도 만들 수 있다. 미니 스패츌러로 긁어내면서 부채모양을 만든다. 4~7장을 겹치면서 꽃모양으로 만든다.

3 **완성** 부채모양과 꽃모양이 완성된다.

❽ 끼러쉬 케이크 장식용 초콜릿

가장 쉽게 만들 수 있는 장식물로 시간도 많이 걸리지 않고 특별한 기술을 요구하지 않아 많이 사용한다. 참고로 여러 가지 양과자나 생크림케이크에 사용하려고 만든 장식물을 냉장이나 냉동 보관할 때는 스티로폼 박스에 넣어 보관한다.

① **초콜릿 펴기** 실리콘페이퍼 위에 템퍼링한 다크초콜릿을 얇게 펴 바른다.

② **모양 자르기** 1이 완전히 굳으면 원하는 크기로 잘라 사용한다.

❷ 크리미비트를 이용한 카스타드크림(슈크림) 만들기

◉ **필요 재료**
크리미비트 100g, 우유 260g, 럼 4g

◉ 볼에 모든 재료를 넣고 휘퍼로 덩어리가 생기지 않을 때까지 휘핑한다. 5~10분 후 다시 한 번 휘핑한다.

3 샤를로프 비스퀴 만들기

유럽의 샤를로뜨 모자와 비슷하게 생겨서 이름 붙여진 비
스퀴이다.

◉ **필요 재료**
 비스퀴(박력분 140g, 설탕A 56g, 노른자 5개, 설탕B
 120g, 흰자 5개, 바닐라향 1.4g), 토핑물(다진 피스타치
 오 20g, 슈거파우더 적당량, 슬라이스아몬드 20g)

◉ **굽는 시간** : 8~12분

◉ **작업 준비**
 짤주머니에 원형 깍지(지름 0.7~1cm)
 끼우기
 토핑물 준비하기
 평철판에 종이 깔고 오븐을 170도로
 예열하기

옆면 비스퀴 자르기

1 **노른자 거품 올리기** 노른자와 설
 탕A를 휘핑하여 거품을 올린다.

2 **머랭 제조하기** 흰자와 설탕B로
 90% 머랭을 만든다.

3 **가루재료 혼합하기** 1에 머랭 절
 반을 섞고 체친 박력분, 바닐라
 향을 혼합한 후 나머지 머랭을
 넣는다.

4 **모양 짜기** 평철판에 써클 틀을 올
 리고 원형 깍지를 끼운 짤주머니
 로 안쪽부터 바깥쪽으로 써클 틀
 보다 1cm 작게 원형으로 짠다.

5 **옆면 비스퀴 짜기** 가로×세로로
 12×40cm 직사각모양이 되도록
 짠다.

6 **토핑 & 굽기** 5에 다진 피스타치
 오와 슬라이스아몬드를 뿌리고
 분당을 손체를 이용해 뿌린 후
 170도 오븐에 굽는다.

4 가나슈, 모카가나슈 만들기

❶ 가나슈 만들기

◉ 필요 재료
다크초콜릿 150g, 생크림 120g, 물엿 10g, 럼 12g

1 **가나슈 만들기** 생크림, 물엿을 끓여 중탕으로 녹인 초콜릿에 넣고 혼합한 후 럼을 넣는다.

2 **가나슈 굳히기** 써클 틀 한쪽 면에 랩을 씌우고 1을 붓고 냉장고에 30~40분 굳힌다.

3 **가나슈 자르기** 굳은 가나슈를 칼로 원하는 크기로 잘라 사용한다.

❷ 모카가나슈 만들기

◉ 필요 재료
다크초콜릿 200g, 생크림 66g, 물엿 10g, 우유 40g, 커피 2g, 럼 4g, 버터 10g

1 **모카가나슈 혼합하기** 다진 다크초콜릿, 커피, 버터를 중탕으로 용해하고 중탕한 우유, 생크림, 물엿을 혼합한다.

2 **럼 혼합하기** 1에 럼을 혼합한다.

3 **냉장 보관** 냉장고에서 30~40분간 굳힌다.

5 끼러쉬 반죽 만들기

코코아를 이용해 만든 초코 스펀지로 맛과 향이 온화하며
달지 않아 누구나 좋아한다.

- **필요 재료**
  박력분 200g, 코코아 32g, 소다 4g, 계란 9개, 설탕
  280g, 물엿 20g, 버터 100g, 생크림 48g

- **필요 도구**
  핸드믹서, 고무주걱, 평철판, 빵칼, 종이

- **만들 개수** : 3호 1개

- **작업 준비**
  오븐을 160도로 예열하기
  평철판에 종이깔기

1 계란 휘핑하기 계란을 풀어준 후 설탕, 물엿을 넣고 최대한 휘핑한다.

2 가루재료 혼합하기 1에 체친 박력분, 코코아, 소다를 혼합한다.

3 버터, 생크림 혼합하기 2에 용해한 버터, 생크림을 혼합한다.

4 팬닝 & 굽기 평철판에 팬닝한 후 25분 정도 구워준다.

5 냉각 & 자르기 냉각 후 가로 세로 22cm로 3장을 만들어준다.

6 고구마 장식물 만들기

장식용으로 많이 사용하지 않는 고구마를 이용해 간단하면서도 제품 이미지를 떠올릴 수 있는 장식물을 만들어보자.

- ⊙ **필요 재료**
  토핑용 고구마(고구마 200g, 설탕 100g, 물 200g)

- ⊙ **필요 도구**
  나무주걱, 가스레인지, 두꺼운 볼

- ⊙ **작업 준비**
  고구마 슬라이스로 썰기

1 설탕시럽 만들기 물과 설탕을 두꺼운 냄비에 끓인다.

2 끓이기 1에 슬라이스한 고구 마를 넣고 투명해질 때까지 졸인다.

3 냉각 후 장식하기 2를 냉각한 후 장식한다.

7 빠뜨쉬크레 반죽 만들기

설탕이나 분당이 들어가 맛이 달콤하며, 구웠을 때 맛이 고소한 파이나 타르트를 만들 때 많이 사용한다.

- ⊙ **필요 재료** 박력분 300g, 분당 198g, 소금 3g, 버터 168g, 바닐라향 3g, 계란 1개

- ⊙ **필요 도구** 체, 휘퍼, 타르트 틀, 주걱, 밀대

- ⊙ **작업 준비** 버터 포마드 상태로 만들기
  냉장 휴지용 비닐 준비하기

1 버터, 가루재료 다지기 부드럽 게 풀어놓은 버터에 체친 박력 분, 분당, 바닐라향을 휘퍼로 콩 알 크기만 하게 자른다.

2 계란 혼합하기 1에 계란을 혼 합한다.

3 뭉치기 2를 손으로 한 덩어리 가 되게 혼합한다.

4 냉장 휴지시키기 비닐에 싸서 1시간 냉장 휴지시킨 후 사용 한다.

빠따풍세 반죽 만들기

타르트나 끽슈 바닥으로 많이 사용하며 일반적인 파이 반죽으로 버터향이 강한 제품 제조에 사용한다.

◉ **필요 재료**
박력분 300g, 옥수수 전분 6g, 물 60g, 버터 210g, 소금 1.5g, 설탕 6g, 물엿 10g, 노른자 2개 (36g)

◉ **필요 도구**
체, 휘퍼, 타르트 틀, 주걱, 밀대

◉ **작업 준비**
버터 포마드 상태로 만들기
냉장 휴지용 비닐 준비하기

✓ **제작 포인트**
크림법으로 제조하고 냉장 휴지를 충분히 한다.

1 **버터 크림화하기** 휘퍼로 버터가 흰색이 될 때까지 풀어준다. 여기에 소금, 설탕, 물엿을 혼합한다.

2 **노른자 & 가루재료 혼합하기** 1에 물과 노른자를 넣고 풀어준다. 여기에 체친 박력분과 옥수수 전분을 혼합한다.

3 **냉장 휴지시키기** 한 덩어리로 뭉쳐 비닐로 싸서 1시간 냉장 휴지한 후 사용한다.

4 **밀어 펴기** 휴지된 반죽에 덧가루를 뿌리고 밀대로 두께 2~3mm로 밀어 편다.

5 **틀에 깔기** 4 위에 피켓으로 구멍을 내고 타르트 틀에 올린다.

6 **다듬기** 틀 윗부분을 밀대로 자른 후 손으로 다듬어 준다.

9 폼므타르트 내용물 만들기

폼므는 불어로 '사과'라는 뜻이다. 사과의 풍부한 비타민과 칼륨 성분이 녹아있는 타르트를 만들어보자.

- **필요 재료**
  내용물(사과 2개, 옥수수 전분 26g, 소금 2g, 버터10g, 계피 3g, 물 148g, 설탕 60g, 레몬주스 8g), 토핑물(사과 2개)

- **필요 도구**
  타르트 틀, 휘퍼, 고무주걱, 밀대, 피켓, 칼, 도마

- **만들 개수** : 3호 1개

- **작업 준비**
  사과를 썰어 설탕물에 담궈 놓기

1 **사과 썰기 & 가루 혼합** 사과는 껍질을 제거한 후 가로세로 0.7~1cm 크기로 썰어둔다. 볼에 전분, 계피, 설탕, 소금을 혼합한다.

2 **전분 호화시키기** 1의 전분, 계피, 설탕, 소금을 물에 혼합한 후 직화로 가열하여 호화시킨다.

3 **버터 혼합하기** 2가 호화되면 불에서 내리고, 버터를 혼합한다.

4 **사과 혼합하기** 3과 1을 혼합한다.

Tip&Tip 호화란?
전분에 물을 혼합하여 열을 가하면 전분이 물과 반응하여 풀처럼 응고하는 현상을 말한다.

소보로란 실타래를 풀어해친 모양을 뜻하는 일본어로 빵·과자 제품을 토핑할 때 사용한다.

⊙ **필요 재료**
중력분 100g, 버터 40g, 계란 1/2개, 설탕 46g, 소금 1g, 베이킹파우더 2g, 땅콩버터 15g, 물엿 10g, 다진 땅콩 20g

⊙ **필요 도구**
휘퍼, 고무주걱

⊙ **작업 준비**
버터 포마드 상태로 만들기

1 **버터 크림화하기** 버터, 땅콩버터, 소금, 설탕, 물엿을 휘퍼로 휘핑하여 풀어준 후 계란을 넣고 휘퍼로 크림화한다.

2 **가루재료 섞기** 1에 체친 중력분, 베이킹파우더를 고무주걱으로 자르듯이 가볍게 혼합한다.

3 **땅콩 혼합하기** 2에 다진 땅콩을 가볍게 혼합한다.

4 **완성** 사진과 같이 덩어리가 남아 있게 가볍게 섞는다.

Tip&Tip 가루재료 혼합 시 뭉치게 하지 않으려면...

가루재료를 섞을 때 주걱으로 많이 혼합하면 덩어리가 크게 될 수 있으므로 주의한다. 만약, 덩어리로 뭉쳤을 때는 가루재료를 첨가해 파실파실한 상태를 만든다.

11 만주앙금 만들기

⊙ 작업 준비
충전용 호두는 150도 예열된 오븐에 5분 정도 구워 전처리한다.

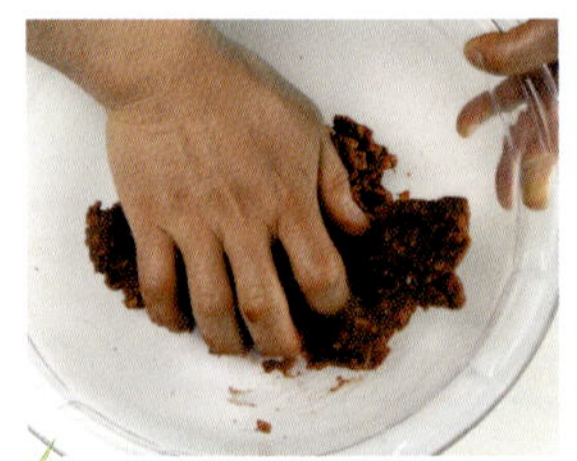

1 찜만주, 모카만주, 쑥만주, 호밀만주에 사용하는 충전물 만들기 적앙금에 호두를 넣어 치댄다.

2 초코만주에 사용하는 충전물 만들기 적앙금에 슬라이스코코넛, 초코칩을 넣어 치댄다.

12 종이 짤주머니 만들기

종이 짤주머니는 냄새가 남는 내용물의 재료를 짤 때 사용하면 좋다. 예를 들면 마늘소스와 같이 진한 마늘향이 짤주머니에 베지 않게 하기 위해 사용한다.

⊙ 필요 도구 위생지, 가위

1 사선 접기 위생지를 사선으로 절반 접는다.

2 원뿔 말기 사진과 같이 원뿔 모양으로 말아준다.

3 내용물 넣기 2에 내용물을 넣고 뒷부분을 틀어준다.

4 자르기 끝부분을 가위로 원하는 만큼 잘라 사용한다.

씹을 때마다 입안에서 느껴지는 아몬드의 식감이 좋은 크림으로 파이나 타르트 안에 넣어 굽거나 빵·과자 윗면에 토핑용으로도 사용한다.

◉ **필요 재료**
아몬드 분말 60g, 버터 60g, 분당 60g, 계란 60g(1개), 박력분 6g, 럼(술) 6g

◉ **필요 도구**
휘퍼, 볼

◉ **작업 준비**
버터 포마드 상태 만들기
가루재료 체질하기

1 **버터 휘핑하기** 휘퍼로 버터를 부드럽게 풀어준다.

2 **반죽하기** 1에 체친 아몬드 분말, 분당, 박력분을 혼합한다.

3 **계란 혼합하기** 2에 계란을 혼합한다.

4 **휘핑하기** 3을 덩어리지지 않게 충분히 휘핑한다.

5 **럼 혼합하기** 4에 럼(술)을 혼합한다.

14 스펀지케이크 만들기

제느와즈라고도 하며 생크림케이크나 양과자 안에 넣는 스펀지로 많이 사용한다. 그 자체만으로도 카스테라 같은 맛이 난다.

◉ **필요 재료**
박력분 200g, 버터 84g, 바닐라향 2g, 옥수수
전분 24g, 베이킹파우더 2.4g, 계란 7개, 설탕
220g, 유화제 8g, 소금 4g

◉ **필요 도구**
3호 팬, 체, 주걱, 핸드믹서

◉ **만들 개수** 3호 1개

◉ **굽는 시간** 25~30분

◉ **작업 준비**
3호 팬에 종이 깔기
오븐을 160도로 예열하기

1 휘핑하기 계란을 풀어준 후 소금, 설탕, 유화제를 넣어 최대한 휘핑한다.

2 재료 혼합하기 1에 체친 박력분, 베이킹파우더, 바닐라향, 옥수수전분을 가볍게 혼합한다.

3 버터 혼합하기 2에 용해 버터를 혼합한다.

4 팬닝하기 3을 종이를 깐 팬에 팬닝한다.

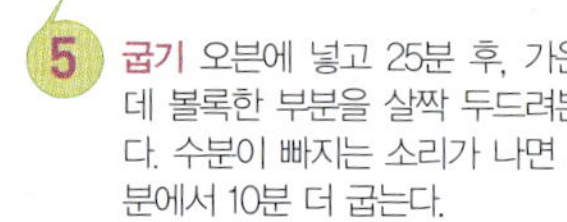

5 굽기 오븐에 넣고 25분 후, 가운데 볼록한 부분을 살짝 두드려본다. 수분이 빠지는 소리가 나면 5분에서 10분 더 굽는다.

생크림 올리기

유지방이 36~40% 정도 되는 생크림을 휘핑용 생크림이라 한다. 생크림을 휘퍼나 핸드믹서로 휘핑하면 거품이 일면서 부피가 증가하는데, 보통 처음 부피의 2~3배 올려 사용한다.

⊙ **필요 재료**
  생크림 500g

⊙ **필요 도구**
  핸드믹서 , 볼

1 **생크림 붓기** 볼에 냉장된 생크림을 붓는다.

2 **휘핑하기** 1을 핸드믹서로 고속 휘핑한다.

3 **젖은 피크 상태 만들기** 젖은 피크 상태(50~60%)는 생크림에 힘이 없다.

4 **중간 피크 상태 만들기** 중간 피크 상태(70~80%)는 끝 부분에 탄력성이 생긴다. 꼬리부분이 휘어진다.

5 **건조 피크 상태 만들기** 건조 피크 상태(100%)는 윤기를 잃어 유동성이 거의 없다.

16 기본 반죽 만들기

빵이라는 제품을 만들려면 반드시 거쳐야 하는 과정이며 이 과정이
제대로 되어야 부피나 맛, 향이 좋은 빵을 만들 수 있다.

1 **가루재료 홈 만들기** 가루재료에
사진처럼 스크러퍼로 홈을 만
든다.

2 **재료 혼합** 1의 홈에 유지(버
터, 쇼트닝)를 제외한 모든
재료를 넣는다.

3 **픽업 반죽** 안쪽에서 바깥쪽으
로 섞으면서 뭉친다. 보통 1~
2분 정도 걸린다. 일반적으로
물과 밀가루가 섞이는 단계라
고 하며 반죽(믹싱)시간 50%
반죽 정도를 픽업단계(pickup
stage)라고 한다.

4 **클린업 반죽** 3의 반죽을 손으
로 힘 있게 누르면서 치댄다.
반죽이 뭉치면 유지(버터, 쇼
트닝)를 반죽 속에 넣고 치댄
다. 유지가 들어가면 반죽이
약간 질어지고 부드러워진다.
반죽의 양과 배합에 따라 다
르지만 양이 많거나 설탕이
많은 배합은 시간이 더 걸린
다. 예를 들어 카스타드빵 배
합은 3~5분, 보통은 2~3분
정도 걸린다. 반죽(믹싱) 시간
50~60% 반죽 정도를 클린
업단계(Cleanup stage)라고
한다.

5 **발전 반죽** 4의 반죽을 힘 있
게 내리치듯이 반죽하거나 손
으로 치대면서 반죽한다. 이때
가장 힘이 들며 반죽하기 어
렵다. 반죽을 보면 표면이 매
끈해지기 시작한다. 보통 5~7
분 정도 걸린다. 반죽(믹싱) 시
간 70~80% 반죽 정도를 발
전단계(Development stage)
라고 한다.

6 **최종 반죽** 5의 작업을 연속적
으로 하면 반죽 표면에 윤기
가 생기고 손으로 늘려도 잘
늘어난다. 늘린 반죽이 손 지
문에 대어 지문이 비칠 정도
까지 늘어나면 완성된다. 이때
내용물에 들어가는 배합은 고
루 혼합한다. 반죽(믹싱) 시간
100% 반죽 정도를 최종단계
(Final stage)라고 한다.

 식빵 성형하기

일반적인 산형식빵을 제조하기 위해 이용되는 방법이며, 올록볼록한 모양 때문에 아직까지도 많이 이용된다.

◉ **필요 도구**
　밀대, 덧가루(강력분)

1 **밀대 밀기** 중간 발효된 반죽을 밀대로 가스 빼기한다.

2 **반죽 접기** 1을 뒤집어 1/3 접어 준다.

3 **반대쪽 접기** 반대쪽도 1/3 접어 준다.

4 **반죽 말기** 3을 사진과 같이 말아 준다.

5 **팬닝하기** 이음매가 아래로 가도록 팬닝한다.

365일 특별한 날을 만드는
홈베이킹